高等学校"十三五"规划教材
市政与环境工程系列丛书

基础环境管理学

主　　编　王东阳　刘瑞娜　李永峰
副主编　杨倩胜辉
主　　审　李巧燕

哈尔滨工业大学出版社

内 容 简 介

本书的编写结合了国内外最新和最前沿的环境管理理论和实践,旨在阐述环境管理的理论、方法等。本书包括环境管理概论、环境管理的理论基础、环境管理的行政手段与政策方法、环境管理的实施方法与技术手段、水环境管理与水质工程、空气质量工程与管理、固体废物与危险废物管理、农业环境管理、中国环境管理及全球环境问题与管理等。全书涵盖了环境管理学的基本内容,包括许多新理论、新方法,对基本概念的叙述力求准确且深入浅出,对环境管理方法和技术的介绍力求理论和实践相结合,注重实用性。

本书可作为高等院校环境科学与工程、生态学、林学等专业的教材,也可供有关专业及从事环境保护和环境科学研究的专业人员使用。

图书在版编目(CIP)数据

基础环境管理学/王东阳,刘瑞娜,李永峰主编.
—哈尔滨:哈尔滨工业大学出版社,2018.7
(市政与环境工程系列丛书)
ISBN 978-7-5603-7301-0

Ⅰ.①基…　Ⅱ.①王…　②刘…　③李…　Ⅲ.①环境
管理学　Ⅳ.①X3

中国版本图书馆 CIP 数据核字(2018)第 058525 号

策划编辑　贾学斌
责任编辑　陈　洁
出版发行　哈尔滨工业大学出版社
社　　址　哈尔滨市南岗区复华四道街 10 号　邮编 150006
传　　真　0451 - 86414749
网　　址　http://hitpress.hit.edu.cn
印　　刷　黑龙江艺德印刷有限责任公司
开　　本　787mm×1092mm　1/16　印张 15.25　字数 362 千字
版　　次　2018 年 7 月第 1 版　2018 年 7 月第 1 次印刷
书　　号　ISBN 978-7-5603-7301-0
定　　价　36.00 元

(如因印装质量问题影响阅读,我社负责调换)

前　言

　　环境管理学是环境科学与管理科学相互交叉的综合性学科,是管理学在环境保护领域中的延伸与应用。因此,管理学中的一般管理理论、管理原则、管理思想与方法同样适用于环境管理学。同时,作为环境科学的一个重要分支,环境管理学是环境科学理论、环境科学思想与方法的综合体现,是环境科学体系中其他学科理论与知识的综合运用。所以,环境管理学在环境科学体系中具有重要并且特殊的地位,该基础课程对于培养和提高学生环境人文、经济、社会和管理方面的专业素质非常重要。

　　本书较全面、系统地阐述了环境管理学。全书共分为10章:第1章简单阐述了环境管理的主题、对象、内容、形成与发展等;第2章从可持续发展理论、管理科学理论、循环经济理论、环境社会系统理论以及生态经济学理论方面着手,阐述了环境管理的理论基础;第3章在介绍环境行政管理的含义、环境行政管理组织机构和环境行政管理手段的基础上,重点介绍环境政策决策与执行、环境行政监督管理与责任以及中国环境政策的发展与创新方向;第4章重点介绍了环境标准、环境监测及环境评价的内容及环境规划、环境审批和环境监察的方法在现代环境管理中的运用;第5章主要介绍水资源与水环境的关系、水环境管理理论基础和水环境管理分类、水环境管理技术方法、水环境管理信息系统、水环境管理决策支持系统和GIS在水环境管理中的应用、国外主要发达国家的水环境管理经验和体制,水质与水质标准等;第6章从大气污染物入手介绍了空气质量工程与管理,包括大气污染物的来源、影响、综合防治以及相关控制标准;第7章介绍了固体废弃物的相关知识;第8章介绍了农村环境管理的实践;第9章讲述了环境保护的发展历程和中国战略环境评价制度、特点以及预测与评估方法;第10章阐述了全球环境问题概况、应对策略以及全球环境问题的管理与机构。

　　本书由哈尔滨城市水资源开发利用(北方)国家工程中心、东北林业大学、中国美术学院共同编写。本书第1~4章由王东阳高级工程师编写,第5章由路麒编写,第6~7章由刘瑞娜博士编写,第8章由王宇琪硕士编写,第9章由李永峰教授和黄志博士共同编写,第10章由杨倩胜辉硕士编写。本书主编为王东阳、刘瑞娜和李永峰,李巧燕博士主审本书。本书的出版得到黑龙江省高等教育学会重点项目(162015)资金的支持。

　　由于编者水平有限,书中有未尽之处还请读者指正。

编　者

2018 年 1 月

目　　录

第1章 绪 论

1.1 环境问题与环境管理

1.1.1 环境问题的产生及其根源

1. 环境问题

当今环境问题可以分为环境污染和生态破坏两大类,环境问题的日趋严重,使人们不得不对环境问题的产生和解决给予更加深刻的认识和反思。

环境问题可以分为多种类型。从环境问题的性质上分有:环境污染问题,包括大气污染、水体污染、土壤污染和生物污染;由环境污染演化而来的全球变暖、臭氧层破坏、酸雨等二次污染问题;诸如水土流失、森林砍伐、土地荒漠化、生物多样性减少等生态破坏问题;煤炭、石油等矿藏资源的衰竭问题。从环境问题的介质上分有大气环境问题、水体环境问题、土壤环境问题等。从环境问题的产生原因上分有农业环境问题、工业环境问题和生活环境问题等。从环境问题的地理空间上分有局地环境问题、区域环境问题和全球环境问题。

不同的环境问题之间并不是相互独立的,它们互为因果、相互交叉、彼此助长强化,使问题更加复杂化。总的说来,环境问题是整个地球在人类无度作用之下系统性病变的表现。环境的恶化,使人类失去了洁净的空气、水和土壤,破坏了自然环境固有的结构和状态,干扰了生态系统中各要素之间的内在联系。可以毫不夸张地说,人类正前所未有地陷入环境问题的包围、困扰之中。

2. 世界环境现状

全球生态问题的三种趋势显而易见,分别为:① 自 1950 年起,世界人口已翻了一番(25 亿到 70 多亿);② 能源消费已翻了两番(25 亿 t 煤到 110 亿 t)导致了温室气体的急剧增长;③ 全球国民生产总值数十倍的增长,发达国家生活水平进一步提高,而发展中国家大多数人仍只是维持生存。虽然难以精确计算,但是我们却可毫不夸张地说:在一代人的时间里我们对地球自然资源的利用翻了两番。正如罗马俱乐部发表的《全球革命》(1991)一文犀利地指出:显而易见,按此速度,我们的自然资源系统迟早会崩溃,其原因可能是原材料或食物匮乏,而最大的可能是环境灾难。

没有人知道灾难发生的确切时间,但是由于我们几乎不可能将全球人口稳定在 100 亿之下,也由于许多第三世界国家今天已无力保障国民的最低生存需求,可以确信,我们将用尽所剩的资源,并且活动空间越来越小。显然,地球这个"宇宙飞船"上有限的资源无法承受人口肆意的指数级增长,唯有一个 S 形的对数增长曲线方能带来一线希望。可是我们却无法肯定我们是否已经开始向可持续限度之内的平衡状态调整,抑或我们的发展轨道是否已经超出了人类生存的容许范围。我们对此知之甚少,因为生态系统的运作方式和我们熟知的其他系统的运作方式截然不同。无论是面对经济问题还是技术问题,我们的思维方式仍然受到牛顿学派(单一)线性因果关系模式的支配。但是生态系统除了符合一些普遍原则以外,还具有以下特征。

(1)非线性。

例如,生态系统的再生能力使得污染物能被自然系统吸收并长期停留于其中,然而一旦超过负荷极限(这可能仅是一个时间函数),系统便会崩溃或从生态意义上死亡。

(2)极度复杂性。

换言之,因果之间联系纷繁复杂,以至于一个干扰因素会造成多重影响,各种影响出现的时间各不相同,且比预计的时间长得多;后果是随机的,而不是确定性的、可预见的反馈;生态系统本身具有自组织动力,在没有外部刺激的情况下也可进化。

(3)人类影响的不可逆性。

人类的不可逆性,即系统的初始状态是无法再造的(巨额花费仅能达到近似原始状态)。

3. 环境问题产生的原因

环境问题发展到危及人类生存和发展的程度,根源在于人类社会的生存方式和发展方式选取不当。因此解决环境问题首先必须依靠人类整体的环境觉醒,以及在这种"觉醒"下全人类行为的改变。而这又依赖于人们对环境问题产生根源的深入认识。

环境问题就性质而言,具有不断发展和不可根除性、范围广泛全面性和对人类行为的反作用性。环境问题实质是经济问题和社会问题,是人类自觉地建设人类文明的问题。

我国环境问题既有其他发展中国家共同的特点:贫穷落后、环境卫生差、生态破坏严重、人均资源匮乏,又有发达国家初期先污染后治理的特点。我国农业生产力水平低下,"靠山吃山、靠水吃水"的观点使生态环境遭到严重破坏。农民为了增加粮食产量,大量使用化肥和农药,造成土地和水体污染;渔民为了增加收入、改善生活而过度捕捞,给海洋生态带来灾难。

环境问题的产生是由人类不可持续的发展方式决定的,对支配人类行为的基本观念进行反思,对人类发展历程进行反思,才是探寻环境问题产生根源的出发点。

1.1.2 环境管理的目的和任务

由上述可见,环境问题的产生并且日益严重的根源在于人们自然观和发展观的错误,以及在此基础上形成的基本观念的扭曲,进而导致人类社会行为的失当。也就是说,环境问题的产生有三个层次上的原因:一是在思想观念层次上;二是在社会行为层次上;三是在人类社会自然与环境系统的物质流动层次上。

环境管理的根本目的是改变人类自身一系列的基本思想观念,从宏观到微观,对人类自身的行为进行管理,控制人与环境系统之间的物质流,以尽可能快的速度逐步恢复被损害的自然环境,并减少甚至消除新的发展活动对环境的结构、状态、功能造成新的损害,保证人类与环境能够持久地、和谐地协同发展下去。

依据环境管理的目的,环境管理的基本任务应该是:转变人类社会的一系列关于自然环境的基本观念,调整人类社会直接和间接作用于自然环境的社会行为,控制人与环境系统的物质流动,进而形成和创建一种新的、人与自然相和谐的生存方式,更好地满足人类生存与发展的环境需求。

1. 转变环境观念

观念的转变是根本。观念的转变包括消费观、伦理道德观、价值观、科技观和发展观,直到整个世界观的转变。这种观念的转变将是根本的、深刻的,它将带动整个人类文明的转变。

2. 调整环境行为

相对于思想观念的调整而言,环境行为的调整是较低层次上的调整,然而却是更具体、更直接的调整。

人类的社会行为可以分为行为主体、行为对象和行为本身三大组成部分。行为主体还可以分为政府行为、企业行为和公众行为三种。政府行为是总的国家的管理行为,诸如制定政策、法律、法令、发展规划并组织实施等。企业行为是指各种市场主体,包括企业和生产者个人在市场规律的支配下进行商品生产和交换的行为。公众行为则是指公众在日常生活中,诸如消费、居家休闲、旅游等方面的行为。这三种行为都会对环境产生不同程度的影响。

这三种行为相辅相成,它们在对环境的影响中分别具有不同的特点:其中政府行为起着主导作用,因为政府可以通过法律、法规、规章等在一定程度上约束市场行为和公众行为。所以环境管理的主体和对象都是由政府行为、企业行为、公众行为所构成的整体或系统。对这三种行为的调整可以通过行政手段、法律手段、经济手段、教育手段和科技手段来进行,这本身又构成一个整体或系统。

3. 控制"环境-社会系统"中的物质流

人的行为可以分为两大类:一类是人与人之间的行为;一类是人与自然环境之间的行为,确切地说,是人类社会作用于自然环境的行为。人与人之间的行为不一定要辅以相应的物质流动,但人类社会作用于自然环境的行为则一定会有对应的物质流,以及基于物质流的能量流、信息流等。

管理的对象无非是人和物。对环境管理来说,管理对象是人类作用于环境的行为,而这种行为则必须要以一定的物质、能量、信息流动作为其物质基础,不存在不发生物质流动的人类社会作用于环境的行为。因此,环境管理在管理人的行为的同时,一定还要着眼于这些行为对人类社会和自然环境构成的"环境-社会系统"中物质流动的影响。

人类作用于环境的行为和环境物质流是一一对应的,行为是物质流产生的原因,而物质流是这些行为的具体表现形式。

4. 创建人与自然和谐的生存方式,建设人类环境文明

依据上述分析可见,环境管理的三项任务是相互补充、构成一体的。其中环境观的转变是根本性的。环境文化的建设是一项长期的任务,它在短期内对环境问题的解决不会有明显的效用。行为的调整是具体、直接的调整,见效较快。"环境-社会系统"中的物质流是人类作用于环境行为的物质基础和表现形式,对这种物质流的控制是观念转变和行为调整的具体方法和实践。因此,对于环境管理来讲,上述三项任务不可偏废。

　　环境管理在对人类社会环境观念进行转变、对人类社会行为进行调整、对"环境-社会系统"中的物质流动进行控制的过程中,其整体的结果就是通过对可持续发展思想的传播,使人类社会的组织形式、运行机制以至管理部门和生产部门的决策、规划和个人的日常生活等各种活动,符合人与自然和谐发展的要求,并以规章制度、法律法规、社会体制和思想观念的形式体现和固化出来,从而创建一种新的生产方式、新的消费方式、新的社会行为规则和新的发展方式,最终形成一种新的、人与自然和谐的人类社会生存方式。

　　人类社会的这种新的生存方式是转变环境观念、调整人类行为、控制环境物质流的结果,更是时代要求所创造出来的人类新文明。人类将充分发挥自己的才能和智慧,在对环境问题的反思中创造这种新的生存方式(也可以把这种新的生存方式称之为环境文明和绿色文明),这也是环境管理的最终目标。

1.2　环境管理的主体、对象和内容

1.2.1　环境管理的主体与客体

　　辩证唯物主义的观点认为环境管理的主体是进行着环境管理认识和实践活动的有意识的管理者。环境管理的客体是相对于主体而言的,是主体认识和实践活动的对象。只有那些具有环境管理意识并具有主观能动性和自我意识机能的管理者才能成为积极的环境管理主体。环境管理意识是环境管理主体必备的重要属性之一。

　　环境管理客体是一种客观存在。但是,它是否能成为环境管理主体认识和实践的对象,即是否能转化成现实的环境管理客体,则取决于环境管理主体认识和实践的能力,取决于当时的历史条件。根据辩证唯物主义的认识论,客观世界中所有事物都是可以认识的,都可以成为环境管理的客体。但从现实意义上讲,只有当它们进入环境管理者的实践和认识领域,与管理主体发生相互作用,成为认识和实践的对象,才能成为事实的环境管理客体。

　　环境管理的主体是进行或参与管理的人,环境管理客体中主要和最重要的部分也是人。由于社会分工不同,环境管理主体和客体具有不同的功能,前者承担环境管理职能,后者接受管理。但是,这种区别只是在一定的时间和范围内存在,并具有相对的意义。管理者在管理别人的同时,本身又受到上级的管理和广大群众的监管,被管理者或多或少通过参与管理活动而实现其作为环境资源主人的地位。

　　正确理解主、客体之间的辩证关系有利于正确执行各项环境管理制度,尤其是环境保护目标责任制。从本质上说,社会主义条件下管理者与被管理者在保护环境方面的利益是一致的,这就决定了我们制定和实施的各项环境管理制度是一种参与的和自我控制的民主管理制度。在这种制度下,管理者和被管理者是平等的、互相尊重的、互相信任的,提倡的是自觉、自主和自治。

1.2.2　环境管理的对象

　　环境管理学是环境科学与管理科学相互交叉产生的一门综合性学科,具有很强的横断性特征,以生态经济社会系统作为研究对象。

　　生态-经济-社会系统是一个开放的、巨复合非自律系统。它由生态、经济和社会三个子系统组成,每个子系统又是一个开放的复合系统,各自处于不同的系统层次并发挥不同的系统作用。这些子系统之间相互联系、相互影响、相互制约,构成了生态-经济-社会系统的矛盾运动。

　　生态-经济-社会系统是一个包括人口、资源、环境、经济、社会等诸多要素在内的多目标决策系统。表现出一般系统所具有的层次性、协同性和整体性三大特征。系统的层次性特征主要表现为系统结构的层次性和系统联系的层次性。系统的协同性特征主要是通过子系统之间的相互作用和联系而表现为两种形式:一方面是子系统间的协同,各子系统的变化与发展在其他子系统的作用和影响下存在趋同的现象;另一方面是子系统间的竞争,各子系统内物质、能量、信息的交流与变换都受到其他子系统的限制与影响,围绕各种资源的开发和利用以及由此产生的生产与消费的供需问题存在相互制约和矛盾的关系。系统的整体性特征表现为系统内部矛盾运动的整体性和人类对该系统发展变化及环境保护目标的整体性要求。

　　将生态-经济-社会系统作为环境管理学的研究对象,是由环境管理的学科性质和特点决定的。只有从系统整体出发来研究环境与发展的辩证关系,从人类社会的发展战略高度来认识环境保护的规律,才能有效开展宏观和微观的环境管理工作,正确处理和解决环境保护、经济建设、社会发展三者之间的对立统一关系,确立 21 世纪的环境战略。

1.2.3　环境管理的内容

　　环境管理学的研究内容从属于环境科学的研究范畴,主要包括环境管理的理论研究、环境管理的方法研究、环境管理的体制研究、环境管理的战略研究、环境保护的政策研究、环境保护的对策研究等六个方面。

　　环境管理的理论研究是环境管理学的主要任务之一。环境管理从一个工作领域发展成为一门学科必须有坚实的理论基础作为支撑。这种理论不仅能够解释人类环境保护的重大理论问题以揭示环境保护的发展规律,而且能够回答环境保护实践中提出的各种问题以指导当前和未来一个时期内环境保护的具体实践。开展环境管理的理论研究,要以科学研究的方法论为指导,从实际出发认真总结人类的环境保护实践,在对传统的环境理论进行归纳和综合的基础上深入研究现代的管理科学理论在环境领域的运用与发展。

　　环境管理方法是一般管理方法在环境保护领域中的运用与发展,主要包括环境系统工程方法、环境预测方法、环境决策方法和权变分析方法。无论是以国家和政府的面貌出现,还是以个人的面貌出现,作为一个环境管理者,必须掌握一定的管理方法。犹如过河要解决桥和船的问题,环境管理者不仅要把知识运用于解决实际问题,而且要找到解决问题的正确途径,这样才能达到预定的管理目标。

　　环境管理的体制也称为环境管理的机制,实质上是管理的系统结构。系统理论指出:结构决定功能,有什么样的系统结构就有什么样的系统功能。体制创新问题是管理中的一个重要问题,因此,环境管理的体制研究就成为环境管理学的重要研究内容。

　　环境管理战略是指为解决未来一个时期内一些根本性、长期性、事关全局的重大环境问题所确定的环境保护发展方向和指导方针。环境管理战略是制定环境管理政策和对策的依据,有什么样的环境管理战略,就有什么样的管理政策和管理对策。作为国家的环境管理战略,首先是国家可持续发展战略的一个重要组成部分,体现出国家可持续发展的战略思想。其次,环境管理战略又包含若干环境管理政策和管理对策。

环境管理实践告诉我们,有不同的环境保护政策,就会有不同的环境保护对策。环境管理工作要依据环境政策,并在总的政策和原则指导下制定出一系列体现环境保护政策、落实环境保护目标所必需的环境保护对策。其中,环境保护政策可分为国家环境保护政策、地方环境保护政策、基本环境保护政策和单项环境保护政策等不同的层面和类型。

开展环境管理离不开环境政策的指导,但仅有环境政策是远远不够的,还必须制定一系列与之相适应的环境对策。如果说环境政策是关于环境管理工作方向性和原则性的宏观指导,那么,环境对策则是环境政策的扩展和延伸,是宏观层次上的环境政策在微观层次上的分解与落实,是关于环境管理工作可操作性和实践性的原则规定。

1. 环境管理学的概念

由上述可见,环境管理所要解决的不是单纯的技术问题,也不是单纯的经济问题,而是人类社会的发展同自然环境相协调的问题。因而环境管理学是一门社会发展与环境保护相结合的综合科学。从更宽泛的意义上来说,环境管理学也可以认为是人类行为的组织学。因为环境管理面对的是整个社会经济自然环境系统,它承担着将自然规律和社会规律相匹配和耦合的责任。从这个意义上讲,环境管理学是一门任何其他学科都不能取代的科学。

环境管理学的形成是长期以来人类探索保护环境、解决环境问题的结果,是人类了解自身运动与环境变化之间协调的规律性以及如何调控自身的行为,以达到与环境协调发展的必然结果,因而也是人类生存与发展需要的结果。在这个探索的过程中人们认识到,环境管理具有独特的规律。对它的研究,不是单纯的管理学、经济学或环境学,在走出了综合自然科学和社会科学的第一步之后,环境管理学逐渐拥有了自己独特的研究领域和研究方法,而只有在找到了自身的灵魂,即协调人类社会经济发展与自然环境之间的矛盾之后,环境管理学才逐渐形成。

总之,环境管理学是以环境管理的实践为基础,以可持续发展的思想为指导,以研究环境管理的一般规律、特点和方法学为基本内容的科学。它着重研究管理人类作用于环境的社会行为的理论和方法,以便为环境管理提供理论和方法上的指导。

简言之,环境管理学是一门为环境管理提供理论依据、方法依据以及技术依据的科学。

2. 环境管理学的特点及其原则

综上所述,环境管理学具有以下特点。

(1)环境管理学是在传统学科交叉、综合的基础上形成的一门新学科。环境管理学既不单纯是社会科学,也不单纯是自然科学,而是来源于二者中某些门类的综合。这与环境管理学所面对的对象有关,因为环境管理学所面对的既不单是自然环境,也不单是人类社会,而是人类社会与自然环境组成的复杂系统,我们把它称之为"环境-社会系统"。因而它既需要汲取社会科学中的管理学、经济学、伦理学等学科的精髓,也需要吸收自然科学如生态学、生物学等学科的成果。

(2)环境管理学是综合性科学。环境管理所面对的对象是自然环境与人类社会构成的复杂巨系统,该系统成分多样、结构复杂,并表现出多种多样的功能,且随着时间的变化表现出动态性的特点。从目前来看,人类对该系统的了解还很少,这就决定了环境管理学的发展有着广阔的空间,也面临着极大的困难。

(3)环境管理学是正在发展的科学。目前环境管理学的基本理论、基本概念尚不完善,方法也不完备,一些重要的基本概念和研究领域还存在较大的争议。这些都是将来要继续深入研究和不断完善的问题。

环境管理原则是指观察环境管理现象和处理环境管理问题的思维尺度和行动准绳。可以认为,在环境保护领域,所有的有利于强化社会组织和管理机构的环境保护职能、发挥管理作用的规章和程序都属于环境管理原则。

第一,随机制宜的原则。环境管理实践证明,有效的管理是一种随机制宜或因情况而异的管理。因此,任何环境管理实践都必须从实际出发,而不能凭主观臆断行事。这就是随机制宜原则的基本内容。它要求环境管理者辩证地对待环境管理理论与实践,在一定的现实条件下,从客观的管理实践出发,充分认识文化环境的特点,选择符合实际的管理方法。

第二,能级分布的原则。作为管理者,一个重要的问题就是如何发挥管理客体在组织中的能动性。人的作用和影响力的大小取决于人在组织中的地位高低,而人在组织中的地位又取决于人的能量大小。有人把社会比作"管理场",生活在不同社会环境中的人由于具有不同的社会地位和需求,自然表现出不同的行为,因而具有不同的能量,就会与"管理场"(即人类环境)形成不同的关系。一定的组织机构也是这样,能量大的主体影响就大,能量小的主体影响就小。能量的大小具有一定的级别,可以依照一定的规范和标准来分级,从而形成一定的序列。能量大的应处于较高层次并赋予较大的权力,能量小的应处于较低层次并赋予较小的权力,这就是能级分布的基本含义,是确定人在管理机构中地位的一个基本原则。

第三,管理动力的原则。管理动力包括管理主体动力和管理客体动力两个方面。而环境管理的动力原则主要是针对环境管理客体而言的一种行为动力原则。环境管理不同于一般的行政管理,表现出非常明显的综合性特征。这种综合性是由环境问题的综合性决定的,体现在管理领域的综合性、管理对象的综合性和应用知识的综合性三大方面。其中,管理领域的综合性和管理对象的综合性使行为激励问题变得非常突出和重要,管理动力原则就成为环境管理的一个重要原则。在环境管理的管理动力原则中,激励与惩罚缺一不可,二者相辅相成、互为促进。其中,经济激励与惩罚是管理动力原则中的主要原则。这是因为,对物质利益追求而勃发出来的力量是支配人们活动尤其是生产与资源开发活动的最初也是最后的动因,所以经济激励与惩罚是调整人类行为的最原始、最基本,也是最重要的原则。

第四,管理反馈的原则。管理反馈原则是指通过建立管理系统反馈机制来调整和优化系统的决策、系统的运行,以减少决策的失误,提高管理效率,稳定实现管理目标的原则。从系统科学方法论的角度看,一定的管理组织是一个闭环控制系统。反馈就是把经处理后输出的控制信息又回送到输入端,以影响系统的再输出,从而达到控制的目的。

反馈分为正反馈和负反馈两种。所谓正反馈是指对再输入起着强化作用的反馈,或使系统远离平衡状态的反馈。所谓负反馈是指对再输入起着削减作用的反馈,或使系统趋向平衡状态的反馈。一个具有负反馈机制的系统称为反馈自调节系统,这样的系统是具有生命力的、可以优化的系统。换句话说,系统的优化是通过负反馈来实现的。因此,在管理实践中,一个系统是否具有负反馈机制,成为判别该系统优劣的一个重要标准。管理是一种控制。环境管理活动主要通过指令控制和反馈控制两种方式来完成。指令控制是一种以预先设计好的内容和步骤作为受控系统输入的控制方式,它包括决策指令控制、执行指令控制和监督指令控制等具体形态。反馈控制则是将管理决策、执行或监督指令作用于管理对象后,其结果反过来对决策、执行或监督过程进行调节的活动。可见,指令控制是控制的主体,为反馈控制定位,而反馈控制则是指令控制得以顺利实现的可靠保证。

1.3 环境管理学的发展

简单地讲,环境管理学就是专门研究环境管理基本规律的一门科学。环境管理学的形成与发展是与人类社会进行环境管理的实践紧密联系的。而人类社会的环境管理思想、方法和实践的演变历程是同人们对于环境问题的认识过程联系在一起的。从这个角度看,环境管理和环境管理学的发展大致经历了三个阶段。

1. 把环境问题作为一个技术问题,以治理污染为主要管理手段的阶段

这一阶段大致从 20 世纪 50 年代末,即人类社会开始意识到环境问题的产生开始,到70 年代末。人们最初直接感受到的环境问题主要是"公害"问题,即局部的污染问题,如河流污染、城市空气污染等。这时,人们认为"公害"问题是一个通过发展科学技术就可以得到解决的单纯技术问题。因此,这个时期的环境管理原则是"谁污染,谁治理",实质上只是环境治理,环境管理成了治理污染的代名词。这一时期的工作对于减轻污染、缓解环境与人类之间的尖锐矛盾起了很大的作用,也取得了不少成果。著名的如英国的泰晤士河一度被污染成生物无法生存的水体,在经过政府的大力治理后重新变清。但总体说来,这一时期的工作因为没有从杜绝产生环境问题的根源入手,因而并没能从根本上解决环境问题,只是花费大量的人力、物力和财力去治理已经产生的污染问题。与此同时,新污染源又不断地出现,治理污染成了国家财政的一个巨大负担,就连美国这样有着雄厚经济实力的国家也不堪重负。

2. 把环境问题作为经济问题,以经济刺激为主要管理手段的阶段

这一阶段大致从 20 世纪 70 年代末到 90 年代初。随着时间的推移,其他环境问题诸如生态破坏、资源枯竭等也都陆续凸显出来,加之使用尾部治理污染的技术手段并没有取得预期的效果。于是,人们开始反思环境问题产生的根源,认识到酿成各种环境问题的原因在于经济活动中环境成本被外部化。因此,人们开始把保护环境的希望寄托在对生产活动过程的管理上。这一时期环境管理思想和原则就变为"外部性成本内在化",即设法将环境的成本内在化到产品的成本中去。具体说来就是通过对自然环境和自然资源赋予价值,使环境污染和破坏的成本在一定程度上由经济开发建设行为负担。这一时期最重要的进步就是认识到自然环境和自然资源的价值,因而对自然资源进行价值核算,用收费、税收、补贴等经济手段以及法律的、行政的手段进行环境管理成为这一阶段主要研究内容和管理办法,并被认为是最有希望解决环境问题的途径。在这一时期,环境评价、环境经济学、环境法学等学

科蓬勃发展。但大量实践表明,经济活动为其现行的运行准则所制约,因而很难或不可能在其原有的运行机制中给环境保护提供应有的空间和地位,对目前的经济运行机制进行小修小补是不可能从根本上解决环境问题的。

3. 把环境问题作为一个社会发展问题,以协调经济发展与环境保护关系为主要管理手段的阶段

1987 年,联合国环境与发展委员会(WCED)出版了《我们共同的未来》,1992 年联合国环境与发展大会在巴西里约热内卢召开并通过了《里约宣言》,这标志着人类对环境问题的认识提高到一个新的境界。40 多年来解决环境问题的实践与思考,终于使人们觉悟到,要真正解决环境问题,首先必须改变人类的发展观。发展不能仅局限于经济发展,不能把社会经济发展与环境保护割裂开来,更不应对立起来。发展应是社会、经济、人口、资源和环境的协调发展和人的全面发展。这就是"可持续发展"的发展观,也就是说,只有改变目前的发展观以及由之所产生的科技观、伦理道德观、价值观和消费观等,才能找到从根本上解决环境问题的途径与方法。因此,环境管理的思想和原则也正在做相应的改变。

近年来,随着人类认识的一步步深化,人们在不同的领域里进行了探索。如生命周期评价(LCA)的提出就是一个很好的例子。与环境影响评价不同,生命周期评价从产品着眼,包括产品服务在内,对从原材料开采、加工合成、运输分配、使用消费和废弃处置的产品生命的全过程的环境影响进行评价。这种方法的特点是面向产品的生命过程,而不是仅仅面向产品的加工过程。更为重要的是因为产品流动是人类社会-自然环境系统中物质循环流动的载体,抓住了产品的管理,就是抓住了人与自然之间物质循环的关键。又如,德国 WUPER-TAL 研究所的史密特教授提出的单位服务量物质强度(MIP)的概念和思路,它从单位服务的物质消耗的角度来考察人们的行为对环境的影响,从而使人们从生活的各个方面顾及对环境的影响,使人类的社会行为尽可能少地消耗自然资源。这些例子表明人们对环境问题已经开始有了更本质的认识,并且已经逐渐接近世界系统运行的本身,也揭示人们正在努力探索减轻对自然环境系统压力的方法。

在环境问题的压力面前,人们从观念到行为对自身的各方面进行全面的反思,并在实际操作层次上进行探索。这说明,人类已经进步到有意识地探索与自然和谐共处的道路的阶段。因此在新文明、新发展观、新发展模式、新的思想理论观念的形成过程中,环境管理作为人类对自身与自然相沟通的管理手段,必将发挥更大的作用。

第2章　环境管理的理论基础

2.1　可持续发展理论

可持续发展的思想是人类社会发展的产物,它体现着人类对自身发展与环境关系的反思。这种反思反映了人类对之前发展道路的怀疑,也反映了人类对今后发展道路和发展目标的憧憬和向往。人们逐步认识到过去的发展道路是不可持续的,至少是持续不够的,因而是不可取的。唯一可供选择的道路是走可持续发展之路。人类的这一次反思是深刻的,反思所得出的结论具有划时代意义。这正是可持续发展的思想在全世界不同经济水平和不同文化背景的国家能够得到共识和普遍认同的根本原因。可持续发展是发展中国家和发达国家都可以争取实现的目标,广大发展中国家积极投身到可持续发展的实践中也正是可持续发展理论风靡全球的重要原因。

2.1.1　可持续发展的内涵

可持续发展是以保护自然资源环境为基础,以激励经济发展为条件,以改善和提高人类生活质量为目标的发展理论和战略。它是一种新的发展观、道德观和文明观,其内涵如下所述。

1. 突出发展的主题

发展与经济增长有根本区别,是集社会、科技、文化、环境等多项因素于一体的完整现象。作为一个国家或区域内部经济和社会制度的必经过程,它以所有人的利益增进为标准,以追求社会全面进步为最终目标,是人类共同的和普遍的权利,发达国家和发展中国家都享有平等的不容剥夺的发展权利。

2. 发展的可持续性

自然资源的存量和环境的承载能力是有限的,这种物质上的稀缺性和在经济上的稀缺性相结合,共同构成经济社会发展的限制条件。在经济发展过程中,当代人不仅要考虑自身的利益,而且应该重视后代人的利益,要兼顾各代人的利益,为后代的发展留有余地。

3. 人与人关系的公平性

当代人在发展与消费时应努力做到使后代人有同样的发展机会,同一代人中一部分人的发展不应当损害另一部分人的利益。

4. 人与自然的协调共生

可持续发展要以保护自然为基础,与资源和环境的承载能力相协调。因此,发展的同时必须保护环境,包括控制环境污染、改善环境质量、保护生命保障系统、保护生物多样性、保持地球生态的完全整性、保证以持续的方式使用可再生资源,使人类的发展保持在地球承载能力之内。

2.1.2 可持续发展的主要原则

1. 公平性原则

公平性原则是指机会选择的平等性,具有三方面的含义:一是指代际公平性;二是指同代人之间的横向公平性,可持续发展不仅要实现当代人之间的公平,而且也要实现当代人与未来各代人之间的公平;三是指人与自然、与其他生物之间的公平性。这是与传统发展的根本区别之一。各代人之间的公平要求任何一代都不能处于支配地位,即各代人都有同样选择的机会和空间。

2. 可持续性原则

可持续性原则的核心指的是人类的经济和社会发展不能超越资源与环境的承载能力。即可持续发展的"限制"因素,没有限制就不能持续。资源的持续利用和生态系统可持续性的保持是人类社会可持续发展的首要条件。人类的发展活动必须以不损害地球生命保障系统的大气、水、土壤、生物等自然条件为前提。可持续发展要求人们根据可持续性的条件调整自己的生活方式,在生态可能的范围内确定自己的消耗标准。因此,人类应做到合理开发和利用自然资源,保持适度的人口规模,处理好发展经济和保护环境的关系。

3. 共同性原则

地球是一个复杂的系统,每个国家或地区都是这个巨系统中不可分割的子系统。系统的最根本特征是其整体性,每个子系统都和其他子系统相互联系并发生作用,任何一个系统发生问题,都会直接或间接影响到其他系统的紊乱,甚至会诱发系统的整体突变,这在地球生态系统中表现最为突出。因此,可持续发展追求的是整体发展和协调发展,即共同发展。由于各国在历史文化和发展水平上的差异,可持续发展的具体目标政策和实施步骤也不可能是唯一的。共同性原则并不等于对于产生和解决全球性环境问题,各国所负的责任都是一样的。一些发达国家强调世界各国对出现的全球环境问题和资源的破坏负有"共同的责任",发展中国家则坚持"共同但又有区别的责任"。

2.1.3 可持续发展的核心理论

可持续发展的核心理论尚处于探索和形成之中,目前已具雏形的流派大致可分为以下几种。

1. 资源永续利用理论

资源永续利用理论流派的认识论基础在于:人类社会能否可持续发展决定于人类社会赖以生存发展的自然资源是否可以被永远地使用下去。基于这一认识,该流派致力于探讨使自然资源得到永续利用的理论和方法。

2. 外部性理论

外部性理论流派的认识论基础在于:环境日益恶化和人类社会出现不可持续发展现象和趋势的根源,是人类迄今为止一直把自然(资源和环境)视为可以免费享用的"公共物品",不承认自然资源具有经济学意义上的价值,并在经济生活中把自然的投入排除在经济核算体系之外。基于这一认识,该流派致力于从经济学的角度探讨把自然资源纳入经济核算体系的理论与方法。

3. 财富代际公平分配理论

财富代际公平分配理论流派的认识论基础在于:人类社会出现不可持续发展现象和趋势的根源是当代人过多地占有和使用了本应属于后代人的财富,特别是自然财富。基于这一认识,该流派致力于探讨财富(包括自然财富)在代际之间能够得到公平分配的理论和方法。

4. 三种生产理论

人与环境组成的世界系统本质上是一个由人类社会与自然环境组成的复杂巨系统,在这个世界系统中,人与环境之间有着密切的联系。这种联系体现在二者之间的物质、能量和信息的交换和流动上。在这三种关系中,物质的流动是基本的,它是另外两种流动的基础和载体。在物质运动这个基础层次上,它还可以进一步划分为三个子系统,即物质生产子系统、人口生产子系统和环境生产子系统。需要注意的是,在这里之所以不把三个子系统称为物质系统、人口系统和环境系统,是因为这样命名只表述出了这三个子系统组成要素的静态类型,不能反映出各子系统内在的运动本质,进而也无助于研究和把握整个世界系统的运动变化规律。事实上,整个世界系统的运动与变化取决于这三个子系统自身内在的物质运动,以及各子系统之间的联系状况。因此可以说没有"生产"活动就没有子系统的生命力,也就谈不上三个子系统之间的联系。需要强调指出的是,这里所说的"生产",是指有输入、输出的物质转变活动的全过程。

2.1.4　可持续发展的措施

为了全面推动可持续发展战略的实施,中华人民共和国国务院印发了原国家计委会同有关部门制定的《中国21世纪初可持续发展行动纲要》(以下简称《纲要》)。这是进一步推进我国可持续发展的重要政策文件,同时也是对2002年在南非约翰内斯堡召开的可持续发展世界首脑会议的积极响应。《纲要》提出我国将在六个领域推进可持续发展。

经济发展方面,要按照"在发展中调整,在调整中发展"的动态调整原则,通过调整产业结构、区域结构和城乡结构,积极参与全球经济一体化,全方位逐步推进国民经济的战略性调整,初步形成资源消耗低、环境污染少的可持续发展国民经济体系。

社会发展方面,要建立完善的人口综合管理与优生优育体系,稳定一胎或二胎的低生育水平,控制人口总量,提高人口素质。建立与经济发展水平相适应的医疗卫生体系、劳动就业体系和社会保障体系,大幅度提高公共服务水平,建立、健全灾害监测预报、应急救助体系,全面提高防灾减灾能力。

资源保护方面,要合理使用、节约和保护水、土地、能源、森林、草地、矿产、海洋、气候、矿产等资源,提高资源利用率和综合利用水平;建立重要资源安全供应体系和战略资源储备制度,最大限度地保证国民经济建设对资源的需求。

生态保护方面,要建立科学、完善的生态环境监测、管理体系,形成类型齐全、分布合理、面积适宜的自然保护区,建立沙漠化防治体系,强化重点水土流失区的治理,改善农业生态环境,加强城市绿地建设,逐步改善生态环境质量。

环境保护方面,要实施污染物排放总量控制,开展流域水质污染防治,强化重点城市大气污染防治工作,加强重点海域的环境综合整治。加强环境保护法规建设和监督执法,修改、完善环境保护技术标准,大力推进清洁生产和环保产业发展。积极参与区域和全球环境合作,在改善我国环境质量的同时,为保护全球环境做出贡献。

能力建设方面,要建立、完善人口、资源和环境的法律制度,加强执法力度,充分利用各种宣传教育媒体,全面提高全民可持续发展意识,建立可持续发展指标体系与监测评价系统,建立面向政府咨询、社会大众、科学研究的信息共享体系。

为了落实上述任务,《纲要》提出了六项保障措施:一是运用行政手段,提高可持续发展的综合决策水平;二是运用经济手段,建立有利于可持续发展的投入机制;三是运用科教手段,为推进可持续发展提供强有力的支撑;四是运用法律手段,提高全社会实施可持续发展战略的法制化水平;五是运用示范手段,做好重点区域和领域的试点示范工作;六是加强国际合作,为国家可持续发展创造良好的国际环境。

2012 年 6 月,国务院对外正式发布《中华人民共和国可持续发展国家报告》,该报告主要内容包括:(1)概述了中国近十年来在可持续发展领域的总体进展情况,客观分析了中国在可持续发展方面面临的挑战和存在的压力,明确提出了中国进一步推进可持续发展的总体思路;(2)围绕可持续发展的三大支柱——经济发展、社会进步、生态环境保护,详尽阐述了中国在可持续发展各个领域所做的工作和取得的进展;(3)中国增强可持续发展能力的有关情况;(4)介绍了中国在可持续发展领域里广泛开展国际合作,包括双边和多边合作的有关情况及履行有关国际公约的情况;(5)阐述了中国对大会两大主题的原则和立场,以及对若干分领域问题的一些基本看法,同时希望大会能够取得积极的成果。

在当前和今后一个时期,我国进一步深入推进可持续发展战略的总体思路,可以从以下五个方面着手。

一是把转变经济发展方式和对经济结构进行战略性调整作为推进经济可持续发展的重大决策。调整需求结构,把国民经济增长更多地建立在扩大内需的基础上;调整产业结构,更好、更快地发展现代的制造业以及第三产业,更重要的是要调整要素投入结构,使整个国民经济增长不总是依赖物质要素的投入,而转向依靠科技进步、劳动者的素质提高和管理的创新上来。

二是要把建立资源节约型和环境友好型社会作为推进可持续发展的重要着力点。我们还是要深入贯彻节约资源和环境保护这个基本国策,在全社会的各个系统都要推进有利于资源节约和环境保护的生产方式、生活方式和消费模式,促进经济社会发展与人口、资源和环境相协调。

三是要把保障和改善民生作为可持续发展的核心要求。可持续发展这个概念有一个非常重要的内涵叫代内平等,它讲的是人的平等、人的基本权利,可持续发展的所有问题的核心是人的全面发展,所以我们要以民生为重点来加强社会建设,来推进公平、正义和平等。

四是要把科技创新作为推进可持续发展的不竭动力。实际上很多不可持续问题的根本解决都要依靠科技的突破和科技的创新。

五是要把深化体制改革和扩大对外开放与合作作为推进可持续发展的基本保障,要建立有利于资源节约和环境保护的体制和机制,特别是要深化资源要素价格改革,建立生态补偿机制,强化节能减排的责任制,保障人人享有良好环境的权利。

2.2　管理科学理论

自人类社会形成以来,人们就一直以自己的社会经济活动作用于自然环境,以求得自身的生存与发展。人类社会就是在人与自然环境这种相互作用、协同变化的过程中演进的。而在人类社会演进的过程中,人类从来没有停止过对自己行为的管理,特别是没有停止过对自己作用于自然环境行为的管理,即环境管理。

2.2.1　管理学的定义

管理作为一门科学起源于19世纪末20世纪初的美国,然而管理活动却和人类的历史一样悠久。可以说,自从有了人类活动就有了管理,管理是随着生产力的发展而发展起来的。

管理是人类有目的的活动,它广泛适用于社会的各个领域。第二次世界大战后,世界上掀起了管理的热潮,20世纪80年代以来,我国的实务人员和理论界专业人士也对管理越来越感兴趣。现在大多数人已经认识到,只要人们参与团体为共同目标而努力,管理就起着关键的作用。管理不仅适用于营利性企业,也同样适用于政府机关、学校、医院和公共事业单位,无论是什么组织,若没有管理将一事无成。

管理学或管理科学是研究管理的学问,至今已有100多年的历史。长期以来,许多中外学者从不同的研究角度出发,对管理做出了不同的解释,然而,不同学者在研究管理时的出发点不同,因此,他们对管理一词所下的定义也就不同。科学管理之父泰勒在其名著《科学管理原理》中给管理下过这样的定义:管理就是"确切地知道你要别人去干什么,并使他用最好的方法去干"。诺贝尔经济学奖获得者赫伯特·西蒙教授对管理也曾有一句名言:"管理即制定决策。"但真正对管理的定义有重大影响的是法国人亨利·法约尔(1841—1925)。亨利·法约尔在其名著《工业管理和一般管理》中给出管理的概念,整整影响了一个世纪。法约尔认为,管理是所有的人类组织(不论是家庭、企业或政府)都有的一种活动,这种活动由五项要素组成:计划、组织、指挥、协调和控制。

一般说来,管理是一个非常重要的关于人类活动的组织、协调、控制、目标的活动和过程。正如人们能够感受到的那样,一个单独的人不会需要管理,但当两个人共同工作时就存在着为实现共同目标所需要的意志、力量的协调。可见,凡是在由两人或以上组成的、需要通过协调达到一定目的的组织中就存在着管理工作。大到管理世界、管理国家、管理政府、管理企业、管理学校、管理医院,小到管理家庭、管理子女、管理自己,以及管理自己的事业、行为、时间、精力、财富等。管理无处不在、无时不在,渗透到人类活动的几乎每一个细节和领域,成为人类的一项基本活动。

2.2.2　管理学的研究方法

1. 系统分析法

管理学是一个系统性很强的科学,它研究的对象是一个复杂的大系统,只有用系统的方法才能提炼出它的客观规律性和相互关系的内在联系性。

2. 借鉴与创新相结合的方法

管理学是正在建设与发展的一门学科,需要吸取历史的和外国的理论与经验,同时还必须有所创造、发展,才能使管理学不断丰富、提高和更加完善。

3. 定性与定量分析相结合的方法

在研究中把定性与定量结合起来,可以克服这两种方法各自的局限性,得到更为科学的结论。

4. 综合性研究方法

管理学原理是一门交叉性边缘学科,与其他一些科学密切联系,应吸取和运用其他科学的研究成果,使本学科得以发展和提高。

2.2.3　管理的作用

管理活动具体表现在管理的各项职能中,管理通过其职能行为来发挥它的作用。管理的作用可以归结为以下两点,即维持组织的存在和提高组织的效率。

1. 管理可以维持组织的存在

由于组织是由个人和部门构成的,而部门和个人又都有自身特殊的利益和目标,且个人的目标和组织的整体目标并非天然的一致,有时甚至相反,因而难免发生诸如个人利益和部门利益之间、个人利益之间、部门利益与组织整体利益之间的冲突。利益和目标冲突必然导致行为冲突,如不进行有效的化解,冲突的结果将导致组织的生存危机。管理就是将个人利益或部门利益与组织利益有机地结合起来,使个人和部门在实现组织利益的行动中同时实现自身利益。

2. 管理可以提高组织的效率

所谓组织的效率,是指组织活动达到组织目标的有效性。一般来说,组织具有不同于其各组成部分的独立目标,该目标实现的程度取决于组织内部的协调程度。管理就是通过种种手段和途径使组织内部各部门、各成员的行为协调起来,以最低的成本、最快的速度实现组织目标。任何组织都有自己的目标,而实现目标是要耗费一定资源的。在当代社会中,以最少的资源投入获得最大的产出,是每一个组织都必须遵循的原则。也就是说,无论是经济组织还是非经济组织,都必须有成本费用的观念,都必须讲求经济效益。决定一个组织经济效益大小和资源效率高低的首要条件是资源的最优配置和最优利用,其手段都是管理。

2.2.4　管理的职能

管理的职能即管理的职责和权限。管理的职能有一般职能和具体职能之分。管理的一般职能源于管理的二重性,就是合理组织生产力和维护一定的生产关系的职能。管理的具体职能是指一般职能在管理活动中的具体体现。管理具有哪些具体职能? 这一问题经过了许多人近一百年的研究,至今还是众说纷纭。法约尔提出管理的职能应包括以下几个方面。

1. 计划

计划是管理的首要职能,是事先对未来行动所做的安排,它体现了管理活动的有意识性。计划是从我们现在所处的位置到达将来预期的目标之间架起的一座桥梁,有了计划就能将不能成为现实的事物变成现实。虽然计划不能准确地预测将来,而难以预见的情况可能干扰编制出来的最好计划,但是,如果没有计划,工作往往陷于盲目,或者碰运气。为完成任务创造环境时,最重要的和基本的因素莫过于使人了解他们完成目标相应需要完成的任务,以及为完成目标和任务所应遵循的指导原则。如果想使集体的努力有成效,人们必须了解期待他们完成的工作任务是什么。计划包括计划的编制、执行和检查。计划突出的意思,不仅仅是指引进新事物,而且也指合乎情理和行之有效的措施。计划不仅为明确目标、着手实现组织目标提供了保障,同时还通过优化资源配置和通过规划、政策、程序等的制定保证组织目标的实现。

2. 组织

组织是法约尔提出的管理的第二个要素,就是为企业的经营提供所必要的原料、设备、资本和人员。组织分为物质组织和社会组织两大部分,管理中的组织是社会组织,只负责企业的部门设置和各职位的安排以及人员的安排。有的企业资源大体相同,但是如果它们的组织设计不同的话,其经营状况就会有很大的差异。

法约尔非常强调统一指挥,他很反对泰勒的职能工长制,认为其违背了统一指挥的原则,容易造成管理混乱。一元化领导同多元化领导相比,更有利于统一认识、统一行动、统一指挥。但在各种形式下,人的个人作用极为重要,它左右着整个管理系统。对于组织中的管理人员,法约尔根据自己多年的管理经验提出了自己的看法:挑选人员是一个发现人员的品质和知识,以便填补组织中各级职位的过程。产生不良挑选的原因与雇员的地位有关。法约尔认为,填补的职位越高,挑选时所用的时间就越长,挑选要以人的品质为基础。

3. 指挥

计划与组织工作做好了,还不一定能够保证组织目标的实现,因为组织目标的实现要依靠组织全体成员的努力。配备在组织机构中各个岗位上的人员,由于各自的个人目标、需求、喜好、性格、素质、价值观及工作职责和掌握信息量等方面存在很大差异,在相互合作中必然会产生各种矛盾和冲突。因此就需要有权威的领导者进行指挥,指导人们的行为,沟通人们之间的信息,增强相互之间的理解,统一人们的思想和行动,激励每个成员自觉地为实现组织目标共同努力。

管理的指挥职能是一门非常奥妙的艺术,它贯穿在整个管理活动中。不仅组织的高层领导、中层领导要实施指挥职能,基层领导,如工厂的车间主任、医院的护士长也担负着指挥职能,都要做人的工作,重视工作中人的作用。指挥工作相对工作人员施加影响,使他们对组织和集体的目标做出贡献。这主要涉及管理工作的群众关系方面,主管人员面临的最重要问题都来自群众,有效的主管人员也应该是有作为的领导人。由于指挥意味着服从,而大家往往追随那些能满足大家需要、愿望和要求的领导人,所以指挥必然包含激励、领导作风和方法以及信息交流。

4. 协调

协调就是指企业的一切工作者要和谐地配合,以便于企业经营的顺利进行,并且有利于企业取得成功。协调就是让事情和行动都有合适的比例,就是方法适应于目的。

法约尔认为协调能使各职能机构与资源之间保持一定的比例,收入与支出保持平衡,材料与消耗成一定的比例。总之,协调就是让事情和行动都有合适的比例。在企业内,如果协调不好,就容易导致很多问题,在一个部门内部,各分部、各科室之间,与各不同部门之间一直存在着一堵墙,互不通气,各自最关心的就是使自己的职责置于公文、命令和通告的保护之下;谁也不考虑企业整体利益,企业里没有勇于创新的精神和忘我工作的精神。这样企业的发展就容易陷入困境,各个部门步调不一致,企业的计划就难以执行,只有它们步调都一致,各项工作才能有条不紊、有保障地进行。

法约尔认为例会制度可以解决部门之间的不协调问题。这种例会的目的是根据企业工作进展情况说明发展方向,明确各部门之间应有的协作,利用领导们出席会议的机会来解决共同关心的各种问题。例会一般不涉及制定企业的行动计划,会议要有利于领导们根据事态发展情况来完成这个计划,每次会议只涉及一个短期的活动,一般是一周时间,在这一周内,要保证各部门之间行动协调一致。

5. 控制

法约尔认为,控制就是要证实企业的各项工作是否已经和计划相符,其目的在于指出工作中的缺点和错误,以便纠正并避免重犯。对人可以控制,对活动也可以控制,只有控制才能保证企业任务的顺利完成,避免出现偏差。当某些控制工作显得太多、太复杂、涉及面太大,不易由部门的一般人员来承担时,就应该让一些专业人员来做,即设立专门的检查员、监督员或专门的监督机构。从管理者的角度看,应确保企业有计划,而且要反复地确认修正控制,保证企业社会组织的完整。由于控制适合于任何不同的工作,所以控制的方法也有很多种,有事中控制、事前控制、事后控制等。企业中控制人员应该具有持久的专业精神和敏锐的观察力,能够观察到工作中的错误并及时地加以修正;要有决断力,当有偏差时,应该决定该怎么做。做好这项工作也很不容易,控制也是一门艺术。

2.2.5　环境管理的特点及其复杂性

环境问题,广义还包括资源问题、生态问题、能源问题等,是人类社会面临的最重大和最困难的挑战之一。环境管理、资源管理、生态管理都是管理科学的重要研究领域,也是人类社会面临的最为重要和复杂的管理活动之一。

作为人类社会的一项管理活动,环境管理是与人类社会的生存与发展紧密联系在一起的。20 世纪中期以后,环境问题日益严重,人与自然环境的矛盾激化,全世界范围内的人都感受到了"继续生存的危机",人类不得不从单纯治理的局限中跳出来,转而向"管理"寻求出路。

向"管理"寻求出路,就是要进行环境管理,其本质就是改变人类社会的生存方式,包括转变环境观念、调整环境行为、控制环境物质流三个方面。由于人类社会生存方式具有的传承性、国际性、历史性等特点,环境管理成为一项前所未有的艰巨的管理活动和任务。从这个角度讲,在决定人类前途命运的环境问题面前,环境管理是使人类社会得以持续生存和发展的最重要的管理活动,因此,其也是管理科学中最重要的领域之一。

环境管理的核心是管理"人作用于环境"的行为,这一特点决定了环境管理一方面涉及人类行为的复杂性,另一方面也涉及自然环境的复杂性。

形形色色的人类社会行为构成了一个复杂的、多维的人类社会行为"空间"。在这个复杂的多维空间中,环境管理行为处于一种特殊的位置,它肩负着把各种各样的社会行为有序、有效地组织起来的任务。因此环境管理必须能够处理好符合人类长远、根本利益的人与环境的关系,同时也要处理好各种不同的人群在各个不同方面的表现在不同时空上的利益冲突,这是一项极为重要也是极其复杂的工作。

2.2.6　管理学理论在环境管理学上的应用前景

目前的环境管理学一方面从环境科学体系中获得自己的理论来源,另一方面从各国环境管理实践中获得经验总结。这两个方面是当前环境管理学发展的主要依据。因此,环境管理学更多地体现了环境科学的理论、方法和技术及实践,而比较少地采纳或应用管理科学的理论和结果。或者说,环境管理学远没有成为一门真正的管理学。

在理论方面,环境管理的理论主要来自于环境科学,而管理科学的许多成熟的理论和方法还没有在环境管理学理论和方法中得到应用,如信息不对称、风险管理、博弈、和谐等概念和方法,在环境管理学的理论和方法中还很少见。而作为管理科学的一个分支,环境管理学与其他分支,如工商管理、公共管理等相比,还没有被纳入管理科学研究的主流当中。环境管理学还是一门靠知识和经验简单堆积在一起而形成的学科,还缺乏理论的总结提炼以至于升华。

在研究方法方面,环境管理学也是较多采用环境科学的方法,如环境监测、调查、预测、评价、规划等,而较少采用规范的管理科学研究方法,如假设、模型、验证、实证、实验等,这与国内外主流的管理科学的研究范式和研究方法还有较大差异。因此,借鉴、应用和发展管理学的成熟理论和方法,构建环境管理学的理论和方法体系,是环境管理学发展的重要趋势,也是当务之急。

2.3　循环经济理论

当代世界范围的生态与经济的矛盾,严重阻碍了经济社会的协调、持续和稳定发展。在经济发展实践中所发生的愈来愈多的生态经济问题,包括各种严重的生态经济灾难,都是由人们自身引起,即在发展经济的实践中,由于人们指导思想的错误,而采取了不恰当的经济行为,破坏了自然界的生态平衡所造成的。进入生态时代,迫切需要建立一种推动实现生态与经济协调发展的指导思想,规范人们自身的经济行为,以减少或避免各种生态经济问题的产生。

2.3.1 循环经济的定义

"循环经济"(recycle economy)一词是由美国经济学家肯尼思·波尔丁在 20 世纪 60 年代提出的。不同的学者由于学术背景不同、研究角度不同,给出的定义也不尽相同。

曲格平在《发展循环经济是 21 世纪的大趋势》一文中指出:"所谓循环经济,本质上是一种生态保护型经济,它要求运用生态学规律而不是机械论规律来指导人类社会的经济活动。"冯之浚认为,所谓循环经济,就是按照自然生态物质循环方式进行的经济模式,它要求用生态学规律来指导人类社会的经济活动。循环经济以资源节约和循环利用为特征,也可称为资源循环型经济。循环经济是把清洁生产和废弃物的综合利用融为一体的经济,本质上是一种生态经济,它要求运用生态学规律来指导人类社会的经济活动,其目的是通过资源高效和循环利用,实现污染的低排放甚至零排放,保护环境,实现社会、经济与环境的可持续发展。

当前,社会上普遍推行的是国家发展和改革委员会(简称国家发改委)对循环经济的定义,即循环经济是一种以资源的高效利用和循环利用为核心,以"减量化、再利用、资源化"为原则,以低消耗、低排放、高效率为基本特征,符合可持续发展理念的经济增长模式,是对"大量生产、大量消费、大量废弃"的传统增长模式的根本变革。这一定义不仅指出了循环经济的核心、原则和特征,同时也指出了循环经济是符合可持续发展理念的经济增长模式,抓住了当前中国资源相对短缺而又大量消耗的症结,对解决中国资源对经济发展的制约瓶颈具有迫切的现实意义。

2.3.2 循环经济的原则

循环经济有三大原则,即减量化(reduce)原则、再利用(reuse)原则和再循环(recycle)原则,简称"3R"原则。其中每一原则对循环经济的成功实施都是必不可少的。

1. 减量化原则

减量化原则属于输入端控制原则,旨在用较少原料和能源的投入来达到预定的生产目的或消费目的,在经济活动的源头就注重节约资源和减少污染。在生产中,减量化原则要求制造商通过优化设计制造工艺等方法来减少产品的物质使用量,最终节约资源和减少污染物的排放。例如,通过制造轻型汽车来替代重型汽车,既可节约金属资源,又可节省能源,仍可满足消费者乘车的安全标准和出行要求。在消费中,减量化原则提倡人们选择包装物较少的物品,购买耐用的可循环使用的物品而不是一次性物品,以减少垃圾的产生;减少对物品的过度需求,反对消费至上主义。

2. 再利用原则

再利用原则属于过程性方法,目的是延长产品和服务的时间强度。也就是说,尽可能多次或多种方式地使用物品,避免物品过早地成为垃圾。在生产中,制造商可以使用标准尺寸进行设计,使提供的商品便于更换零部件,提倡拆解、修理和组装旧的或破损的物品。在消费中,再利用原则要求人们对消费品进行修理而不是频繁更换,提倡二手货市场化;人们可以将可维修的物品返回市场体系供别人使用或捐献自己不再需要的物品。在把一样物品扔掉之前,应该想一想家中和单位里再利用它的可能性。

3.再循环原则

再循环原则也称资源化原则。该原则是输出端控制原则,是指废弃物的资源化,使废弃物转化为再生原材料,重新生产出原产品或次级产品,如果不能被作为原材料重复利用,就应该对其进行热回收,目的在于通过把废弃物转变为资源的方法来减少资源的使用量和污染物的排放量。这样做能够减轻垃圾填埋场和焚烧场的压力,而且可以节约新资源的使用。把废弃物再次变成资源以减少最终处理量,也就是我们通常所说的废品的回收利用和废弃物的综合利用。资源化有两种:一是原级资源化,即将消费者遗弃的废弃物资源化后形成与原来相同的新产品。例如将废纸生产出再生纸、废玻璃生产玻璃以及废钢铁生产钢铁等;二是次级资源化,即废弃物变成与原来不同类型的新产品。原级资源化利用再生资源比例高,而次级资源化利用再生资源比例低。与资源化过程相适应,消费者和生产者应该通过购买用最大比例消费后再生资源制成的产品,使得循环经济的整个过程实现闭合。

循环经济"减量化、再利用、再循环"原则的重要性不是并列的。减量化属于输入端,旨在减少进入生产和消费流程的物质量利用,属于过程,旨在延长产品和服务的时间;再循环属于输出端,旨在把废弃物再次资源化以减少最终处理量。处理废弃物的优先顺序是:避免产生→循环利翻→最终处置。首先要在生产源头——输入端就充分考虑节省资源、提高单位产品对资源的利用率,预防和减少废弃物的产生;其次是对于不能从源头削减的污染物和经过消费者使用的包装废弃物、旧货等加以回收利用,使它们回到经济循环中;只有当避免产生和回收利用都不能实现时,才允许将最终废弃物进行环境无害化处理。环境与发展协调的最高目标是实现从末端治理到源头控制,从利用废物到减少废物的质的飞跃,要从根本上减少自然资源的消耗。

2.3.3 循环经济的研究内容

循环经济的研究内容十分广泛,但基本可归纳为三个方面。

1.作为经济主体的人类同生态环境的关系问题

客观事实告诉人们,世界各国不同程度地出现土地退化、资源浪费、环境污染、气候异常等现象,几乎无一不与人类活动相关。人口增长过快,必然会加剧地球资源需求的压力。为了增加粮食产量,人们不惜毁林开荒,而滥伐森林和破坏草原必然引起水土流失、沙漠扩大乃至气候失调;发展工矿生产,必然会带来废气、废水和废渣,如果人们对"三废"没有认真加以处理,就会造成环境的严重污染。这就是说,人口的激增必然会引起对自然资源开发的迫切性,从而不可避免地破坏生态环境,引起生态平衡的失调。受到破坏的生态环境,反过来会影响人类的生产和生活。因此生态环境与人类活动存在着密切的关系,离开任何要素来研究经济规律都是不可取的。因此,如何协调人类经济社会发展与生态环境保护之间的关系,就成了循环经济需要研究解决的首要问题。

2.实现经济循环发展的基础即生态平衡问题

实践证明,自然界的各类生物之间、非生物之间以及生物与非生物之间都是相互影响、相互联系、相互制约的。在它们的相互联系和相互影响中,彼此进行着能量和物质的交换。

在较长时间内,保持生态系统各部分的功能处于相互适应、相互协调的平衡中,使生态系统的自我调节能力比较稳定。对于森林,如果采造结合,造林多于开采,就能做到青山常在、永续利用;对于耕地,如果每年都能补偿其所输出的肥力,就能做到稳产、高产。因此,如果不认识生态规律,只片面地按照自己的需求,以自己的主观意志对待自然,必然会遭到大自然的惩罚。这不只是一个自然环境问题,也是一个社会经济问题。

3. 研究各经济要素之间的联系和废弃物循环利用的问题

经济的发展过程实质上不仅仅是资源开发、利用的过程,而且也应该是对环境认识的不断深化及环境保护的过程。人类的活动主要包括生产活动和消费活动。人类社会的发展是生产、消费、再生产、再消费的循环往复的过程。有生产、消费就有生产、消费的废弃物,如何良性地实现再生产、再消费应该成为循环经济学研究的内容;同时各生产部门之间以及各生产要素之间也是紧密联系的,它们内部各要素之间的良性循环是使经济大循环得以实现的保证。如何利用生态学原理实现废弃物合理利用、化害为利、变废为宝,也是经济实现循环发展必须解决的重大课题。

循环经济的理念就是没有"废物",即"废物"的零排放,这恰恰就是环境管理所希望达到的。科学的环境管理观要求我们采用科学的环境利用方式,改变过去无偿使用自然资源和环境的利用方式,把自然资源和环境纳入国民经济核算体系,使市场价格准确反映经济活动造成的环境代价,迫使企业在面向市场的同时,努力节能降耗,减少经济活动的环境代价,降低环境成本,提高企业在市场经济中的竞争力。而推行循环经济正是实现这一要求的有效措施和手段。

2.3.4　循环经济在环境管理中的作用

依法管理是环境管理的基本特征,也是有效实施环境管理的保证。在可持续发展战略的指导下,环境保护立法产生了新理念,从单纯的防治环境污染和其他公害以保护和改善生活环境和生态环境,转变为在以人为中心的自然-经济-社会复合系统的协调发展基础上循环经济活动模式,即以持续的方式使用资源,提高效益,节约能源,减少废物,改善传统的生产和消费模式,控制环境污染和改善环境质量,使人的发展保持在地球的承载能力之内。这一环保立法观念的转变,将为环境管理的有效实施提供保证。

循环经济理念正在逐渐改变企业的传统生产模式,同时引导企业开展清洁生产活动,逐步建立"废物"零排放的循环经济发展模式。我们知道,大量的资源和能源是在工厂里消耗掉的,而在工厂里消耗的资源和能源要么转化为产品供人们生活所需,要么变成废弃物排放,如废水、废气、固体废物等污染物。企业的环境管理活动应该按照企业的环境管理体系要求进行,其目的就是促进企业最大限度减少或避免废弃物的产生与排放,实现循环经济。企业内部的环境管理体系只有围绕循环经济的要求设计、建立和运行,才能使循环经济思想向公众传播,有利于公众约束自己的环境不友好行为,引导公众建立正确的消费观,改变其不合理的消费方式。对于公众而言,循环经济就是提倡公众绿色消费、朴素消费、简单消费,把废旧生活物品交送到回收再利用部门,而不是随手扔掉;教育公众爱护私用和公用物品与设施,最大限度地延长其使用时间。

2.4　环境社会系统理论

2.4.1　环境社会系统发展原理的内涵

所谓系统,即由相互联系和影响的事物集合而成的有机整体。从最简单的系统到最复杂的系统,都需要控制,以保证系统的正常运行。随着控制的复杂性增加,协调性也要增加,这就意味着需要有额外的控制系统进行协调。人类社会与自然生态环境是一系列因子相互关联并处于动态平衡之中的复杂系统,可以称为"环境-社会系统"。

当环境危机日益危及人类的生存和发展时,环境问题引发了人们对各种现代领域的反思。人们从哲学、伦理学、经济学、社会学、生态学、法学、管理学等不同视角关注人与自然环境的协调问题。顺应自然不是协调,征服自然更不是协调。因此,用系统分析的方法来研究"环境-社会系统",探索人类社会与自然生态环境之间相互关联的各种通道和对其进行调控的可选择的最佳途径,是环境社会系统控制的核心。

简单地讲,所谓环境社会系统发展原理,是指在环境管理中所要面对的系统实质上是"环境-社会系统",而这个系统又不断地处于发展变化之中。这一原理也可以认为是管理科学中的系统原理和权变原理在环境管理学中的应用。

2.4.2　环境社会系统发展原理的内容

系统是指由若干个相互联系、相互作用的部分组成,在一定环境中具有特定功能的整体。在自然界和人类社会中,系统是一切事物的存在形式。环境管理学所研究的环境社会发展系统的主要内容有以下几方面。

(1)环境社会系统具有一般系统的特征,如整体性、层次性、相关性、涌现性、目的性、综合性和对环境的适应性等。

(2)环境社会系统强调人类社会系统与自然环境系统的相互作用及其构成的复杂巨系统的整体性。解决环境问题,不仅是解决自然环境系统问题的事情,实际上与人类社会系统的运行方式密切相关,必须考虑到两个系统的相互联系和相互作用的问题。研究环境问题及其管理,必须将视角拓展到人、社会和环境的综合研究,融合自然科学和人文社会科学,通过环境社会系统这样一种跨学科的综合研究,才是环境管理的基本出发点。

(3)另外,由于环境问题的复杂性和综合性,环境社会系统作为人类社会和自然环境组成的一个世界系统,世界万物都可以在这个系统里找到自己的位置,因而这个系统是世界上最庞大、也是最复杂的系统之一。

(4)环境社会系统发展原理强调环境社会系统的动态性,即从发展、演化的角度看待人类社会和自然环境的相互作用。既要了解自然环境的变化规律,也要了解人类社会的演化规律,还要了解由人类社会和自然环境组成的环境社会系统的演化与发展的规律。

2.4.3　环境社会系统发展原理的应用

在环境管理学研究和实践中,环境社会系统发展原理的应用主要体现在以下几方面。

（1）解决环境管理问题的基本途径是对环境物质流的控制，因为这是环境社会系统运行的基础。因此，就要研究环境社会系统中物质流动的特征和规律，揭示由人类各种活动和行为所产生的物质流和能量流的情况，以及政府、企业、公众等行为主体在控制环境物质流方面的竞争合作机制。

（2）在三种生产理论的基础上，研究环境社会系统的进化、演替等现象的规律与机制，重新解释人类历史的发展过程，更好地说明环境系统与社会系统互动演变、协同发展的过程。

（3）制定出具有可操作性的环境行为战略和对策，研究人类作用于环境行为的一般规律及其在特定的环境社会系统中的特殊规律，以及如何调整和控制这些行为的规范规则。

反观"环境–社会"关系的社会层面，可以看到，问题的严重性还在于：我们这个社会中协调环境与社会关系的种种努力还非常不够，我们这个社会对于环境状况的恶化还缺乏必要的、有效的应对举措。事实上，缓解环境问题，遏制环境状况的持续恶化，主动权在人类自身。人们必须通过一系列的社会运行机制的调整和变革，来促进环境与社会关系的协调。

2.5　生态经济学理论

世界经济的发展进入了新时期，正在走向可持续发展的战略转折。可持续发展指导思想的建立，是当代世界经济发展中的一件大事，具有划时代的重要意义。环境是经济发展的物质基础，环境保护和管理是促进一个国家经济发展的动力。环境管理系统中经济系统的研究，主要包括经济规律、经济目标和经济政策三个方面。目前我国已有不少经济学家提出运用经济规律来调节经济发展与环境保护之间的比例关系，即环境保护这一经济活动要受有计划、按比例发展规律的制约。利用价值规律来管理环境，通过加强经济核算等办法，来调节生产效益与环境效益，从经济利益上使人们珍惜资源、保护环境，以最小代价从人类环境系统中获取最大效益。合理开发利用资源的经济政策，减少和控制环境污染的经济政策，制定环保资金渠道的政策等，这类经济政策既具有环保内容，又具有经济内容，是环境保护和经济工作交叉结合的产物。

2.5.1　生态经济学的定义

对于生态经济学的定义，国内外学者、专家一直众说纷纭，存在许多不同的表述和定义。最具代表性的当为著名生态经济学家、美国佛蒙特大学 Gund 生态经济研究所教授 Robert Costanza 博士 1989 年给出的定义：生态经济学是一门从最广泛的领域阐述经济系统和生态系统之间关系的学科，重点在于探讨人类社会的经济行为与其所引起的资源和环境演变之间的关系，是一门由生态学和经济学相互渗透、有机结合形成的具有边缘性质的学科。生态经济学所关心的问题是当前世界面临的一系列最紧迫的问题，如可持续性、酸雨、全球变暖和物种灭绝等。

通过国内外生态经济学的研究，可以这样认为：生态经济学研究应该以经济系统是生态系统的一个子系统为理论基础，而生态经济则作为一种实现可持续发展的经济类型。其内涵应该包括三个方面：生态经济作为一种新型的经济类型，首先应该保证经济增长的可持续性;经济增长应该在生态系统的承载力范围内,即保证生态环境的可持续性;生态系统和经济系统之间通过物质、能量和信息的流动与转化而构成一个生态经济复合系统,生态经济学正是从这一复合系统的角度来研究和解决当前的生态经济问题。

2.5.2　生态经济学的研究内容

生态经济学是具有很强实践性的经济学科,在研究生态经济系统的矛盾运动、揭示其客观规律的过程中承担着多方面的任务。生态经济学的研究内容除了经济发展与环境保护之间的关系外,还有环境污染、生态退化、资源浪费的产生原因和控制方法,环境治理的经济评价,经济活动的环境效应等,概括起来包括以下四个方面。

1. 生态经济基本理论

生态经济基本理论包括社会经济发展同自然资源和生态环境的关系,人类的生存、发展条件与生态需求,生态价值理论,生态经济效益,生态经济协同发展等。

2. 生态经济区划、规划与优化模型

用生态与经济协同发展的观点指导社会经济建设,首先要进行生态经济区划和规划,以便根据不同地区的自然经济特点发挥其生态经济总体功能,获取生态经济的最佳效益。城市是复杂的人工生态经济系统,人口集中,生产系统与消费系统强大,但还原系统薄弱,因此生态环境容易恶化。农村直接从事生物性生产,发展生态农业有利于农业稳定、保持生态平衡、改善农村生态环境。根据不同地区城市和农村的不同特点,研究其最佳生态经济模式和模型是一个重要的课题。

3. 生态经济管理

计划管理应包括对生态系统的管理,经济计划应是生态经济社会发展计划,要制定国家的生态经济标准和评价生态经济效益的指标体系;从事重大经济建设项目,要做出生态环境经济评价;要改革不利于生态与经济协同发展的管理体制与政策,加强生态经济立法与执法,建立生态经济的教育、科研和行政管理体系。生态经济学要为此提供理论依据。

4. 生态经济史

生态经济问题一方面具有历史的普遍性,同时随着社会生产力的发展,又具有历史的阶段性。进行生态经济史研究,可以探明其发展的规律性,指导现实生态经济建设。

生态经济学的研究以人类经济活动为中心,研究生态系统和经济系统相互作用而形成的复合系统及其矛盾运动过程中产生的种种问题,从而揭示生态经济发展和运动的规律,寻求人类经济发展和自然生态发展相互适应、保持平衡的对策和途径。更重要的是,生态经济学的研究结果还应当成为解决环境资源问题、制定正确的发展战略和经济政策的科学依据。总之,生态经济学研究与传统经济学研究的不同之处就在于,前者将生态和经济作为一个不可分割的有机整体,改变了传统经济学的研究思路,促进了社会经济发展新观念的产生。

2.5.3　生态经济学的特点

生态经济学是近年来出现的一门由生态学和经济学交叉渗透、有机结合形成的新兴边缘学科。生态经济学的研究对象是生态经济系统。生态经济学的研究对象决定了它具有整体性、层次性、地域性和战略性等重要特点,这些特点从不同角度又体现了生态经济学的性质。

1. 整体性

生态经济系统的整体性,是指生态经济系统是生态系统和经济系统的有机的统一整体。在这个统一体中的各个子系统之间、子系统内各个成分之间,都具有内在的、本质的联系,这种联系使生态经济系统构成一个有机联系的整体。因此,生态经济学具有严密的整体性。由于这一点,生态经济学反对用孤立的、片面的观点去看待自然生态与社会经济的相互关系,而要求从整体上看待生态经济问题。

2. 综合性

生态经济学的研究对象本身就是综合的。生态经济系统是一个多层次、多序列的综合结构体系。在这个庞大的综合体系中,生态系统的生命系统是包含动物、植物和微生物并由食物链连接起来的生物网络;环境系统有各种物理、化学过程。广义的经济系统不仅包括生产、交换、分配、消费等各个环节和许多产业部门,而且包括结构复杂的技术系统等。不仅如此,生态经济系统还不能脱离社会、政治、国家、意识形态等因素孤立地加以考察。由于生态经济学涉及人、社会和自然之间相互联系、相互作用的各个方面,因此,它必然是一门综合性很强的科学。

3. 层次性

从纵向来说,生态经济包括全社会生态经济问题的研究,以及各专业类型生态经济问题的研究,如农田生态经济、森林生态经济、草原生态经济、水域生态经济和城市生态经济等。从横向来说,生态系统包括各种层次区域生态经济问题的研究。

4. 地域性

生态经济问题具有明显的地域特殊性,生态经济学研究要以一个国家的国情或一个地区的情况为依据。

5. 战略性

社会经济发展,不仅要满足人们的物质需求,而且要保护自然资源的再生能力;不仅追求局部和近期的经济效益,而且要保持全局和长远的经济效益,永久保持人类生存、发展的良好生态环境。生态经济研究的目标是使生态经济系统整体效益优化,从宏观上为社会经济的发展指出方向,因此具有战略意义。

第3章 环境管理的行政手段与政策方法

3.1 环境行政管理概述

3.1.1 概　述

环境行政管理是指国家和地方各级人民政府和其环境行政主管部门,为了达到既发展经济满足人类的基本需求,又不超出环境的容许极限的目的,按照有关法律法规对所辖区域的环境保护实施统一的行政监督管理,并运用经济、法律、技术、教育等手段,限制人类污染与破坏环境行为,保护环境,改善环境质量的行政活动。

环境行政管理是政府对社会各领域行政管理的一个重要方面,是各级政府行政管理的重要组成部分,是政府社会职能的体现。理解环境行政管理的概念应该从以下几方面入手。

1. 环境行政管理主体

环境行政管理的主体是国家,各级人民政府环境行政主管部门是被授权依法行使管理职能的管理部门,其管理行为是国家意志和利益的体现。在我国,环境保护是国家的基本国策,是各级人民政府的职责之一,是政府一项不可或缺的社会职能。环境法明确规定,各级政府对所辖区域环境质量负责。国家及地方政府环境行政管理部门依据国家的环境保护方针、政策、法律、法规、规划(计划)、目标,对本辖区的环境保护工作实施统一监督管理。

2. 环境行政管理对象

环境行政管理的对象是有环境行为活动,对环境质量产生影响的一切组织和个人,即个人、企事业单位及政府。

3. 环境行政管理范围

环境行政管理的范围就是《中华人民共和国环境保护法》定义的环境保护的范围。环境保护法规定:环境保护所言的环境,是指影响人类生存和发展的各种天然的和经过人工改造过的自然因素的总体。包括大气、水、海洋、土地、矿藏、森林、草原、野生生物、自然遗迹、自然保护区、风景名胜区、城市和乡村等。因为范围较广泛,环境行政管理主体还要和其他相关部门分工协作和密切配合。现实中,环境行政管理的重点主要集中在环境污染的控制与防治和自然生态的保护与改善。

4. 环境行政管理职能

环境行政管理的基本职能包括决策职能、组织职能、协调职能、监督职能和服务职能。

(1)决策职能。

环境行政管理的决策职能是指为达到一定的环境行政管理目标,对环境行政管理方案进行规划和安排。也就是在开展环境行政管理工作或行动之前,预先拟定出具体内容和步骤。它包括确立短期和长期的管理目标，以及选定实现管理目标的对策和措施。如何提高决策质量和决策放率，保证良好的政策效果和执行效果，是各级环境行政组织和决策者应当关注的重要问题。因此，如何从实际出发，综合运用现代科学技术手段，切实把握环境决策对象的本质、规律和条件，为实现确定的目标，从各种备选方案中做出最佳抉择，以获得最佳或满意的效果，是环境行政管理优化的先决条件。

（2）组织职能。

环境行政管理的组织职能是指建立一种包括组织机构设置、组织控制体系、组织内部职权划分、人员和资源配备等内容的有效的环境行政组织体制，并进行有效的指挥、沟通和协调。为实现环境行政管理目标和计划，必须要有组织保证，必须对管理活动中的各种要素和人们在管理活动中的相互关系进行合理的组织。因此，环境行政管理的组织职能包括两大方面：一是环境行政管理的内部组织职能，二是环境行政管理的外部组织职能。

（3）协调职能。

环境行政管理的协调职能是指消除环境保护过程中的不和谐现象，以便形成一种合力，实现某一目标的管理活动。环境行政管理协调的作用，主要是使各地区、各部门的政策、法规、规定、科研等方面减少或消除不和谐，建立起密切的分工协作关系，从而有利于完成共同的环境保护任务。可见，协调职能是环境管理的一项重要职能，特别是对解决一些跨地区、跨部门的环境问题，做好协调就更为重要。例如，加强对汽车尾气管理，需要环境保护部门、能源部门、交通部门和环境科研部门的共同配合与协作才能完成，而其中任何一个部门都无法单独实现管理目标。同样，开展建设项目环境行政管理和污染治理也离不开综合协调。但是，要真正把环境规划付诸实施，协调管理只是一个方面，更为重要的是实行切实有效的监督。

（4）监督职能。

环境行政管理的监督职能是对环境行政管理的活动进行监察和处理，对环境质量的监测和对一切影响环境质量的行为进行监察的职能。监督作为一种职能是普遍存在的，是环境行政管理活动中的一个最基本、最主要的职能，也是环境保护行政主管部门的一种基本管理职能。具体地说，环境监督的目的是维护和保护公民的环境权，即公民在良好适宜的环境里生存与发展的权利。维护环境权的实质是维护人民群众的切身利益，包括子孙后代的长远利益，这种利益是通过符合一定标准的环境质量来体现的。所以，环境监督的基本任务是通过监督来维护和改善环境质量。

（5）服务职能。

环境行政管理的服务职能是由其管理的对象和目标所决定的。环境行政管理目标是不断提高和改善环境质量，达到既能发展经济满足人类的基本需求，又不超出环境允许的极限，走可持续发展道路，实现人类与自然的和谐，实现社会效益、经济效益和环境效益的统一。为此，环境管理机构必须为环境行为者提供必要的，包括经济方面、技术方面、政策方面以及教育方面的有效服务，才能使环境管理顺利进行。

5. 环境行政管理内容

环境行政管理的内容是多领域、多层面的，主要包括以下几项。

（1）环境规划管理。

环境规划是经济社会发展规划的有机组成部分。环境规划管理首先是制定适宜的规划（计划），然后是执行环境规划，用规划指导环境保护工作，根据实际情况，检查并调整环境规划。环境规划管理是环境行政管理的核心内容。

（2）环境质量管理。

环境行政管理的目的就在于提高和改善环境质量。环境质量管理是指为了保持人类生存与健康所必需的环境质量，并不断使之提高而进行的各项管理工作。其包括环境调查、环境监测、环境检查、环境评价、环境信息等内容。

（3）环境技术管理。

环境行政管理离不开环境技术支持。环境技术管理就是通过制定标准、技术规范和技术政策，对生产工艺、技术路线、污染防治技术等进行环境经济评价等。

（4）环境监督管理。

环境监督是环境行政管理的具体体现。环境监督管理强调环境现场监督与执行，包括污染源管理、建设项目管理、排污费征收、环境污染事故与纠纷调查处理等。

6. 环境行政管理特点

环境行政管理有以下三个显著特点。

（1）综合性。

环境行政管理是环境学与管理学（行政管理学）交叉渗透的产物，是自然科学和社会科学的一个交汇点，具有高度的综合性，主要表现在对象与内容的综合性和管理手段的综合性。

（2）区域性。

环境问题由于自然背景、人群活动方式、经济发展水平和环境质量状况的差异，存在着明显的区域性（如地方性标准）。环境行政管理的区域性决定了环境行政管理必须根据区域性环境特点，因地制宜地制定环境规划，确定环境目标，采取不同的措施，在中央政府的统一指导下以地区为主进行环境行政管理。

（3）广泛性。

人类生活在环境空间，环境是人类生存的物质基础，人类活动势必影响和干扰环境，环境问题发生的本身是人类非正当行为所致，使人们学会爱护环境，珍惜环境，是非常重要的。治理环境没有公众的合作是难以实现的，仅有行政、经济的手段是不够的，要强调环境宣传教育的重要性，只有人们充分认识到必须保护环境和合理利用环境资源，自觉地走可持续发展道路，才能有效控制和治理污染，才能不断地改善环境。

3.1.2　环境行政管理的手段

环境行政管理手段是指环境行政管理机构和管理者为落实国家的环境保护方针和政策，为实现环境管理目标所采取的各种必需的、行之有效的措施和方法。环境管理活动的复杂性，决定了环境行政手段的多样性，主要包括法律手段、行政手段、经济手段、技术手段和宣传教育手段。

1. 法律手段

法律手段是指管理者代表国家和政府,依据国家法律法规进行环境保护和管理的措施和方法。依法管理环境是控制并消除污染、保障自然资源合理利用,维护生态环境的重要手段,是其他手段的保障和支持。目前我国已经形成了由国家宪法、环境保护法、环境保护相关法律、环境保护单行法和环保法规等组成的环境保护法律体系,在环境行政管理中发挥着越来越重要的作用。法律手段具有以下主要特征。

(1)强制性。

法律是一种社会行为规范,它告诉人们应当做什么或不应当做什么。与其他形式的社会行为规范相比,法律规范最显著的特征是强制性,即通过国家机器的保障,强制执行。其他规范,如道德规范,则主要借助教育和社会舆论来得到实现。违反法律规范的行为,将受到相应的制裁和惩罚,而违反道德规范的行为,只能受到舆论的谴责,却不一定会受到相应的制裁和惩罚。

(2)权威性。

法律手段的权威性表现为法律法规对人们的约束力远大于行政命令、道德规范和价值观念对人们的约束。法律法规所确立的行为准则是最高的行为准则。当法律、法规与行政命令、道德规范和价值观念发生冲突和矛盾的时候,人们必须服从法律法规的要求,按照国家环境法律法规的要求来调整和规范自己的行为。

(3)规范性。

法律手段的规范性表现为法律法规都有各自规定的内容和相应的解释及执行程序。各种法规应服从法律,各种法律应服从宪法,它们之间并不发生冲突和矛盾。因此,运用法律手段进行环境管理具有明显的规范性特征。一方面,环境法律和法规对所有的组织和个人做出了统一的行为规定,同时又以法律规范作为评价人们行为的标准,哪种行为是合法的,应受到法律的保护;哪种行为是不合法的,应受到法律的制裁。法律和法规在对人们的行为规范做出规定的同时,也规定了法律法规本身的执行程序,告诉执法者什么样的执法程序是合法的,什么样的执法程序是违法的。

(4)共同性。

法律手段的共同性表现为法律面前人人平等,没有特殊的公民。不论是国家机关,还是社会团体,不论是政府官员,还是普通公民,都不能超越法律之上,都要在法律许可的范围内实施自己的行为。

(5)持续性。

法律手段的持续性表现为法律法规具有较强的时间稳定性和持续的有效性。它不同于一般的行政管理规定和规章制度,可以朝令夕改,也不因为领导人的更换或政府权力的交替而发生变化。

2. 行政手段

环境管理的行政手段是指在国家法律的监督下,各级环境保护管理行政机构以命令、指示、规定等形式作用于管理对象的一种手段。其宏观上主要体现在颁布和推行环境政策、制定和实施环境标准;行为上主要体现在环境行政立法、环境行政规划、环境行政审批、环境行政许可、环境行政验收、环境行政检查、环境行政监测、环境行政处罚、环境行政调查、排污收费、限期治理、环境行政调解、环境行政监督等方面。环境管理行政手段的主要特征如下所述。

(1)权威性。

采用行政手段开展环境管理,起主要作用的是管理者的权威。管理者的权威越高,被管理者对管理者所发出指令的接受率就越高。因此,提高管理者的权威是提高行政手段有效性的前提。管理者权威的提高,主要取决于管理者所具有的行政权限的大小。另外,还与管理者自身在管理工作中表现出来的良好管理素质和管理才能有关。提高行政手段的有效性必须受到国家法律的监督和制约,要坚持依法行政、依法管理。

(2)强制性。

行政手段是通过行政命令、指示、规定或指令性计划等对管理对象进行指挥和控制,因而就必然具有强制性。但是这种强制性与法律手段的强制性又有所不同。从强度看,法律手段的强制程度高,它通过国家执法机关来执行,规定了人们的行为规范。而行政手段的强制程度则相对低一些。它主要强调原则上的高度统一,并不排斥人们在手段上的灵活多样性。从制约范围上看,法律手段的强制性对管理系统的子系统和任何个体都是一致的。而行政手段的强制性一般只对特定的部门或特定的对象才有效。

(3)具体性。

行政手段的具体性一方面表现在从行政命令发布的对象到命令的内容都是具体的,另一方面表现在行政手段在实施的具体方式、方法上因对象、目的和时间的变化而变化。因此,它往往只对某一特定时间和对象有用,否则是无效的。

(4)无偿性。

运用行政手段开展环境政策执行,管理者根据上级的有关规定和环境保护目标要求,有权对下级的人、财、物和技术进行调动和使用,有权对经济行为主体的生产与开发行为进行统一管理,不实行等价交换的原则,因而具有明显的无偿性特征。

(5)服务性。

环境管理行政机构和管理者必须使环境行政行为服务管理对象,只有这样才能提高管理效果,有效实现环境保护目标。

3. 经济手段

环境管理的经济手段是指管理者依据国家的环境经济政策和经济法规,运用价格、税收、信贷、补贴、押金、保险、收费以及相关的金融手段,调节各方面的经济利益关系,引导和激励社会经济活动的主体采取有利于保护环境的措施,培养环保市场以实现环境、经济和社会的协调发展。如国家的排污收费制度、减免税制度、补贴政策、贷款优惠政策等,通过经济手段将企业的利益和全社会的共同利益结合起来。环境管理的经济手段的主要特征如下所述。

(1)利益性。

利益性是经济手段的根本特征,它是指经济手段应符合物质利益原则,利用经济手段开展环境管理,其核心是把经济行为主体的环境责任和经济利益结合起来,运用激励原则充分调动企业环境保护的积极性。让企业既主动承担环境保护的责任和义务,又能从中获得有利于自我发展的机遇和外部环境。

（2）间接性。

它是指国家运用经济手段对各方面经济利益进行调节,间接控制和干预各经济行为主体的排污行为、生产方式、资源开发与利用方式。促使各经济行为主体自主选择既有利于环境保护,又有利于经济发展的资源开发、生产和经营策略。

（3）有偿性。

它是指各经济行为主体在环境责任与经济利益方面应遵循等价交换的原则,即实行谁开发谁保护、谁利用谁补偿、谁破坏谁恢复、谁污染谁治理的"使用者支付原则"。环境资源是发展经济的基础,但发展经济不能损害或降低环境资源的价值存量。无论是资源开发活动,还是企业生产行为,在获取经济利益的同时,必须以增加环境保护投入、交纳排污费或污染赔款等形式来承担与此相应的环境责任,消除由此所造成的环境破坏和影响。

4. 技术手段

环境管理的技术手段是指环境管理者为实现环境保护目标对环境工程所采取的环境监测、环境预测、环境评价、环境决策分析等技术,以达到强化环境执法监督的手段。环境管理的技术手段可分为宏观管理技术手段、微观管理技术手段和宣传教育手段三个层次。

（1）宏观管理技术手段。

环境的宏观管理技术手段属于决策技术的范畴,它是指环境管理者为开展宏观管理所采用的各种定量化、半定量化以及程式化的分析技术。这类技术包括环境预测技术、环境评价技术和环境决策技术。环境预测与评价技术是指区域政策及重大决策的预测与评价技术,包括灰色预测与评价技术、模糊预测与评价技术、马尔可夫链状预测与评价技术等。环境决策技术按量化程度可分为定量决策技术和定性决策技术;按决策结果的确定性程度可分为确定性决策技术和非确定性决策技术;按解决环境问题的过程可分为单阶段决策技术和多阶段决策技术;按决策问题包含的目标多少可分为单目标决策技术和多目标决策技术。

（2）微观管理技术手段。

环境的微观管理技术手段属于应用技术的范畴,它是指环境管理者运用各种具体的环境保护技术来规范各类经济行为主体的生产与开发活动,对企业生产和资源开发过程中的污染防治和生态保护活动实施全过程控制和监督管理的手段。按照环境保护技术的作用来划分,微观管理技术可分为预防技术、治理技术和监督技术三类。预防技术包括污染预防技术和生态预防技术。治理技术包括污染治理技术和生态治理技术。监督技术包括常规监测技术和自动监测技术（图3.1）。

按照环境保护技术的应用领域来划分,微观环境管理技术可分为污染防治技术、生态保护技术和环境监测技术三类（图3.2）。其中,污染防治技术也称为清洁生产技术,属于生态技术范畴,是指在工业生产过程中,从产品设计开始,力求资源利用最大化、废物排放最小化的全过程控制生产技术。污染防治技术也称为环境工程技术,它包括污染预防技术和污染治理技术两方面。生态保护技术也称为生态工程技术,它是指对生态系统进行研究、运用生态或生物措施以改善生态系统的结构、恢复其生态系统功能的一类技术,它包括生态建设技术和生态治理技术两方面。环境监测技术包括污染监测技术和生态监测技术两方面。技术手段具有规范性特征,所谓规范性是指各种技术在操作和应用过程中必须严格遵循技术要求和技术规程的特性。这是技术手段所具有的主要特征。

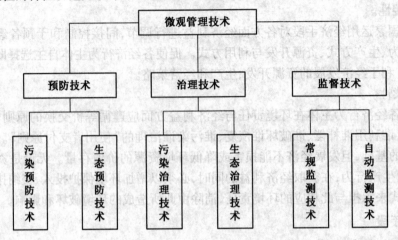

图 3.1　微观环境管理技术分类(按环境保护技术的作用)

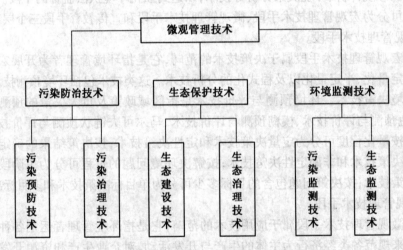

图 3.2　微观环境管理技术分类(按应用领域分)

(3)宣传教育手段。

环境管理的教育手段是指运用各种形式,开展环境保护的宣传教育以增强人们的环境意识和环境保护专业知识的手段。环境教育承担的基本任务:一是提高全民族的环境意识,二是培养环境保护方面的专门人才。目前我国环境教育体系包括基础环境教育、专业环境教育、管理者的环境教育和公众环境教育四种主要形式。

①基础环境教育:各类大、中、小学所开展的环境保护科普宣传教育属基础环境教育。贯穿于各类学校教材中的环境保护内容,结合世界环境日、世界地球日、世界水日等重大节日以及国家重大环境保护行动所举办的各类环保实践活动,构成了基础环境教育的主要内容。这些环境教育理论与实践的宗旨是在基础教育阶段树立环保意识,增加环保知识与技能,为其他类型的环境教育打下基础。

②专业环境教育:以高等院校为主体,培养专业环境保护专门人才的教育。随着环境问题的产生和发展,社会对于环境保护及污染治理方面的专业人才的数量和质量提出了越来越高的要求,专业环境教育必然处于优先发展的地位。中国是全球环境保护专业教育发展最快的国家之一,到目前为止,已有230多所高校开设了各类环境专业,教育规模、教育内容和人才培养质量都在不断提高。

③管理者的环境教育:以提高管理者的环境意识、环境决策水平、环境管理水平为目的进行的各类学习和培训属于管理者的环境教育。其包含两个方面的内容:一是针对普遍意义上的管理者,即各级政府机关(部门)的负责人、各类企事业单位的领导,作为领导者或决策者,他们的环境素质在决策中发挥重要作用,针对领导者或决策者的环境学习与培训,旨在帮助他们提高决策水平,使他们在进行决策时不仅要考虑经济发展,而且要考虑环境保护问题,考虑影响区域社会发展的其他问题;二是针对环境管理人员的培训,环境的变化性、环境问题的变化性、环境科学与技术的发展性等因素,均要求环境管理人员必须不断学习,以适应新形势下环境管理的要求。

④公众环境教育:通过新闻报道、影视媒体和社会舆论宣传等,面向社会公众所开展的不同形式和内容的环境教育属于公众环境教育。在四种环境教育中,公众环境教育是必须放在首位的。公众环境意识是国民素质的重要组成部分,是监督国家和政府环境行为的社会基础。实践证明,社会公众环境意识对政府决策机构及决策者的影响是一种群体对个体的影响,自下而上的影响,具有极强的"后发效应"。各级地方政府决策者在进行环境决策时,都是围绕本地区的重点环境问题而展开的,而这些重点环境问题就是社会公众所关心的环境热点和焦点问题。因此,提高公众的环境意识尤为重要。1996年,厦门召开的第二次全国环境保护宣传教育会议上,国家提出了"环境保护,教育为本,宣传先行"的口号,从指导思想上第一次确立了环境教育的地位。20多年来,我国环境教育发展迅速,为环境管理提供了越来越扎实的基础。

3.1.3　环境行政组织

我国环境行政组织的体现形式包括环境行政机构设立、环境管理机构体系及相应的职责权限。

1.环境行政机构设立

我国依法设立环境行政机构。《中华人民共和国环境保护法》第七条规定:国务院环境保护行政主管部门,对全国环境保护工作实施统一监督管理。

县级以上地方人民政府环境保护行政主管部门对本辖区的环境保护工作实施统一监督管理。

国家海洋行政主管部门、港务监督、渔政渔港监督、军队环境保护部门和各公安、交通、铁道、民航管理部门,依照有关法律规定对环境污染防治实施监督管理。

县级以上地方人民政府的土地、矿产、林业、农业、水利行政主管部门,依照有关法律的规定对资源的保护实施监督管理。

上述法律规定,一方面从法律上明确了环境行政主管部门的地位和职能;另一方面强调和要求县级以上(包括县)地方人民政府必须设立环境保护行政主管部门,即地方环境行政机构。

2. 环境管理机构体系

我国环境管理机构体系是由各级、多类管理部门形成的复杂体系。这个体系体现了《中华人民共和国环境保护法》规定的统一监督管理与分级、分部门监督管理相结合的原则。

(1)构成。

我国环境管理机构体系如图3.3所示。

国务院是全国环境管理的最高领导机构和决策机构;国务院环境保护行政主管部门——生态环境部(原国家保护总局),对全国环境保护工作实施统一监督管理;省、市、县人民政府,对所辖行政区域环境质量负责,行使行政处罚权;县级以上地方人民政府环境保护行政主管部门——环境保护局(厅),对本辖区的环境保护工作实施统一监督管理;国家海洋行政主管部门、港务监督、渔政渔港监督、军队环境保护部门和各级公安、交通、水利、卫生、地质矿产、市政、铁道、民航等管理部门,依照有关法律的规定对相关领域环境污染的防治实施监督管理;县级以上地方人民政府的土地、矿产、林业、农业、水利行政主管部门,依照有关法律的规定对资源的保护实施监督管理。

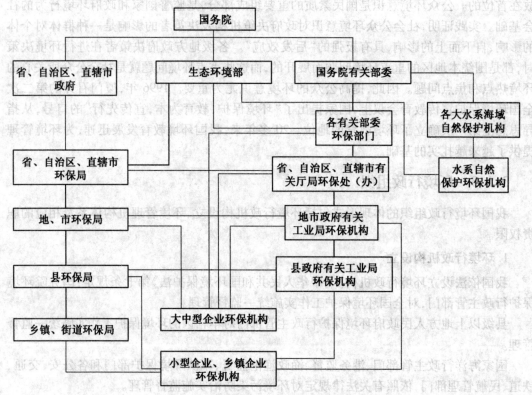

图3.3　我国环境管理机构体系示意图

(2)特征。

目前我国已经建立了从中央到地方各级政府环境保护部门为主管的,由国家、省、市、县、乡镇 5 级的管理体系。形成了各相关部门分工负责,统管部门与分管部门执法地位相等的环境保护管理格局,主要有以下两方面的特征。

中央统一监督管理与地方分级监督管理相结合。国务院和国家环境保护总局对环境监督管理的业务实行统一领导或指导,并对环境保护工作进行长期性、间接性的宏观监督管理;地方各级环境保护主管部门,依据不同的级别,从本辖区实际情况出发实行既有宏观监督管理又有微观监督管理或进行执行性、直接性的微观监督管理;中央与地方监督管理的结合,既能发挥中央统一领导、宏观调控的作用,又有利于调动地方各级的积极性,实行有效的微观监督管理。

综合监督管理与分工监督管理相结合。政府设立一个相对独立、专门的环境行政部门,协助政府对环境保护工作进行综合管理和协调,依法提出环境法规草案和制定行政规章,依法监督管理环境法律、法规、规章、规划、标准和其他政策、规范性文件的实施;土地、水、海洋、矿产、森林、草原、野生动植物、市容环境、风景名胜区等各相关保护部门,依照法定的职责、权限对其各自相关的环境保护工作进行具体监督管理。综合与分工监督管理的结合,既能保证综合监督管理部门在环境保护工作中居于主导地位,又能发挥各相关部门的积极性,从而有效地实现环境监督管理的组织、规划、综合、协调和监督功能。

3. 环境管理机构的职责

(1)国务院环境管理职责。

国务院是国家最高行政机关,统一领导国务院环境保护主管部门和其他部门各个环境管理机构以及全国地方各级环境监督管理行政部门的工作。

执行国家颁布的环境保护法律,根据宪法和法律授权制定环境保护行政法规,全国人民代表大会及其常务委员会报告全国环境状况和环境保护工作,提出环境保护议案。

依法设立环境管理机构,统一领导和监督国务院各部委及直属机构、地方各级人民政府及其环境行政主管部门的环境保护工作;直接管理一些重大的环境保护事务,如审批特大型建设项目环境影响报告书等。

负责将环境保护规划纳入国民经济和社会发展计划,并制定有利于环境保护的经济、技术政策和措施。

代表国家同国外缔结环境保护的有关国际条约和协定。

(2)生态环境部。

生态环境部的主要职责如下。

一是负责建立健全环境保护基本制度。生态环境部负责拟订并组织实施国家环境保护政策、规划,起草法律法规草案,制定部门规章;组织编制环境功能区划,组织制定各类环境保护标准、基准和技术规范,组织拟订并监督实施重点区域、流域污染防治规划和饮用水水源地环境保护规划,按国家要求会同有关部门拟订重点海域污染防治规划,参与制定国家主体功能区划。

二是负责重大环境问题的统筹协调和监督管理。生态环境部负责牵头协调重特大环境污染事故和生态破坏事件的调查处理,指导协调地方政府重特大突发环境事件的应急、预警工作,协调解决有关跨区域环境污染纠纷,统筹协调国家重点流域、区域、海域污染防治工作,指导、协调和监督海洋环境保护工作。

三是承担落实国家减排目标的责任。生态环境部负责组织制定主要污染物排放总量控制和排污许可证制度并监督实施,提出实施总量控制的污染物名称和控制指标,督查、督办、核查各地污染物减排任务完成情况,实施环境保护目标责任制、总量减排考核并公布考核结果。

四是负责提出环境保护领域固定资产投资规模和方向、国家财政性资金安排的意见,按国务院规定权限,审批、核准国家规划内和年度计划规模内固定资产投资项目,并配合有关部门做好组织实施和监督工作;参与指导和推动循环经济和环保产业发展,参与应对气候变化工作。

五是承担从源头上预防、控制环境污染和环境破坏的责任。受国务院委托,生态环境部对重大经济和技术政策、发展规划以及重大经济开发计划进行环境影响评价,对涉及环境保护的法律法规草案提出有关环境影响方面的意见,按国家规定审批重大开发建设区域、项目环境影响评价文件。

六是负责环境污染防治的监督管理。生态环境部负责制定水体、大气、土壤、噪声、光、恶臭、固体废物、化学品、机动车等的污染防治管理制度并组织实施,会同有关部门监督管理饮用水水源地环境保护工作,组织指导城镇和农村的环境综合整治工作。

七是指导、协调、监督生态保护工作。生态环境部负责拟订生态保护规划,组织评估生态环境质量状况,监督对生态环境有影响的自然资源开发利用活动、重要生态环境建设和生态破坏恢复工作;指导、协调、监督各种类型的自然保护区、风景名胜区、森林公园的环境保护工作,协调和监督野生动植物保护、湿地环境保护、荒漠化防治工作;协调指导农村生态环境保护,监督生物技术环境安全,牵头生物物种(含遗传资源)工作,组织协调生物多样性保护工作。

八是负责核安全和辐射安全的监督管理。生态环境部负责拟订有关政策、规划、标准,参与核事故应急处理,负责辐射环境事故应急处理工作;监督管理核设施安全、放射源安全,监督管理核设施、核技术应用、电磁辐射、伴有放射性矿产资源开发利用中的污染防治。对核材料的管制和民用核安全设备的设计、制造、安装和无损检验活动实施监督管理。

九是负责环境监测和信息发布。生态环境部负责制定环境监测制度和规范,组织实施环境质量监测和污染源监督性监测。组织对环境质量状况进行调查评估、预测预警,组织建设和管理国家环境监测网与全国环境信息网,建立和实行环境质量公告制度,统一发布国家环境综合性报告和重大环境信息。

十是开展环境保护科技工作,组织环境保护重大科学研究和技术工程示范,推动环境技术管理体系建设。

十一是开展环境保护国际合作交流,研究提出国际环境合作中有关问题的建议,组织协调有关环境保护国际条约的履约工作,参与处理涉外环境保护事务。

十二是组织、指导和协调环境保护宣传教育工作,制定并组织实施环境保护宣传教育纲要,开展生态文明建设和环境友好型社会建设的有关宣传教育工作,推动社会公众和社会组织参与环境保护。

十三是承办国务院交办的其他事项。

（3）地方各级人民政府环境保护机构的职责。

地方各级人民政府是所属区域内环境管理的最高行政机关、依照法律规定的职责和权限，管理本行政区域内的环境保护工作。根据环保法的规定，地方各级人民政府的主要职责有以下几方面。

各级人民政府对本辖区的环境质量负责，采取措施改善环境质量。

各级人民政府必须把环境保护规划纳入本地区国民经济和社会发展计划，采取各种有利于环境保护的经济、技术政策和措施，使本地区的环境保护同经济建设和社会发展相协调。

省一级人民政府可以针对本辖区的环境特点，制定地方环境质量补充标准和污染物排放标准。

地方人民政府负责协调解决跨行政区的环境污染和环境破坏问题。

各级人民政府对各种特殊的自然生态系统采取措施加以保护，禁止破坏。

国务院、国务院相关主管部门和地方省一级人民政府负责划定风景名胜区、自然保护区等特别保护区域。

各级人民政府加强对农业环境的保护，防治农业污染和农业生态破坏。

沿海地方各级人民政府加强对海洋环境的保护，防止陆源污染物和海岸工程建设、船舶、海洋倾倒以及海洋石油勘探开发对海洋环境的污染损害。

县级以上人民政府，在环境受到严重污染威胁居民生命财产安全时，发布应急命令，并采取有效措施解除或者减轻危害。

地方各级人民政府，采取措施鼓励本属区环境科学教育事业的发展，加强环境保护科学技术的研究和开发，普及环境保护科学知识。

（4）各级政府其他部门环境管理机构的职责。

环境保护法规定："县级以上人民政府的土地、矿产、林业、农业、水利行政主管部门，依照有关法律的规定对资源的保护实施监督管理。"

自然资源部：对自然资源开发利用和保护进行监管，建立空间规划体系并监督实施，履行全民所有各类自然资源资产所有者职责，统一调查和确权登记，建立自然资源有偿使用制度，负责测绘和地质勘查行业管理等。

林业行政主管部门：依法对森林资源和陆生野生动物的保护实施监督管理。

农业行政主管部门：依法对草原、水生野生动物资源的保护实施监督管理。

水利行政主管部门：依法对水资源、水土资源的保护实施监督管理。

各级卫生行政主管部门：负责对引起食品污染、环境卫生质量恶化及地方病产生的有害环境因素的防治实施监督管理；负责对饮用水卫生实施监督管理。

各级市政管理部门：负责对城市污水处理实施监督管理。

各级市容环境卫生管理部门：负责对城市垃圾及市容环境实施监督管理。

各级园林行政主管部门：负责城市公园和城市绿化美化工作。

各级文物保护行政主管部门：负责对风景名胜区实施监督管理。

（5）国家海洋局、港务监督、渔政渔港监督、军队环境保护部门、国家核安全等行政主管部门的职责。

国家海洋行政主管部门(国家海洋局):依法对海洋资源勘探开发和倾废实施监督管理。

港务监督行政主管部门:依法对船舶排污及水上拆船,海域和海港水域的污染防治实施监督管理。

渔政渔港监督行政主管部门:依法对渔业船舶排污和拆船作业、渔业港区水域的污染防治实施监督管理。

军队环境保护部门:依法负责军用船舶向海洋排污的监督和军港海域的监视;负责军队活动产生噪声的监督与管理。

国家核安全行政主管部门:负责对全国核设施安全实施监督管理。

3.2　环境行政决策与执行

3.2.1　环境行政决策

环境行政决策属于宏观环境管理的范畴,宏观环境管理通常从综合决策入手,解决环境保护和发展的战略问题,其实施主体是国家和地方政府。宏观决策管理过程表现为环境政策系统的运行过程,可以分为政策制定、政策执行、政策评估、政策终结等几个不同的阶段。

1. 环境政策决策的原则

(1)遵循针对性、规定性、可行性和前瞻性的原则。

针对性:是指政策的研究制定者要从面临的众多涉及资源与环境的问题中,筛选出要调控解决的主要问题或关键问题,并依此研究确定整个政策体系、各个部分的政策乃至某个具体政策条款的调控对象和相应的调控力度。

规定性:是指以针对性为前提,对政策调控解决的问题和相关政策行为人等广义的调控对象,要在调控目标、途径、办法、调控的时间及空间边界、行为人的行为准则和要求等方面做出明确的认定和界定,以体现政策的诱导、约束、协调的综合功能和政策作为行为准则的基本属性,以避免由于某些政策的规定性较差,甚至过于笼统,因而执行起来出现许多麻烦,甚至被执行者钻政策的空子。

可行性:是指在针对性和规定性的前提下,政策不仅具备必要的可操作性(某些政策的可操作性,要在相关的法规、实施细则、标准和规定中体现),而且在经济上是合理的,在技术上是可行的。

前瞻性:着眼于新形势发展的需求,包括经济发展、人口与社会发展、科技发展等,使相关的环境政策具有必要的前瞻性和先导作用。

(2)体现不同环境政策协同作用的原则。

无论是环境综合政策、环境基本政策和具体政策等宏观政策,还是环境经济政策、环保技术政策和环境管理等微观政策,由于它们在环境政策体系中的层次地位、调控对象、调控手段及所起的作用不同,所以,在研究制定政策时,在遵循上述针对性、规定性、可行性和前瞻性的条件下,还要预先考虑政策在分解与整合中的协同作用,即相关政策条款之间的连锁、协调及整合中的协同反应问题。这是形成和增强环境政策体系在执行中的综合调控能力的关键,也是能否创造出一个好的政策体系的主要标志。

(3)把握政策稳定性与可变性的原则。

鉴于环境政策的合效期及其调控的时间跨度与制定政策时的经济-社会背景、政策的不同层次和具体内容有关,因而在把握政策的稳定性与可变性方面不能一概而论,还要通过对政策执行情况的跟踪调查评价以及检验,对政策做出必要的调整。

(4)便于决策和执行的原则。

研究制定的环境政策体系,不仅要符合相关理论、基本原则和研究编制方法的要求,还要便于决策机关对政策方案进行决策,便于广大的政策执行者理解和掌握与自己相关的政策条款。

2. 环境政策决策的分类

(1)按性质的重要性分类:分为环境战略决策、环境战术决策和环境技术决策。

环境战略决策:环境战略决策的任务是协调环境保护与外部条件之间的关系,在社会经济发展过程中,使环境质量保持在合理的水平。要结合各种与环境保护相关的外部条件进行决策分析,提供环境保护的战略,供更高层次的综合决策者做出最终决策时参考。

环境战术决策:这种决策是在环境战略决策结果的指导下进行的,其任务是在环境管理目标已经确定的条件下,寻求实现这一战略目标的最佳方案。

环境技术决策:环境技术决策的任务是为实现环境战术决策所确定的方案选择和确定最佳的技术措施。例如选择最适用的水处理流程等均属于技术决策。技术决策是在战术决策结果的指导下进行的。各种最优化技术可以用于技术决策,决策者的经验对于技术决策具有很重要的作用。必要的模拟试验结果,对于技术决策的作用是至关重要的。

(2)按决策的结构分类:分为程序决策、非程序决策和半程序决策。

程序决策:这是针对经常反复出现,且有某种规律的问题,按其规律明确决策程序,建立响应决策规划,就所需解决的问题进行的有章可循的决策。

非程序决策:这种决策也称作非结构决策,是指针对偶然出现的特殊问题或首次出现的情况问题做出的决策。解决这类问题没有一定的规则,需要创造性思维才能实现,而且越是高层的决策,非程序决策越多。

半程序决策,这是介于程序决策与非程序决策之间的一种决策,决策过程涉及的问题一部分是规范化的,可按程序进行决策;另一部分是非规范化的,决策者在处理了可按程序进行决策部分的基础上运用创造性思维对非规范化部分做出决策。

(3)按决策的结果分类:分为定性决策和定量决策。

定性决策:这种决策重在决策问题的质的把握。决策变量、状态变量及目标函数无法用数量来规划的决策,它只能做抽象的概括、定性的描述。例如环境管理组织机构设置的优化、人事决策等均属此类决策。

定量决策:这类决策重在对决策问题量的刻画,决策问题中决策变量、状态变量目标函数均可以用数量来描述。决策过程中运用数学模型来辅助人们寻求满意的决策方案。定性和定量是相对的,在实际决策分析中,往往先定性分析,再做定量分析,总的趋势是尽可能地把决策问题定量化。

(4)按决策的环境分类:分为确定型决策、风险型决策和不确定型决策三种。

确定型决策:这是指决策环境是完全确定的,做出的选择结构也是确定的一类决策。例如某种水污染控制工程的工艺选择就是这类决策。

风险型决策:这是指决策的环境不是完全确定的,而其发生的概率是已知的一类决策。这种决策的结果具有一定的风险性。

不确定型决策:这是指决策者对将发生的概率的主观倾向进行决策。

(5)按决策过程的连续性分类:分为单项决策和多阶段决策以及序贯决策。

单项决策,这是指整个决策过程只做一次决策就得到结果的决策。

多阶段决策:这是指整个决策过程需要做多次决策才可能得到结果的决策。

序贯决策,这是指整个决策过程由一系列决策组成。这种决策从时序角度看是多阶段的,是一种动态决策。

(6)按决策目标的数量分类:分为单目标决策和多目标决策。

单目标决策:这种决策要达到的目标只能有一个。

多目标决策:这种决策所要达到的目标不止一个。在政策决策或一些其他的实际决策中,很多的决策问题都是多目标决策,多目标决策问题一般比较复杂。

(7)按照决策机构的层次分类:可以分为国家决策、地区决策、企业决策和个人决策。

3. 环境政策决策的程序

科学决策是一个动态过程,其决策程序不可能是一成不变的。环境决策也不例外。其决策程序包含有若干步骤,主要有提出问题、确立环境目标、选择价值准则、收集信息与处理、拟定可行的决策方案、选择适当的决策分析方法、分析与决策方案选择、实验验证、政策合法化和计划实施等。

(1)提出问题。

发现问题实际上是发现矛盾,任何决策工作都是从发现矛盾、提出问题开始的,可以通过调查研究、历史与现状的比较来发现问题、提出问题。

(2)确立环境目标。

这是环境政策决策的中心环节。只有确立了目标,才能有目的地进行一系列的环境政策决策,才能为最终衡量决策的科学性和合理性提供检验标准。环境目标应具备三个特点:可以采用标准或指标计量其成果,可以规定其实现、达到预期效果的时间,可以确定责任者。要解决所提出的环境问题,其目标往往有多个,并形成目标集,或者说是目标体系,例如经济目标、环境质量目标、资源目标、生态目标等。这些目标之间有主次之分,有总目标与子目标之分,只有通过运用调查研究和科学预测的方法收集数据资料,采用恰当的方法进行细致分析和论证,才能确定主要目标与次要目标、总目标与子目标,才能确立达到的程度和完成的时间程序。

(3)选择价值标准。

解决好对各种方案价值的估计是决策活动的一个重要步骤。选用不同的价值准则,其结果是不同的,在利用一定的价值准则时,可以选择一个代价最小的方案。价值准则通常有三项内容:把目标分解为若干确定的指标;规定这些指标的主次、缓急以及相互间发生矛盾时的取舍原则;指明实现这些指标的约束条件。

（4）信息收集与处理。

环境信息量的大小和可靠程度高低直接影响决策的质量甚至其成败。在进行决策之前，决策部门的与信息收集和处理相关的人员，应当进行大量调查，吸收包括数据收集、咨询专家、模拟实验、实地考察等与决策问题相关的一切信息资料，包括定性的和定量的资料在内，也包括历史的、现今的和运用科学方法预测的信息资料，并运用科学的、恰当的方法予以归纳处理。经过处理后的信息才是决策者能直接使用的信息。

（5）拟定可行的决策方案。

根据收集和处理信息构成的决策信息结果以及研究系统的内部和外部条例（如物理的、时间的、资源的、资金的或制度等限制条件）进行可行性分析，并由相关决策单位或人员拟定出的两种以上的可行的决策方案。

（6）选择适当的决策分析法。

根据所要解决环境问题的性质和其环境目标所属的类型，根据相关决策的理论，选择相关各方均能认可的决策分析方法。常用的环境决策分析方法有理性决策方法、非理性决策方法和综合决策方法等。

（7）分析与决策方案选择。

决策方案的选择即在前述几个步骤的基础上运用相关的决策技术，对所拟定的所有决策方案进行决策分析，定量与定性相结合，综合考虑各个方案的优劣，权衡相关方的利益，协调各种目标，最后选定适宜的方案。

（8）实验验证。

当方案确定之后，为了防止出现偏差，必须进行实验验证。实验验证的方法大致有两种，仿真试验和试点试验，即建立数学模型，进行计算机仿真实验；选择典型性的区域，进行局部实验（试点实验）。通过实验验证其方案运行的可靠性，如果实验成功，即可进入方案实施阶段，否则，应当通过实验反馈信息，检查并修订方案。问题严重时，应重新拟订方案。

（9）政策合法化。

如果上述研究编制环境政策体系的全过程和各项工作卓有成效，并顺利地通过研究成果的专家评审，则可以报请主管部门或国务院委托的领导机关进行最后审查，按规定的程序，由相应的决策机关批准并颁布执行。

（10）计划实施。

为了切实解决所需解决的环境问题，达到预期的环境目标，减少方案或实际情况变化的差异造成的损失，方案必须利用一定时间进行试运行，由运行结果去修订方案，再进入运行阶段，注意随时跟踪，以保持环境管理系统持续有效运行。

3.2.2　环境政策的执行

政策执行是在政策制定完成之后，将政策所规定的内容变为现实的过程。政策方案一经合法化过程并公布之后，便进入政策执行阶段。环境政策的执行包括环境政策宣传、环境政策分解、环境政策资源配置和环境政策控制等环节。

1. 环境政策宣传

环境政策宣传是政策执行过程的起始环节中一项重要的功能活动，政策执行活动是由许多人员一起协作完成的。要使政策得到有效执行，必须首先统一人们的思想认识。政策宣传是统一思想认识的有效手段。执行者也只有在对政策的意图和政策实施的具体措施有明确认识和充分了解的情况下，才有可能积极主动地执行政策。政策对象只有知晓政策、理解政策，才能自觉地接受和服从政策。因此各级政策执行机构要努力运用各种手段，利用各种宣传工具，大张旗鼓地宣传政策的意义、目标，宣传实施政策的具体方法和步骤。只有这样，才能为正确有效地执行政策打下坚实的思想基础。环境政策宣传以教育和媒体宣传为主要形式。自20世纪70年代以来，随着国际社会对环境问题认识的深入，世界各国对环境教育的重视程度也越来越高。

1972年的斯德哥尔摩人类环境会议指明了环境教育对青少年和成人的重要作用。此后，环境教育的重要性在历次全球性的环境会议中均强调过。联合国教科文组织在著名的《贝尔格莱德宪章》中指出：环境教育是"进一步认识关心经济、社会、政治和生态在城乡地区的相互依赖性；为每一个人提供机会以获取保护和促进环境的知识、价值观、态度、责任感和技能，创造个人、群体和整个社会环境行为的新模式"。宪章指出，环境教育的内容应包括：全面地考虑全部环境——自然环境和人为环境，即生态、政治、经济、技术、社会、立法、文化和美学等方面；环境教育途径是一个包括校内和校外的终身教育过程，其教育途径是采取多学科的教育方法。在教育过程中，应强调积极参与预防和解决环境问题，一方面要从全世界的观点来研究主要的环境问题，同时又要适当地注意区域间的差别，既要着眼于目前的环境形势，又要注意未来的环境前景，并从环境的角度来考虑所有的发展和增长。

我国在1996年制定的《全国环境宣传教育行动纲要（1996—2010年）》中提出："环境教育是提高全民族思想道德素质和科学文化素质的基本手段之一。"近三十年来，我国已经建立起基础教育、专业教育、成人教育、公众教育的环境教育体系。国家环境保护总局宣教中心作为环境教育的一个重要基地，其环境教育工作的对象包括：环境保护系统内的管理和技术人员、企业的管理者和职工、青少年反环境教育工作者。以环境保护系统管理和技术人员为对象，开展在职教育，推进国家环境政策方针的贯彻落实，促进环境技术的交流；以企业经营管理者和职工为对象，进行环境保护和环境管理知识的宣传，开展环境法、可持续发展战略、清洁生产、环境技术、ISO14000系列环境管理体系、污染物排放总量控制等方面内容的培训。强化企业的环境意识、促进环境保护产业的发展和企业环境管理水平提高；以中小学学生和环境教育工作者为对象，开发环境科普教材，并开展相关的培训活动，推进基础环境教育；以中日技术合作为基础，不断开拓环境教育国际合作的渠道。

为进一步加强生态环境保护宣传教育工作，增强全社会生态环境意识，牢固树立绿色发展理念，坚持"绿水青山就是金山银山"重要思想，全面推进生态文明建设，依据党中央、国务院关于推进生态文明建设、加强环境保护的新要求和"十三五"时期环境保护工作的新部署，特制定《全国环境宣传教育工作纲要（2016—2020年）》。"十三五"环境宣传教育工作的主要目标是：到2020年，全民环境意识显著提高，生态文明主流价值观在全社会顺利推行。构建全民参与环境保护社会行动体系，推动形成自上而下和自下而上相结合的社会共治局面。积极引导公众知行合一，自觉履行环境保护义务，力戒奢侈浪费和不合理消费，使绿色生活方式深入人心。形成与全面建成小康社会相适应，人人、事事、时时崇尚生态文明的社会氛围。其主要任务是：加大信息公开力度，增强舆论引导主动性；加强生态文化建设，努力满足公众对生态环境保护的文化需求;加强面向社会的环保宣传工作,形成推动绿色发展的良好风尚;推进学校环境教育,培育青少年生态意识;积极促进公众参与,壮大环保社会力量。

2. 环境政策分解

环境政策分解也就是制定环境政策执行计划,它是政策实施初期的另一项功能活功,是实现政策目标的必经之途。要使政策执行顺利进行,就必须对总体目标进行分解,编制小政策执行活动的计划,明确工作任务指向,从而使执行活动有条不紊地进行。

3. 环境政策资源配置

许多政策的执行和落实,均离不开必要的资金、人才、信息和技术等政策资源的保障和支持。政策资源主要是指必需的经费、必要的设备以及组织保障等。

首先,执行者应根据政策执行活动中的各项必要开支编制预算,报经有关部门批准后执行,落实活动经费。然后是必要的设备准备,包括交通工具、通信联络、技术机械设备、办公用品等方面的准备。只有做好充分的物质准备,才能为有效地执行政策创造有利条件和环境。第三是组织保障。组织保障工作是政策具体贯彻落实的保障机制,组织功能的发挥情况,直接决定着政策目标的实现程度。组织保障主要包括确定政策执行机构、配备高素质的领导者和一般的政策执行人员,政策执行者的素质要求侧重于专业管理方面的知识技能和实践经验,要求具有较强的政策理解能力,具有沟通、协调能力。执行者应具有本职工作的业务知识和管理经验,善于领会领导意图,忠实有效地执行领导指示,保质保量地完成政策任务;制定必要的规章制度,通过建立目标责任制、检查监督制度、奖励惩罚制度等,保证政策全面、有效地实施。

4. 环境政策控制

环境政策控制是指政策监控主体在政策执行中,为了保证政策的权威性、合法性和有效执行,以实现政策目标,发现政策执行过程出现的偏差及纠正的行为。通过政策控制的主体对政策计划目标、标准等的掌握,及时发现预期政策绩效与实际的政策绩效之间的差距,并分析产生差距的原因,最后决定是重新调配政策资源以加大执行力度或是对政策进行调整、终结等。

政策控制的程序或过程是由三个基本环节构成的,即确立标准、衡量绩效和纠正偏差。

(1)确立标准。

政策控制的目的是保证政策的顺利运行,以取得预期的目标。因而政策目标是政策控制的最根本的标准,控制的标准来源于政策目标。但政策目标是较为一般化的,因而往往不能直接成为控制标准。因此必须将其具体化,也就是说,可以将一般的政策目标变成一系列的具体指标。常用的控制标准有实物标准、成本标准、资本标准和收益标准等。

(2)衡量绩效。

理想的政策控制是采用前馈控制,即在实际偏差出现前预见到它们,并预先采取纠偏的应对措施。但是各种主、客观条件的限制使得其在实际的政策过程中与预期出现差距。因此必须在政策的实际运行过程中,随时监控政策运行的情况,衡量政策的实际绩效,将实际结果与预定的目标或期望的结果加以比较,及时发现偏差。必须注意,不应把实际的政策效果理解为最后的政策结果,有时它可能仅是一种阶段性的成果。政策控制不仅仅是对最终的政策结果的纠正,也包括对中间过程中出现的问题的纠正。

（3）纠正偏差。

这一环节包括确定偏差的类型、程序,找出偏差产生的原因,并采取纠正偏差的措施。政策在实际运行中产生的原因是各种各样的,也许是政策的环境发生改变,也许是目标不恰当,也许是执行组织或人员执行不力或协调不够,也许是资金、人力不足等。在找出偏差产生的原因之后,必须采取行之有效的方法来加以纠正,对政策加以调整。

3.2.3 环境政策评估

通过一定程序和方法,对环境政策的效益、效率、效果及价值进行衡量与评价,以判断其优劣的过程称为环境政策评估。

一个完整的政策过程,除了科学合理的制定和有效的执行外,还需要对政策执行以后的效果进行评估。只有通过科学的评估活动,人们才能够判定某一政策本身的价值,从而决定政策的延续、革新或终结;同时还能够对政策过程的诸个阶段进行全面的考察和分析,总结经验、吸取教训,为以后的政策实践提供良好的基础。因此,政策评估不仅是政策运行过程的重要一环,也是促进政策科学化的准则。

1. 环境政策评估的标准

环境政策评估的标准包括以下四个方面。

（1）政策效益标准。

政策效益标准是指政策执行后实现预期政策目标的程度。按照这一标准进行政策评估的前提条件是研究制定的某项政策必须具有明确的政策目标;而且,不同的政策具有不同的预期目标,不能一概而论;否则,要么由于政策目标模棱两可而难以做出客观的评估结论,要么片面强调直接的经济效益而忽视意义重大的社会效益和环境效益。

（2）政策效率标准。

政策效率标准是指某项政策执行中取得某种或某些政策效果所消耗的政策资源数量,即政策实施的成本-效益问题。政策效率的高低,既可以反映某项政策本身的优劣,也可以体现政策执行机构的综合能力和管理水平。

在评估政策执行的效率时,需要调查研究一系列问题,比如实现政策目标的不同途径对政策资源消耗的影响,政策资源的保证程度与政策执行效果的关系,创造性执行政策对提高政策效率和效益的贡献,评价政策成本与效益的指标等。

（3）政策的回应程度。

任何一个国家及其执政党都要通过制定和执行一系列政策来体现自己的政治主张、施政纲领和欲达到的经济-社会发展目标,从而与全体公民或一部分公民的切身利益联系在一起,政策实施后得到公众的政策回应,即某项政策受控对象或受益对象对政策执行效果的满意程度。

（4）执行政策的创造性。

政策执行效果是与政策执行者在实施政策过程中是否具有创造性密切相关。由于各地自然资源和环境条件、经济与社会发展水平不同,同时,某项政策的执行还涉及政策舆论的准备、与相关政策的协调、实施政策的行动方案拟定和时机的选择等因素,因而在不同地区、不同部门乃至不同单位执行同一项政策均不应该千篇一律地机械照搬、直接硬套,而是要从实际出发,按照既定政策目标和主要政策条款的要求,抓住本地区、本部门执行某项政策的主要矛盾、主要调控对象和调控手段,研究制定并实施有创造性的政策行动方案,其中包括政策资源的投入与政策执行效果的产出分析,以提高政策执行的有效性,降低其风险性。

2.环境政策评估的步骤

根据上述环境政策执行的评估标准,按照一定的步骤进行政策评估是做好环境政策评估的重要保证。环境政策评估有以下三个步骤。

(1)确立环境政策评估要素。

环境政策评估要素由评估者、评估对象、评估目的、评估标准和评估方法构成。

环境政策评估者的选择,是做好评估工作的关键要素。应选择从事过研究编制某项环境政策的科技人员,既熟悉原定政策的来龙去脉和主要内容,又了解此项政策的执行情况,还掌握政策学、管理学等学科的理论和方法,所以能够得心应手地组织开展环境政策执行的评估工作,并可以收到事半功倍的效果。这样做,同时也符合政策实践的综合性、政策理论的复杂性、政策从研究制定到执行和修订的连续性等基本特点。

环境政策评估对象的确定,要根据评估的有效性和可行性原则来进行。选择环境政策评估对象时主要考虑:选择通过政策执行过程得到实践检验、其本身的优缺点已经显露出来的政策;选择政策执行效果与政策目标之间具有明显因果关系并便于衡量的政策或政策内容;选择将要做出的政策评估结论对该项政策的修订和完善或决定政策终结有实际价值的环境政策;还要考虑政策评估工作是否能够得到主管部门的支持,以及降低政策评估成本等因素。

环境政策评估的目的,包括为主管部门提供政策执行情况的信息、为修订和完善现行政策提供科学依据、确定某项政策是否终止执行等。环境政策评估目的的不同,决定了评估侧重点和评估深度的差异。如果是上述第一个目的,则评估的重点可能放在主管部门最感兴趣的政策内容上,一般以典型案例调查分析为主,兼顾面上执行情况的述评。假定政策评估的目的属于第二种,则评估调查要有足够的广度和深度。当由于形势的变化需要重新审视和修订某一现行政策时,还需要从必要的战略高度评估现行政策的重大局限性。如果对某项政策执行后的终止执行做出评估结论的话,必须掌握足够的信息和实际案例,论证终止执行的原因和必要性、终止执行的时机选择和有关事宜的善后处理等。

关于环境政策执行的评估标准问题,前面提到的只是原则性的论述,具体评价工作中,还要根据环境政策所属领域、环境政策的不同性质和评估目的,确立相应的具体标准。

(2)制定环境政策评估方案。

由政策评估负责人组织评估小组的科技人员,先草拟一个环境政策评估实施方案,与主管部门讨论并确定实施方案,其中主要包括评估对象的选择、环境政策评估的目的和要求、环境政策评估内容的工作框架等。

(3)环境政策评估方案的实施。

环境政策评估方案的实施,大体包括如下工作:根据环境政策评估的特点和要求,选择和培训评估工作人员;采用诸如观察法、查阅资料法、开会或问卷调查法、个案调查分析等方法,收集评估所必需的各种信息,对信息进行系统的整理、分类、统计和分析,为科学评估提供实际依据;综合运用上述多种评估方法,客观、公正地分析环境政策执行后的实际效果,得出科学的评估结论;编写环境政策评估报告,其内容要全面,并以政策本身的价值判断为基础,对评估过程、评估方法和评估中的一些重要问题加以说明,并提出政策性建议。

3. 环境政策评估的意义与作用

评估环境政策执行情况和执行效果的主要作用,是通过调查研究来获取大量关于现行政策的各种信息,为下一步的环境保护工作提供科学依据,其作用和意义如下。

(1)决定政策的去向。

从政策的稳定性与可变性出发,根据政策执行情况和执行效果评估提供的信息,政策的研究制定者可以对政策的去向分别做出三种不同的选择,即继续、修正和终止。既定政策仍然有效,可以继续执行,以便实现尚未完成的预期政策目标;在执行既定政策的过程中出现重要的形势变化,有必要对其做出相应的调整、补充和修正;既定政策已经完成了自己的历史使命,实现了预期的政策目标或因政策环境发生某些突然变化而失去存在的价值,因而决定终止执行现行政策。

(2)科学决策的延续。

按照传统的观念,似乎政策执行情况和执行效果的调查与评估纯属政策制定和执行机构的行政性事务,不存在科学决策的问题,其实不然。无论是政策执行后的监督和跟踪检查,还是对政策执行效果的调变与评估,都涉及一系列错综复杂的内部条件和外部环境对政策执行效果的正面、负面影响;而且做出政策评估的正确结论,还需要对已掌握的信息进行加工和必要的定性与定量分析,特别是某些经济政策和技术政策的执行效果分析,甚至涉及有关理论、方法和技术性等专业问题。因此,为做好政策评估工作,仍然需要由领导者、专家和学者组成的专门评估小组参与政策执行效果的调查评估和相关的科学决策活动。由此看来,政策付诸实施后的政策评估,仍是这种科学决策的延续。

(3)为有效配置政策资源打下基础。

政策资源总是有限的,如何把这些有限的资源进行合理的配置以获取最大的效益,这是政策决策者和执行者都必须认真考虑的问题。政策评估正是合理配置资源的基础。只有通过评估,才能确认每项政策的价值,并决定投入各项政策的资源的优先顺序和比例,以寻求最佳的整体效果,有效地推动政策各个方面的活动。也只有通过评估,才能明了既有政策在资源配置上是否合理、有效,存在什么问题,总结经验、吸取教训,以便完善政策,使之高效地运行。

3.2.4　环境政策终结

1. 环境政策终结的含义

环境政策终结,是指环境政策制定者通过对某项或某些具体环境政策进行慎重的评估后,采取必要的措施,以终止那些过时的、不必要的或无效的政策的一种行为。政策终结是政策过程的最后一个环节。

由于经济与社会的发展和政策环境的变化,某些由一定政策调控的矛盾和对象会随着政策的实施而获得解决,其调控对象也因矛盾的解决而不复存在或发生换位转移,从而出现某项政策执行后的终结。任何政策不适应形势要求或已经完成其使命后都应终结,如果没有政策终结,将失去政策的严肃性、发展性和可更新性。

2. 环境政策终结的形式

环境政策终结的形式是指某项环境政策执行后的归宿或后续演变的方式。终结形式的选择要视各项政策的性质、层次,在政策体系中的地位和作用,政策执行效果和发展变化了的新形势的要求等不同情况加以区别对待。政策终结的形式主要有以下两种。

(1)对原政策做部分调整或重大改动。

当政策环境未发生实质性变化,原政策在整体上继续有效的时候,只对原政策进行部分调整,就可以适应政策环境变化之后的需要,即只发生部分政策条款的终结或修改补充问题。

为了确认此种政策终结的形式,必须首先进行政策执行的调查跟踪和案例分析,搞清政策环境、政策调控对象和调控手段的变化及后者的有效性,确认哪些政策条款已经失去时效,为什么失去时效,是否需要适当调整政策的调控对象,应该以哪些新的政策调控手段取代已经失效的调控手段,修改补充后的政策条款执行后能在多大程度上促进原定政策目标的实现等。

(2)原政策的完全废止。

原政策的完全废止的终结形式,实际上是某项政策的最终归宿,即政策性消亡。采取这种政策终结方式的有两种原因:已实现原定政策目标、完成历史作用并无须继续延伸发展的某项具体政策;实践证明是错误的而且必须废止的某项政策。在确定前一种政策终结时,必须首先进行系统和全面的政策执行效果评估,因而需要掌握全面的执行情况的调查资料和典型的案例分析资料;然后,由该项政策的研究制定者和负责执行者进行全面的分析和判断,确认已实现原定政策目标、完成历史作用并无须继续延伸和发展的某项政策属于正常的政策性消亡。应该对该项政策的完全废止是否与相关政策、法规存在连带关系做出判断,并正确选择政策完全废止的时机。在确定后一种政策终结时,情况与前一种有很大不同,因为一项错误政策的完全废止,首先要有修正和否定政策过失的勇气,而且要处理与该项政策废止有关的一切麻烦,其中可能还会涉及法律责任的追究。此种政策终结方式的提出,在多数情况下不是政策制定和决策者的主动行为,常常是政策受控者采取不同方式进行上诉或公开反对的结果,因而需要强有力的民主与法制制度做支持,否则,错误政策的完全废止将会遇到很大的障碍,甚至遗祸相当长的时间,给相关单位和群众权益造成更大损害。

3. 环境政策终结的意义和作用

(1)政策终结有利于节省政策资源。

任何一个国家政府,财政负担和社会资源都是有限度的,如果不能及时地终止一项已经过时的或是无效的政策,那将是对有限的政策资源的极大浪费。当一项政策目标已经实现,政策问题已经解决,或是政策目标虽然还未实现,但实践已证明该政策是无效的,在这种情况下,如果不能及时地予以终止,就会浪费有限的政策资源。正是因为政策终结意味着政策活动的结束,某种机构、规划、惯例的终止以及有关人员的裁减,因此,政策终结可以减少人力、物力、财力的无效消耗,从而节省有限的政策资源。另一方面,如果无效的政策继续执行得不到及时终止,不仅不会带来任何效益,甚至会由于政策的实施造成某种危害,尤其是当这项政策原本就是错误时,它就会使资源配置低效、无效或失效,从而浪费社会资源,加重财政负担。在市场经济体制下,这种错误的政策极有可能破坏市场机制正常功能的发挥,加重市场失灵现象。因此,政策终结有利于节省政策资源。

(2)政策终结有利于提高政策绩效。

旧政策的终结就意味着新政策的启动、新规划的诞生以及相关机构和人员的更新与发展,这无疑可以更好地解决问题,促进政策绩效的提高。在存在种种障碍和制约因素(如信息的不完全、人类知识能力有限等)的条件下,政策决策者难免制定出无效的或是错误的政策。因此,一旦在变化发展的环境中发现某项政策无法解决面临的困难和问题,政策决策者必须及时终止原政策,不断调整自己的政策行为,方能在发展与变动的环境中充分运用有限的资源,取得最好的政策绩效。正是从这个意义上说,政策终结既是结束又是开始,在整个政策循环中起着承上启下、开拓未来的作用。

(3)政策终结可以避免政策僵化。

政策僵化指的是一项长期存在,没有及时予以终结的政策,在发展变化了的环境下,继续执行该政策,不仅不能解决问题,反而成为解决问题的阻力与障碍。政策僵化将带来严重的不良后果。如果说,在生产规模不大,科学技术不发达的时代,政策僵化造成的危害还可以承受的话,那么在科学技术迅速发展的当今社会,随着全球市场的出现,政策僵化会使一个国家陷入极端被动的困境,面对眼花缭乱的信息社会而一筹莫展。这是因为公共政策作为政府行为,一经颁布便具有了强制性,成为社会行动的准则。如果人们违背一项没有宣布予以终结的政策,这项具有合法性的公共政策必然会做出反应,给予相应的约束和制裁。政策僵化由此遏制人们的积极性和创造性的发挥。

(4)政策终结可以促进政策优化。

公共政策在社会发展中具有举足轻重的作用,公共政策既能促进一个社会的繁荣,也能使一个社会濒于崩溃的边缘。因此,从某种意义说,一个社会或国家的命运在很大程度上取决于其公共政策的水平。由于社会的繁荣和落后在时间上是相对的,在空间上是动态变化的,因而就要不断提高政策水平,即政策优化的必要。政策终结有助于促进政策优化表现在政策人员的优化。政策人员不仅包括政策决策者,还包括政策执行者以及参与政策过程的其他人员。由于政策终结意味着人员的裁减与更新,因此,终结旧政策有利于优化政策人员,促进政策向更高层次发展。

政策组织的优化是公共政策优化的核心内容。如果仅仅是人员的优化,还达不到政策优化的目的。这是因为在当代社会中,政策人员只是政策组织的一部分,其政策活动必须通过组织机构才能进行。因此,要优化公共政策,还必须实现政策组织的优化。政策终结伴随着组织机构的裁撤、更新和发展,政策终结必然有助于政策组织的优化,人们不仅可以利用政策终结实现组织内部人员的优化组合,使不同素质特长的政策人员有机结合,促进政策组织体系的优化,从而进一步针对政策所涉及的不同层次和领域,建立更为合理的政策机构。

3.3 环境行政监督与环境行政责任

3.3.1 环境行政处分与处罚

1. 环境行政处分

(1)环境行政处分的含义。

环境行政处分,也称为环境行政纪律处分或环境行政纪律责任,是指环境行政公务人员的任免机关和行政监察机关根据有关法律对犯有违法失职行为尚不构成犯罪的环境行政公务人员实施的一种行政制裁措施。环境行政处分的种类和其他行政处分的种类是一致的,有警告、记过、记大过、降级、撤职、开除六种,按照顺序分别适用于违法程度由低到高的各种行政违法行为。

环境行政处分具有以下几个特点。

①它是一种惩戒性责任,是对环境行政公务人员职务身份的制裁。

②它是以环境行政职务关系为前提,几乎所有的违反环境行政职务关系规则的行为均可以适用环境行政处分责任。

③环境行政处分只适用于环境行政公务人员,由行政公务人员的任免机关和行政监察机关进行确认和追究,是一种内部环境行政行为和内部责任方式。

④环境行政处分针对的是环境行政公务人员的尚未构成犯罪的违法失职行为,构成犯罪的,应移送司法机关追究刑事责任,而不能以行政处分代替刑事处罚。

(2)环境行政处分的决定与解除。

环境行政处分的决定主体有两种,一种是环境行政工作人员的任免行政机关,另一种是行政监察机关。但是给予开除处分的应当报上级机关备案,县级以下国家行政机关开除环境行政工作人员应报县级人民政府批准。

环境行政处分必须依照法定程序,在规定的时限内做出处理决定,对环境行政工作人员的行政处分,应当中实清楚、证据确凿、定性准确、处理恰当、手续完备,行政处分决定应当以书面形式通知受处分的环境行政工作人员本人。

环境行政工作人员受到环境行政处分,两年内由原处分决定机关解除行政处分不视为恢复原级别、原职务。环境行政工作人员在受行政处分期间,除了受到开除处分外,分别在半年内受解除降级、撤职处分的,在行政处分解除后,该工作人员晋升职务、级别和工资档次不受原行政处分的影响。解除行政处分的决定应当以书面形式通知受处分的工作人员本人。

2. 环境行政处罚

(1)环境行政处罚的含义。

环境行政处罚是指县级以上环境行政主管部门和其他依照法律规定行使环境监督管理权的行政部门,依照法定权限和程序对违反环境法律规范尚未构成犯罪的作为行政相对人的单位和个人给予制裁的具体行政行为。"其他依照法律规定行使环境监督管理权的行政部门"是指海洋监督、港务监督、渔政渔港监督、军队、公安、交通、铁道、民航管理部门,以及县级以上人民政府的土地、矿产、林业、农业、水利行政主管部门,某些情况下县级以上人民政府也可以成为环境行政处罚的主体。单位包括法人组织和非法人组织,个人包括中华人民共和国公民、外国人和无国籍人。

环境行政处罚具有以下几个特点。

①行政处罚的主体是县级以上环境行政主管部门,其他依照法律规定行使环境监督管理权的行政部门,以及县级以上人民政府。应注意的是,这些行政主体只能实施环境法律规范规定的属于其监督管理范围内的行政处罚权,否则就是违法。若拥有环境行政处罚权的行政机关依照法律法规的授权规定,授权或委托符合法定条件的组织实施行政处罚权,则这些被授权的组织或被委托的组织也必须在法定范围内实施行政处罚权,否则其处罚无效。

②行政处罚的对象是环境行政管理的相对人,即实施了违反环境法律规范行为而导致污染、破坏环境或破坏正常环境管理秩序的单位和个人。不是行政管理相对人,不能对其实施行政处罚。

③行政处罚的前提是管理相对人实施了违反环境法律规范的行为。也就是说,只有环境行政管理相对人实施了违反环境法律规范的行为,才能给予行政处罚,也只有环境法律规范规定必须或可以处罚的行为才可以处罚。

(2)环境行政处罚的种类和形式。

环境行政处罚包括申诫罚、能力罚和财产罚三大种类。

①申诫罚,也称精神罚或影响声誉罚,是指特定的行政机关或者法定的其他组织,对违反行政法律法规的组织和公民提出的谴责和警示。申诫罚不涉及违法行为人的人身自由、财产权利和行为能力,以影响违法行为人的名誉、荣誉、信誉等为主要内容。申诫罚的主要目的和作用不是单纯的制裁,而是通过对违法行为人精神上的惩戒,训诫其违法行为,使其引以为戒、不再违法。这类处罚主要包括:通报批评、警告等,适用于违法情节轻微或未造成实际危害后果的违法行为的惩戒形式。

②能力罚,也称行为罚或资格罚,是指特定的行政机关或者法定的其他组织,对管理相对人特定的行为或资格进行限制或剥夺的一种制裁措施。在行政处罚中具体包括对行为人从事某一方面特定职业或生产经营活动的权利的剥夺与限制。在环境行政处罚中,其主要形式有责令停产停业、吊销环境许可证照、责令关闭等。

③财产罚,是特定的行政机关或法定的其他组织强迫违法者交纳一定数量的金钱或物品,或者限制、剥夺其某种财产权的处罚。财产罚不影响违法者的人身自由和进行其他活动的权利。在环境行政处罚中,其主要形式有:罚款、没收违法所得和非法财产、责令赔偿损失等。

几种常见的环境行政处罚形式如下。

①警告:警告是一种典型的申诫罚,是指环境行政机关对那些轻微违反环境法律规范的行为人的谴责和告诫。包括口头警告和书面警告。警告的目的是向违法者发出警戒,声明行为人已经违法,避免其再犯。

②罚款:罚款是环境行政处罚中应用范围最广的一种行政处罚,是指环境行政机关强制违法行为人承担金钱给付义务的处罚形式。罚款的目的在于通过经济制裁以促使行为人改

正错误。我国环境法律规范中有关罚款金额的规定有两种情况：一种是环境法律规范含有授权性条款，授权国务院具体做出规定，这种情况一般由国务院颁布的相应法律的实施细则中具体规定；另一种情况是由环境法律直接在"法律责任"专章中直接规定具体的罚款限额，第二种情况实现了立法和执法的同步性，更有优越性。

③没收违法所得和非法财产：没收违法所得是环境行政机关依法将环境违法行为人的非法收入和非法所得以及与从事违法活动有关的非法财产收归国有的一种处罚形式。值得注意的是，违法所得不同于非法财产。前者是指违法行为人因实施违法行为获取的不应归于他的财产；而后者是指违法行为人所占有的违法工具、物品及违禁品。前者是违法行为人获取的额外利益，通常指实施违法行为的利润；而后者是违法行为人的物品财产等，因违法行为而转化为非法财产。

④责令停止生产或者使用：这是环境行政机关要求违法行为者停止违法生产经营或停止使用污染危害环境的设施的一种处罚形式。这种处罚形式是限制或剥夺违法行为人特定行为能力的一种处罚，主要是针对建设项目的防污设施没有建成或者没有达到国家规定的标准而投入生产或使用的单位和个人。其目的是为了保证防治污染和保护环境的设施能正常运行。

⑤吊销许可证或者其他具有许可证性质的证书：这种处罚是指环境行政机关依法收回、撤销违法者已经获得的从事某种活动的权利或资格的证书，其目的是取消被处罚人的一种资格或剥夺限制其某种特许权利。许可证制度是我国环境行政管理的重要方式之一，其运用范围广，种类多。绝大多数的许可证直接关系到公民法人的生产经营权利。在环境保护领域的许可证或其他具有许可证性质的证书有多种表现形式，如排污许可证、采伐许可证、采矿许可证、废物进口许可证、捕捞许可证、狩猎证等。吊销许可证或其他具有许可证性质的证书是为了禁止环境违法行为者继续从事该许可证所允许的各类事项。

3. 环境行政处分和环境行政处罚的关系

（1）环境行政处分和环境行政处罚的共同点。

环境行政处分和环境行政处罚都是行为人因环境违法行为对国家承担的环境行政法律责任，具有以下共同之处。

①两者责任的基础相同。任何违法行为，不论是直接针对自然人和法人，还是针对国家的，都是对统治阶级根本利益和国家所确立保护和发展的社会关系和社会秩序的侵犯，是不能容许的。因此法律责任的实质是国家对违反法定义务、因越法定权利界限或滥用权利的违法行为所做的法律上的否定性的评价和谴责，因此不管是环境行政处分还是环境行政处罚，其存在的基础都是以法律的明文规定为限。

②两者的实施主体均是国家环境行政机关。不管是环境行政处分还是环境行政处罚，尽管它们针对的是不同的对象，前者针对国家环境公务人员，后者针对环境行政相对人，但它们都是由国家环境行政机关对违反环境行政管理法规者所实施的一种惩戒，都体现了国家环境行政权力的行使和运用，均存在着保障环境行政权力的正常运行，维护正常的环境行政管理秩序的目的。

③两者所适用的违法行为有相似性，两者都是针对违反环境行政法律规范，但是尚未构成犯罪的行为。

④环境行政处分和环境行政处罚在制止和预防环境违法行为方面的功能相同,两者都具有预防环境违法的教育性功能。

(2)环境行政处分和环境行政处罚的区别。

①两者的行为性质不同。前者属于内部行政行为,而后者则属于外部行政行为。

②两者的适用对象不同。前者主要适用于环境行政机关工作人员,而后者则适用于环境行政相对人。

③两者的救济途径和方式不同。受到环境行政处分的工作人员如果对环境行政处分不服,只能通过环境行政机关内部向做出处分决定的行政机关、上级行政机关或行政监察机关提出申诉的方式寻求救济,而如果环境行政相对人对环境行政处罚不服,则能通过向专门的环境行政复议机关提起环境行政复议或向人民法院提起环境行政诉讼的方式寻求救济。

3.3.2 环境行政复议、诉讼、赔偿

1.环境行政复议

(1)环境行政复议的概念。

环境行政复议是指环境行政管理相对人(公民、法人和其他组织)认为环境行政机关的具体行政行为侵犯其合法权益按照法定程序向做出该具体行政行为的机关的上级机关提出申请,由有管辖权的行政机关对有争议的具体环境行政行为进行审查,并做出决定的环境行政活动。

行政复议是为了防止和纠正行政机关违法的或者不当的具体行政行为,保护行政管理相对人的合法权益,保障和监督行政机关依法行使职权而规定的一种行政法律制度。环境行政复议是以解决环境行政争议为前提和内容的行政执法的一种,它是对具体环境行政行为是否合法与适当的一种内部审查和监督。所谓环境行政争议是指环境行政机关与环境行政管理相对人之间因特定的具体行政行为而产生的纠纷。环境行政复议是解决环境行政争议的一种非常重要而普遍的形式。

环境行政复议有以下几方面的含义:环境行政复议是环境行政机关的环境行政活动;环境行政复议只能由环境行政管理相对人提出,没有相对人的申请就不能启动;环境行政复议只能由具有法定环境行政复议职责的行政机关受理,其他机关不能行使复议权;环境行政复议以具体环境行政行为的合法性和适当性为审查对象;环境行政复议申请必须在法定期限内提出。

(2)环境行政复议的范围。

环境行政复议的范围是指环境行政管理相对人认为环境行政机关的具体行政行为侵犯其合法权益时,依法可以向复议机关请求复议的范围。

根据《中华人民共和国行政复议法》,结合环境法律法规的要求,环境行政管理相对人可以申请环境行政复议的范围包括:对环境行政机关做出的警告、罚款、责令重新安装使用、责令限期治理、责令停止生产或者使用、没收违法所得、关闭、暂扣或者吊销许可证等环境行政处罚决定不服的和对环境行政机关就环境行政侵权赔偿所做的裁决不服的;对环境行政机关做出的有关许可证、资质证书、资格证等证书变更、中止、撤销的决定不服的,认为符合法定条件;申请环境行政机关颁发许可证、执照、资质证书、资格证等证书,或者申请环境审

批、登记有关事项,环境行政机关没有依法办理的;申请环境行政机关履行保护人身权利、财产权利法定职责,环境行政机关没有依法履行的;对环境行政机关所做出的强制措施决定不服的,认为环境行政机关的其他行政行为侵犯其合法权益的,认为环境行政机关的具体环境行政行为所依据的规定不合法,在对具体环境行政行为申请复议时,可以一并向行政复议机关提出复议。

(3)环境行政复议的程序。

根据《中华人民共和国行政复议法》的规定,环境行政复议的程序分为申请、受理、审理、决定和执行五个阶段,如图3.4所示。

图3.4 环境行政复议的程序

①申请:环境行政复议申请是指环境行政管理相对人认为环境行政机关的具体环境行政行为侵犯其合法权益,在申请时效内按照法定条件和方式向环境行政复议机关提出复议要求的活动。环境行政管理相对人认为环境行政机关或其依法设立的派出机构所做出的具体环境行政行为侵犯其合法权益的,可以自知道该具体环境行政行为之日起60日内提出行政复议申请。环境行政复议申请包括书面申请和口头申请两种形式。

②受理:环境行政复议受理是指环境行政复议机关在接到复议申请书后,经过审查认为符合法定申请条件而接受申请并做出立案决定的环境行政活动。根据《中华人民共和国行政复议法》的规定,环境行政机关接到行政复议申请后,应在5日内进行审查。视具体情况做出适当的处理。对不符合法定条件的复议申请,决定不予受理,并书面告知申请人;对符合法定受理条件,但不属于本机关受理的复议申请,应当告知申请人向有关行政复议机关提出。除上述两种情况外,行政复议申请收到之日起即为受理,不需要制作受理通知书。

如果环境行政复议机关做出不予受理的决定,申请人可以在收到复议决定书之日起15日内向人民法院起诉。环境行政复议机关无正当理由不予受理的,上级行政机关应当责令其受理;必要时上级行政机关也可以直接受理。

③审理:环境行政复议审理是指环境行政复议机关在受理环境行政争议之后,对该争议依法进行审查裁定的活动。环境行政复议机关对受理的行政复议申请,应当自接到申请之日起7日内,将行政复议申请书副本或者行政复议申请笔录复印件发送被申请人。要求被申请人自收到之日起10日内,向行政复议机关提出书面答复,说明其做出原具体环境行政行为的基本情况,并提交当初做出具体行政行为的证据、依据和其他有关材料。决定是否同意第三人、法定代理人参加复议。查阅申请人和被申请人送交的材料、证据和法律文件,进行调查和补充证据收集。决定是否同意申请人撤回复议申请或被申请人改变原具体环境行政行为的申请。做出同意撤回复议申请或同意改变、终止原具体环境行政行为的裁决(意味着该环境行政争议的复议程序终结)。

④决定:环境行政复议决定是指环境行政复议机关对复议案件进行全面审理之后所做的复议决定。环境行政复议机关根据不同情况,分别可以做出如下四种决定:决定维持原具体行政行为——审理结果表明被申请的具体环境行政行为认定事实清楚、证据确凿、适用法律依据正确、程序合法、内容适当的,决定维持;决定被申请人履行法定职责——审理结果表明被申请人不履行法定职责或拖延履行法定职责的,决定其在一定期限内履行;决定撤销、变更原具体行政行为——审理结果表明原具体环境行政行为主要事实不清、证据不足的,或者适用依据错误的,或者违反法定程序的,或者超越或滥用职权的,或者具体环境行政行为明显不当的,应当决定撤销、变更;决定被申请人行政赔偿——申请人申请环境行政复议时一并提出行政赔偿请求,审理确认原具体环境行政行为侵犯了环境行政管理相对人的合法权益,并造成损失,应决定被申请人按照有关的法律法规的规定负责赔偿。

⑤执行:环境行政复议执行是指对环境行政复议机关所做出的复议决定的实施,包括申请人的自觉履行和被申请人对复议决定的执行。环境行政复议决定书一经送达,即发生法律效力。

环境行政复议是环境行政机关解决行政争议的有效手段。在环境行政执法活动中,环境行政机关与管理相对人之间发生行政争议是难以避免的。而且,某些环境监督管理人员在环境行政执法活动中徇私舞弊、职务违法等侵权行为屡见不鲜。环境行政复议制度的建立,上级机关可以通过行政复议及时纠正;环境行政复议可以更有效地保护管理相对人的合法权益。环境行政侵权行为难以避免,因此,不仅要规定公民享有的权利,还要保障这些权利得以实现,包括纠正违法和不当的环境行政以恢复公民被侵害的权益。环境行政复议有助于减轻人民法院行政审判的压力。《行政诉讼法》颁布以后,人民法院的受案范围扩大了,但其人力、财力和物力仍受到种种限制而难以适应新形势的要求。如果所有的行政争议包括环境行政争议在内,都由行政审判庭受理显然是不可能的。环境监督管理行为引起的争议,大都具有较强的技术性和专业性,也使人民法院在审理此类问题时面临一定的困难,不但影响效率,还会影响办案质量。因此,通过行政复议的"过滤作用",是非常必要和合理的。

2. 环境行政诉讼

环境行政诉讼是指公民、法人或者其他组织认为环境行政机关的具体环境行政行为侵犯其合法权益,依法向人民法院申述自己的主张,人民法院依法审理并做出裁决的活动。

(1)环境行政诉讼双方。

环境行政诉讼必须由合格的环境法主体向人民法院诉请。环境法主体是指法律规定有资格提起环境行政诉讼的公民、法人或者其他组织。享有环境行政诉讼原告资格的法定条件有三个:原告必须是环境行政管理相对人;原告必须是认为具体环境行政行为侵犯其合法权益的环境行政管理相对人;原告必须是向人民法院提起环境行政诉讼的环境行政管理相对人。

环境行政诉讼的被告是指其实施的具体环境行政行为被作为原告的个人或组织指控侵犯其合法权益,而由人民法院通知其应诉的环境行政主体。

根据有关法律规定和司法实践,环境行政案件的被告通常有以下几种情况。

①行政管理相对人直接向人民法院起诉的,做出有争议的具体行政行为的行政机关是被告。

②经复议的案件,复议机关维持原具体环境行为的,做出争议的具体环境行政行为的行政区机关是被告。

③两个以上的环境行政机关共同做出有争议的具体环境行政行为的行政机关是共同被告。

④由环境行政机关委托的组织所做出的具体化环境行为,委托的行政机关是被告。例如,环保局委托环境监理部门行使环境执法监督权,委托的环保局是被告。

⑤法律法规授权某组织可以行使环境监督管理权的,做出有争议的具体环境行政行为的该组织是被告。

⑥环境行政机关被撤销后,行政管理相对人对其撤销前做出的具体环境行政行为提起诉讼的,继续行使其职权的组织是被告。如果没有继续行使其职权的组织的,做出撤销决定的行政机关是被告。

(2)环境行政诉讼可诉范围。

依据《中华人民共和国行政诉讼法》第 11 条规定,结合环境法律法规的有关规定,环境行政诉讼可诉范围包括:对警告、罚款、吊销许可证、限期治理、没收非法所得、责令停业、关闭等环境行政处罚不服的;对财产的查封、扣押、冻结等环境行政强制措施不服的;认为环境行政机关侵犯法律规定的经营自主权的;认为符合法定条件申请环境行政机关应批准环境影响评价文件、申请颁发环境保护设施验收合格证、排污许可证、环境影响评价资质证书等,环境行政机关拒绝批准、颁发或者不予答复的;申请环境行政机关履行保护人身权、财产权的法定职责,环境行政机关拒绝履行或者不予答复的;认为环境行政机关违法要求履行义务的(如违法要求缴纳排污费,违法要求限期治理等);法律法规规定可以提出环境行政诉讼的其他环境行政案件(如环境行政确认、环境行政裁决等)。

(3)环境行政诉讼程序。

①起诉:当事人对环境行政执法机关的具体环境行政行为不服,依法向人民法院提起诉讼,这是诉讼的起点。根据环境法律法规的有关规定,提起环境行政诉讼的案件主要有两类:一类是当事人不服环境行政机关的具体行政行为,直接向人民法院提起的诉讼;另一类是当事人不服上一级环境行政机关做出的复议决定,向人民法院提起的诉讼。

②受理:人民法院接到原告的起诉后,由行政审判庭进行审查,符合起诉条件的,应当在7日内立案受理;不符合起诉条件的,应当在7日内做出不予受理的裁定。

③审理:人民法院审理行政案件实行第一审和第二审制度。

一审是人民法院审理行政案件最基本的审理程序,包括:人民法院在立案之日起5日内,将起诉状副本发送被告环境行政机关;被告环境行政机关应在收到起诉状副本之日起10日内,向法院提交做出具体环境行政行为的证据和依据,并提出答辩状;法院应在收到被告的答辩状之日起5日内,将答辩状副本发送原告;开庭审理,经法院调查、法庭辩论、合议庭评议等审理程序做出一审判决。二审是指上级人民法院对下级人民法院所做的一审案件的审理。如果被告或者原告对一审判决不服,可以在收到判决书之日起15日内,向上级人民法院提起上诉,即进行二审。二审为终审。

④判决:指人民法院经过审理,根据不同情况,分别做出维护、撤销或者部分撤销、在一定期限内履行和变更的判决和裁定。人民法院做出判决的期限,一审案件为立案之日起3个月,二审案件为立案之日起2个月。

⑤执行:当事人必须履行人民法院发生法律效力的判决和裁定。原告当事人不履行或者拒绝履行判决或裁定的,被告(环境行政机关)可以向第一审人民法院申请强制执行。被告拒绝履行判决裁定的,第一审人民法院可以依法采取强制措施,情节严重的要追究主管人员和直接责任人员的法律责任。

3. 环境行政赔偿

(1)环境行政赔偿的概念。

环境行政赔偿,是指环境行政机关及其工作人员违法行使环境监督管理职权,侵犯公民、法人或其他组织的合法权益并造成损害的,由国家承担赔偿责任的制度。环境行政赔偿是行政赔偿的一种,均属于国家赔偿。

(2)环境行政赔偿的范围。

环境行政赔偿的范围,是指环境行政机关及其工作人员的环境行政管理行为侵犯行政管理相对人的合法权益造成损害时能够产生行政赔偿事项的范围,即环境行政管理相对人依法可以请求行政赔偿的范围。我国行政赔偿的事项仅限于侵犯人事权和侵犯财产权的范围。根据环境法律法规和《中华人民共和国国家赔偿法》第四条规定,环境行政赔偿的范围如下。

违法实施环境行政处罚(如罚款、责令限期治理、责令停止生产或者使用、吊销排污许可证、责令停产、关闭等),造成行政管理相对人财产损失的。

违法采取强制性措施(如违法强制停止排污、违法恢复污染治理设施使用等),造成行政管理相对人财产损失的。

违法要求履行义务(如违法要求缴纳超标排污费),造成行政管理相对人财产损失的。

因行政不作为违法行为(如行政相对人符合法定条件申请环境行政机关核准(核发)排污许可证、环境影响评价文件,环境行政机关不予批准或拒绝履行等),造成行政管理相对人财产损失的。

法律规定其他违法行为造成财产损害应予赔偿的。

(3)环境行政赔偿程序。

环境行政赔偿程序是指行政赔偿请求人请求行政赔偿,环境行政赔偿义务机关依法给予行政赔偿应遵循的法定方式、步骤和时限的总称。

赔偿请求:符合法定资格的赔偿请求人在法定时限内向法定的环境行政赔偿义务机关提出。环境行政赔偿请求原则上应当以书面的方式提出,并递交环境赔偿申请书。环境行政赔偿申请书应明确具体的赔偿要求、事实根据、理由。环境行政赔偿请求最迟不得超过2年时间,以环境行政机关及其工作人员行使环境行政职权的行为被依法确认为违法之日起计算。

赔偿请求受理与审查:环境行政赔偿义务机关接到赔偿申请后,指定相关人员对赔偿申请进行认真的审查。主要审查申请书的内容是否完备,是否属于行政赔偿的范围,提出申请的时间是否在法定时限内,申请人是否具有申请赔偿资格等。如果条件符合,应当受理。

行政赔偿处理决定的做出:环境行政赔偿义务机关自收到环境行政赔偿申请之日起2个月内依法做出赔偿处理决定,并做出《环境行政赔偿决定书》。环境行政赔偿义务机关逾期不做行政赔偿决定的或者请求人对赔偿数额有异议的,赔偿请求人可以自赔偿期届满之日起3个月内向人民法院提起环境行政赔偿诉讼。

环境行政机关发现其工作人员违法行使环境监督管理权,侵犯环境行政管理相对人合法权益造成损害结果的,在纠正违法行使职权行为以后,应主动给予受害人环境行政赔偿。

3.4　中国环境政策及创新

环境政策是国家为保护和改善人类环境而对一切影响环境质量的人为活动所规定的行为准则。中国的环境政策是党和政府总结了国内外社会发展历史和环境状况,为有效地保护和改善环境而制定和实施的环保工作方针、路线、原则、制度及其他各种政策的总称,是中国环境保护和管理的实际行为准则。

环境保护政策从宏观层面有:环境思想体系,环境战略设计、实施和评估,环境法规体系等;从微观层面上有环境社会政策、环境经济政策、环境技术政策和环境监督管理政策等。

3.4.1 中国环境政策的发展变化

近 30 年来,中国环境政策的发展变化过程大体可从五个方面描述。

1. 从基本国策到可持续发展战略

1983 年,国务院宣布将环境保护作为我国的基本国策之一。1992 年,《中国环境与发展十大对策》提出可持续发展战略。1994 年,《中国 21 世纪议程》从四个方面对可持续发展进行了战略规划。1996 年,《国民经济与社会发展“九五”计划和 2010 年远景目标纲要》将可持续发展战略同科教兴国战略并列为国家的两项基本战略,提出了实现经济体制和经济增长方式两个根本性转变,确定了“九五”期间和 2010 年环境保护目标,从国家各部门到各级地方政府,均将可持续发展的观念贯穿与规划,落实于实践。

2. 从污染控制到生态保护

中国环境保护从治理工业“三废”开始,20 世纪 70 年代初,我国的最高环境管理机构是国务院“三废”治理办公室。1980 ~ 1990 年,我国环境保护的重点仍然是污染控制。1998年,人们从长江特大洪涝灾害中深切地认识到开展生态建设的紧要性,有关部门提出了“污染控制同生态建设并举”的方针,开始采取一系列政策措施,开展生态环境保护。

3. 从末端治理到源头控制

20 世纪 90 年代,中国工业污染防治开始实现从末端治理向全过程控制转变。限制资源消耗量大、污染重、技术落后的产业发展。积极扶持高新技术产业和第三产业的发展,实现了在保证工业产值持续高速增长的前提下,使污染物的排放量不断下降。

4. 从点源治理到区域管理

近些年我国实施的以“三河三湖两市区一海”综合治理为重点的《跨世纪绿色工程规划》,加大了区域和流域环境污染的治理力度。采取的政策主要有总量控制、排污收费以及相关的能源利用政策,以此推动企业的污染达标排放和城市环境基础设施建设,改善流域和区域的环境质量。

5. 从行政管理到多手段并用

近 30 年来,中国的环境政策从单一的行政管理到环境法律不断健全,经济手段不断发挥激励作用,科技手段不断创新,宣传教育手段不断完善,形成了多种管理手段并用的局面。

3.4.2 　中国环境政策的基本特征

1. 在环境政策定位上,比较强调环境与经济的相对平衡

我国环境政策不仅考虑到环境保护目标的需要,同时也注重环境政策对经济系统可能产生的负担。一般情况下总是把企业对环境政策的承受力作为制定环境政策时比较重要的因素,这在环境政策中就表现为环境与经济的相互妥协或让步。也就是说,我国环境政策的总体战略是“环境与经济协调型”的,而不是“环境优先型”的。

2. 在环境政策作用点上,比较注重同时从根源上预防和从后果上治理

我国环境政策所处的特殊时刻是:工业化进程中已经出现了大量环境问题,同时我国已认识到这些问题是与经济发展过程密切相关的,因此,环境政策既要处理已经出现的后果,又要采取措施预防新的环境问题。这就必然使环境政策出现"全面出击""两者兼顾"的局面。从而使我国环境政策有比较多的作用点,例如既有规划、计划、环境影响评价等预防性政策,又有排污收费、限期治理等补救性措施。

3. 在环境政策制定上,基本上是"主体立法"

我国的环境法规从产生制定过程上看,一般由国家主管部门组织领导,由一部分专家和管理人员参加起草,有关内容经过科研论证,最后由国家机关审定通过、颁布实施。其中法规的形成缺乏透明度、缺乏公众的参与和讨论。环境立法多为"主体立法",对行政管理相对人而言多是"义务本体"立法。法律只规定行政管理相对人应承担的义务,而行政管理相对人在履行这些义务时享有哪些权利则未予规定,缺乏应有的公平性。同时,政策法规之间具有不协调性,过分强调单一法规的运行作用,而忽略了各单位法规之间的协调和相互一致的原则,造成了不同法规有不同的解释。因此,目前的环境政策以被动型为主,而缺乏主动型的法律体系,缺乏前瞻性。同时法律的条文修改不及时,形成了首尾不能兼顾的现象。

4. 在环境政策执行机制上,比较注重政府管制的作用

我国环境政策中的各种具体措施,特别是各项环境管理制度,大部分是由政府部门直接操作,并作为一种行政行为面通过政府体制实施的,这就使我国环境政策具有很浓的政府行为色彩。近几年来,我国在淮河、太湖等流域采取"会战式"的污染控制行动,主要方式也是动用行政系统的力量。相对而言,通过社会团体、公民个体而实施的政策则为数不多,且力量较弱。

5. 在环境政策实施手段上,比较强调"命令型手段"和"引导性手段"的并重和结合

我国环境政策中,命令型手段占有主导地位,同时引导性手段增加也很快。由于这个原因,我国环境政策显得很全面和庞大,甚至复杂。这种情况其实反映了一个本质性问题:各单项的环境政策力度不够,不得不从数量上追加其他手段。这一特征说明,我国环境政策需要改进其实施效率。

3.4.3　中国环境政策改进及创新的方向

从我国环境政策的基本内容和基本特征可以发现,我国环境政策的制定和实施过程与政府的作用非常紧密,这种以政府直接操作为主的环境政策体系,被学术界称为"政府直控型环境政策"。它的特点是政府几乎包揽了环境政策的一切方面,主要体现在:一是在政府与社会对环境政策的贡献力度上,政府占据了绝大部分比例。政府所承担的环境管理事务非常多,无论从宏观政策制定还是微观环境监督,都基本上由政府直接操作。相比之下,社会力量所能发挥作用的空间相当有限。二是政府在实施环境政策中,所采用的手段也是以本身所能直接操作的为主,特别是大量使用行政控制手段。即使是所谓"经济手段",也是政府直接操作的管理方式,必须由政府投入相当的力量才能运行。从这个意义上说,经济手段其实是行政手段的一部分,是一种采用收费、罚款等经济价值来调控的行政管理手段。

面对新的环境形势和环境管理的要求,中国的环境政策需要不断改进和创新,需要根据市场经济发展的逻辑,应该把目前的"政府直控型环境政策"转变为"社会制衡型环境政策"

作为我国环境政策创新的方向。社会制衡型环境政策是对政府直控型环境政策的继承和发展,它强调政府在环境政策方面的作用的同时,将公众参与、创新环境政策决策、适当简化政府环境管制纳为关键内容。

1. 保障公众环境权益的政策创新

我国环境政策中社会力量所获得的环境权益处在相对薄弱的地位,公众参与的法规缺乏可操作性,我国环境政策,特别是环境法律,迫切需要扩大社会公众享有的环境权益,通过这些权益的规定而激励公众对环境损害行为进行监督和制约。其包括保障公民环境监督权的政策创新、保障公民环境知情权的政策创新、保障公民环境索赔权的政策创新、保障公民环境议政权的政策创新。

2. 创新环境政策决策

环境与发展综合决策是环境政策决策的重大创新。环境与发展综合决策是相对于传统决策而言、建立在可持续发展思想基础之上的一种全新的大环境管理对策。实施环境与发展综合决策要求抛弃那种在生物解剖学意义上的单纯就经济问题谈经济建设、就环境问题谈环境保护、就人口问题谈人口控制、就资源问题谈资源利用、追求单一目标最优化的传统决策行为。以大系统思想为指导,建立新的决策机制,综合考虑所有与可持续发展有关问题的复合影响和作用,以使决策所产生的整体效应满足各方面、各层次的利益需求,使发展具有可持续性。其包括建立并完善环境与发展综合决策制度、环保部门参与环境与发展综合决策、社会公众参与环境与发展综合决策

3. 适当简化政府环境管制

目前我国环境政策中由政府直接操作的环境管理制度,有"老三项"制度,有"新五项"制度,后来又增加了很多制度,每一项制度都要耗费环保部门大量精力,政策执行代价大、成本高。这种状况导致的结果:一是制度的边际效益减弱,有限的行政经费不得不分散投入到各项具体制度之中,每个制度都搞一点,都有较大的遗漏;二是"制度异化"现象增加,很多政府公务人员不得不陷入相当专业化的技术性工作中,在繁杂的指标、术语等之中,逐步丧失宏观观察和总体思维的能力,把面向社会的公共管理工作异化为某种专业化的技术管理工作。这种内容丰富而专业化的环境管理模式是政府直控型环境政策的自然结果,环境政策创新或转型必须在这些方面进行改革和创新,适当简化政府环境管制。

第4章 环境管理的实施方法与技术基础

4.1 环境管理的实施方法

4.1.1 环境规划

1.环境规划概述

环境规划是环境行政管理的主要内容之一,在环境行政管理中处于统帅地位。

环境规划是指为使环境与社会协调发展,在统筹考虑"社会-经济-环境"之间的相互联系和相互影响的基础上,依据社会经济规律、生态规律及其他科学原理,研究环境变化趋势,从而对人类自身的社会和经济活动及环境所做的时间和空间上的合理部署与安排。

环境规划的研究对象是"社会-经济-环境"之间的相互联系和相互影响,它的研究范围可大可小,可以是一个国家,也可以是一个区域。环境规划的目的是为了使环境与社会经济协调发展,维护生态平衡。为了达到这一目标,人类必须合理约束与调控自身的社会经济活动,减少污染,防止资源破坏。比如:要制定正确的产业政策,确立合理的产业结构、产业规模和产业布局;不断改善生产技术和生产工艺,向着有利于环境的方向发展。环境规划可以克服人类社会经济活动的盲目性和主观随意性,以科学、合理的部署与安排实现环境管理目标。同时,环境规划根据社会经济发展和人们生活水平的提高对环境提出更高的要求,对环境保护和建设做出长远的安排,以实现长远的环境目标,筹划自然环境的保护和生态建设。

环境规划在我国社会及经济发展中起着以下主要作用:第一,促进环境与经济、社会的可持续发展。环境规划以实现环境与社会协调发展为目标,可有效预防环境问题的产生与发展。第二,保障环境保护活动纳入国民经济和社会发展计划。环境规划环境保护的行动计划,环境保护是我国经济生活的重要组成部分,它与经济、社会活动密切相关,必须将环境保护计划纳入国民经济和社会发展之中,才能保证其得以顺利进行。第三,合理分配排污削减量,约束排污者行为。根据环境容量,科学、公平地分配排污者允许的排污量及污染物削减量,为合理地约束排污者的排污行为提供科学依据。第四,以最小的投资获取最佳的经济效益。环境规划运用科学的方法,保证在发展经济的同时,以最小的投资获取最佳的经济效益。第五,环境规划是实现环境管理目标的基本依据。环境规划规定的功能区划、质量目标、控制指标和各种措施以及工程项目给人们提供环境保护工作的方向和要求,可以指导环境建设和环境管理活动的开展,对有效实现环境科学管理起着决定性作用。

环境规划具体体现了国家环境保护政策和战略,其所做的宏观战略、具体措施、政策规定为实现环境管理目标提供了科学依据,是各级政府和环保部门开展环境保护工作的依据。

2.环境规划的类型和特点

环境规划可以按照规划期分为远期环境规划、中期环境规划和年度环境保护计划。

远期环境规划一般跨越时间为 10 年以上,中期环境规划为 5～10 年,年度环境计划实际是五年计划的年度安排。远期环境规划跨越时空较长,比较宏观,侧重于长远环境目标和战略措施的制定。年度环境计划由于时间较短,往往不能形成规划,仅作为中期中某些环保工作的具体安排。所以,中期环境规划是环境规划的主体。我国国民经济计划体系是以五年计划为核心的计划体系,所以,五年环境规划也是各种环境规划的核心。

环境规划的范围和层次划分如下。

(1)国家环境规划:协调全国经济社会发展与环境保护之间的关系,成为全国发展规划的组成部分。

(2)区域环境规划:是国家环境规划的基础,综合性、地区性很强,又可分为城市环境规划、乡镇规划、风景游览区环境规划、流域环境规划、资源开发区环境规划等。

(3)部门环境规划:包括工业部门环境规划、农业部门环境规划、交通运输环境规划等。

国家环境规划范围很大,是国家发展规划的重要组成部分,起到协调经济发展与环境保护的关系,对全国的环境保护工作起指导性作用。各级政府的环境主管部门要根据国家规划,结合本地区的实际情况,制定本区域的环境规划,并加以贯彻和落实。我国各类环境规划形成一个多层次的结构体系,层次之间既有区别,又有联系。上一层次的规划是下一层次规划的依据,下一层次的规划是上一层次规划的条件与分解,也是上一层次规划完成的基础。各层次之间上下联系,综合平衡,以实现整体上的协调和一致。我国环境规划的层次结构如图 4.1。

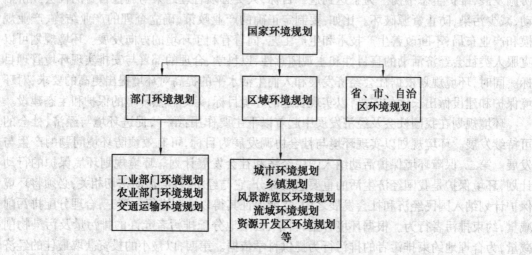

图 4.1　我国环境规划的层次结构

环境规划可以按照环境与经济的关系分为经济制约型、协调型和环境制约型。

经济制约型环境规划是为了满足经济发展的需要,一般是为了解决经济发展中已经出现的环境污染和生态破坏而制定的相应的环境保护规划。协调型环境规划反映了环境与经济的协调发展,以提出经济目标和环境目标为出发点,以实现经济目标和环境目标为重点。环境制约型环境规划从充分、有效利用资源环境出发,防止经济发展中产生对环境的负面影响,这种规划体现了经济发展服从环境保护的需要。

环境规划按照性质可分为生态规划、污染综合防治规划、自然保护规划和环境科学技术与产业发展规划等。

生态规划是在考虑了"生态适宜度"的基础上制定的土地利用规划。在制定国家和区域发展规划时,将社会经济系统、生态系统和地球物理系统结合在一起考虑,使国家和地区的发展能够符合生态规律,既可以促进和保证紧急发展,又不使当地的生态系统遭到破坏。

污染综合防治规划又称为污染控制规划,是当前环境规划的重点。按内容可分为工业污染控制规划、农业污染控制规划及城市污染控制规划。根据范围和性质不同又可以分为区域污染综合防治规划和部门污染综合防治规划。

自然保护规划主要是保护生物资源和其他可更新资源。此外,还有文化资源、有特殊价值的水资源、地貌景观等。我国幅员辽阔,不但野生动植物资源丰富,而且具有特殊价值的保护对象也比较多,必须加以科学分类和统筹规划。

环境科学技术与产业发展规划主要内容是为实现上述规划类型所需要的科学技术研究、发展环境科学体系所需要的基础理论研究、环境管理现代化的研究和环境保护产业发展研究。

环境规划的主要特点如下。

(1)综合性。

环境规划将人类社会系统、经济系统和自然环境系统结合起来统筹考虑,是一项复杂的工程。环境规划学涉及人类生态学、环境物理学、环境化学、环境地学等自然科学,涉及生态经济学、环境经济学等经济科学,也涉及环境法学、环境伦理学等社会科学及环境工程学、系统工程等,是自然、工程、技术、经济和社会相结合的综合体系。

(2)整体性。

环境规划涉及的各环境要素虽然有其自身的结构特征及分布规律,各自形成独立的体系,但各环境要素及规划过程的各技术环节关系密切、关联度高,各环节相互影响和相互制约,各组成部分之间构成一个有机的整体。因此,环境规划应从整体的视角出发才能获得有价值的系统结果。

(3)区域性。

我国不同地区自然环境的地域性特征十分明显,因此环境规划必须体现地域特色,因地制宜。不同地区资源和环境特征不同,主要污染物的特征、污染控制系统的结构不同,社会经济发展方式和发展速度不同,基础数据及技术条件不同等,要求环境规划的基本原则、规律、程序和方法等必须融入地方特征才是有效的、可行的。

(4)动态性。

环境规划具有较强的时效性。它的影响因素在不断变化,无论是环境问题还是社会经济状况都在随时间发生着难以预料的变化。基于一定条件下制定的有关环境规划,随着社会经济发展方向、发展政策、发展速度以及实际环境状况的变化,必须及时做出响应和更新。因此,环境规划应该建立从理论研究到方法系统、实施手段的更新升级机制,以适应客观条件的不断变化和更新的要求。

(5)政策性。

环境规划涉及人口控制、能源结构、产业布局、发展战略、重大工程、投资方向等,这些方面均体现国家和地方的政策精神。因此,制定规划的过程就是一个重大决策的过程。以生态规律为基础,以经济规律为指导,让环境规划集中体现可持续发展的战略思想。

（6）可操作性。

环境规划的可操作性体现在如下几个方面:第一,目标正确,符合现实的经济和技术职称能力,经过努力可以实现。第二,方案具体而有弹性,可以按照方案的安排一步步进行。第三,保障措施完善,资金和工程配套措施的落实,与现行管理制度和管理方法的结合可以保证运用法律的、经济的和行政的手段促进规划目标的实现。第四,与经济社会发展规划紧密结合,便于纳入国民经济计划。

3.环境规划的一般程序

环境规划的组织包括从任务下达到上报审批,直至纳入国民经济和社会发展规划的全过程。一般分为任务下达、规划编制、规划申报、规划审批、规划实施五个步骤,如图4.2所示。

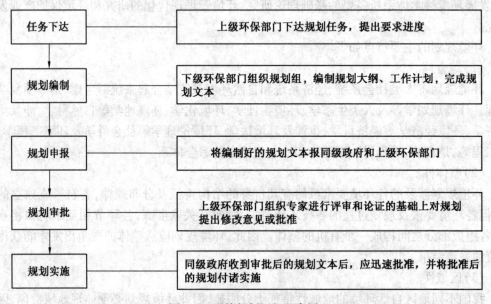

图4.2　环境规划组织程序图

环境规划的类型不同,其具体内容及程序也有所差异,下面以区域环境规划为例说明环境规划的主要程序。

区域环境规划的编制是在环境规划研究和环境管理工作经验的基础上进行的,其主要工作内容包括调查研究区域环境状况、区域环境质量预测分析和优化决策确定规划方案三个方面,如图4.3所示。

环境规划是环境管理的先导和依据,依据研究对象的系统特征,提供对系统可持续发展支撑水平较高的规划方案,是促进经济、社会与环境协调发展的关键环节。尽管不同类型的环境规划,其程序和内容有所差异,但各类型的环境规划也有相同之处。第一,各类环境规划的研究对象均是一个以人为中心,涉及社会、环境、资源、经济几个方面内容复杂的人工生态系统,系统内包括人口、工业、农业、第三产业、资源、环境等几个子系统,进行环境规划研究必须充分考虑各子系统之间的相互联系和相互影响。因此,进行系统对象的现状调查、评

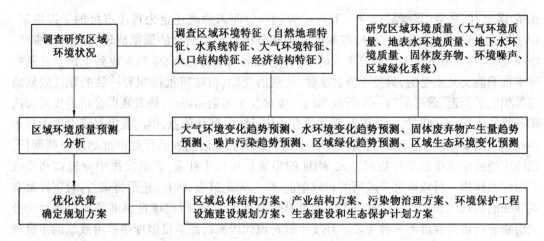

图4.3 区域环境规划的主要程序

价和分析是环境规划的基本内容之一。第二,环境是人类生存与发展的物质基础,经济和社会的发展会受环境因素的制约,因此以对象系统历史趋势回顾为基础,预测对象系统在环境规划期内资源与环境承载力对社会经济发展的支撑水平,并找出约束系统发展的瓶颈,也都是环境规划的基本内容之一。第三,环境规划的目的是促进研究区域社会、经济和环境的协调发展,如何在满足环境保护要求的前提下,实现社会经济的发展目标,是环境规划的核心。因此,提出优化的环境规划方案是环境规划的主要内容之一,也是环境规划的根本任务。

4.1.2 环境审批

1.环境审批概述

环境审批,即环境行政审批,是国家行政审批体系的重要组成部分,是未来国家行政审批的核心。

行政审批是指政府机关或授权单位,根据法律、法规、规章、制度及相关文件,对行政管理相对人从事某种行为、申请某种权利或资格等,进行具有限制性管理的行为。行政审批具有三个基本要素:一是有指标额度限制;二是审批机关有选择决定权;三是一般都为终审。根据行政审批的性质和方式,行政审批分为特许式行政审批、认可式行政审批、核准式行政审批和登记式行政审批等。环境审批是预防为主的环境保护政策,是"三同时"制度、环境影响评价制度等环境管理制度的具体实施。环境审批是环境行政管理的重要手段,是不可或缺的环境行政行为,是环境行政管理的关键。我国的环境审批有法可依、依法进行。环境行政管理要求并强调严把环境审批关。

2001年10月,国务院批转的《关于行政审批制度改革工作实施意见的通知》强调按经济规律办事,减少政府过多的、不规范的行政干预,减少政府对经济活动中的审批事项,最大限度地发挥市场机制的作用,利用经济手段和法律手段规范市场行为,提高社会经济的运行效率。2002年6月,国务院再次召开行政审批制度改革工作会议,加快行政审批制度改革,强调根据行政职权法定的原则,无行政审批权的机关、企事业单位不得行使行政审批权。改革行政审批要区分依法保留和依法取消,凡是有法律、法规、规章依据需要行政审批的予以保留,若法律、法规、规章只规定一般行政管理行为而未明确规定为行政审批的予以取消。依法界定行政审批权限的划分,按属地管理和分级管理相结合的原则清理行政审批事项。法律、法规规定由下级人民政府审批的事项,上级部门不得保留,应当下放到下级。凡是行政审批职能交叉重复的,只要不涉及法律、法规的变动,行政审批按职责一致的原则应划给与其职能最相近、最匹配的一个行政部门。按照权变理论的观点,随着我国经济的发展和改革开放的进展,要随时修改和取消那些虽有法律、法规、规章依据,但与我国经济发展大环境不相适应的审批事项。改革行政审批制度要和国际上其他国家的行政审批制度对照而行,以适应经济全球化趋势和我国加入 WTO 的需要。还权于社会,积极发挥中介机构和非政府组织的作用。行政审批是政府的行政职能之一,无论过去、现在,还是将来,行政审批都有其存在的必然性和合理性。每一个国家都有行政审批制度,行政审批制度是政府对社会公共事物进行规范管理的一种手段。环境审批是现代国家行政审批制度中不可或缺的审批项目,是中国未来国家行政审批制度(行政许可制度)的核心内容。环境行政审批是政府行政审批的一个方面。2003 年 4 月,国家环境保护总局发出《关于环境行政审批改革工作的通报》确定保留的环境行政审批项目 34 个,主要包括建设项目环境影响报告书(表)和环境影响登记表审批、建设项目竣工环境保护"三同时"验收、排污许可证审批、消耗臭氧层物质生产配额许可证审批、消耗臭氧层物质进出口许可证审批、国家限制进口的可用作原料的废物进口审批、危险废物经营许可证审批、核设施运行许可证审批、国家级自然保护区评审等。

《国务院办公厅关于公开国务院各部门行政审批事项等相关工作的通知》由国务院办公厅于 2014 年 2 月 7 日发布,自 2014 年 2 月 7 日起施行的法律法规。

为深入推进行政审批制度改革,国务院决定向社会公开国务院各部门目前保留的行政审批事项清单,以锁定各部门行政审批项目"底数",接受社会监督,并听取社会对进一步取消和下放行政审批事项的意见。相关事项如下。

(1)各部门要在此通知印发后 10 日内在本部门门户网站公开本部门目前保留的行政审批事项。公开内容应包括:项目编码、审批部门、项目名称、设定依据、审批对象,以及收集社会各界对进一步取消和下放行政审批项目意见的具体方式等。各部门要认真做好保密审查工作,确保公开的行政审批事项中不含涉密内容。国务院审改办要在此通知印发后 20 日内在中国机构编网公开国务院各部门行政审批项目汇总清单。中央政府门户网站也将适时公开汇总清单。国务院审改办负责指导和组织国务院各部门行政审批事项公开工作。

(2)各部门不得在公开的清单外实施其他行政审批,不得对已经取消和下放的审批项目以其他名目搞变相审批,坚决杜绝随意新设、边减、边增、明减暗增等问题。对违反规定的将严肃追究相关单位和人员责任。同时,对国务院此前决定取消和下放的行政审批事项要落实到位,及时清理、修改有关规章和规范性文件,切实加强事中事后监管。

(3)各部门要按照党中央、国务院关于行政审批制度的改革精神,认真收集并研究清单公开后各方面提出的意见,进一步梳理本部门目前保留的行政审批事项,对取消或下放后有利于激发市场主体创造活力、增强经济发展内生动力的行政审批事项,进一步加大取消或下放力度。要改革管理方式,向"负面清单"管理方向迈进,清单之外的事项由市场主体依法自主决定、由社会自律管理或由地方政府及其部门依法审批。

2. 建设项目的环境审批

(1)建设项目环境审批范围。

《建设项目环境保护管理系列》和《关于执行建设项目环境影响评价制度有关问题的通知》规定,环境审批的建设项目是指"按固定资产投资方式进行的一切开发建设活动",包括工业、交通、水利、农林、商业、卫生、文教、科研、旅游、房地产开发、餐饮、社会服务业、市政建设等对环境有影响的一切内资、合资、独资、合作等项目以及区域开发建设项目。

(2)建设项目审批内容和程序。

根据《建设项目环境保护管理程序》,建设项目环境审批按建设分阶段审批。一般分为以下几个阶段:项目建议书阶段、可行性研究阶段、设计阶段、施工阶段、试生产阶段、竣工验收阶段,如图4.4所示。

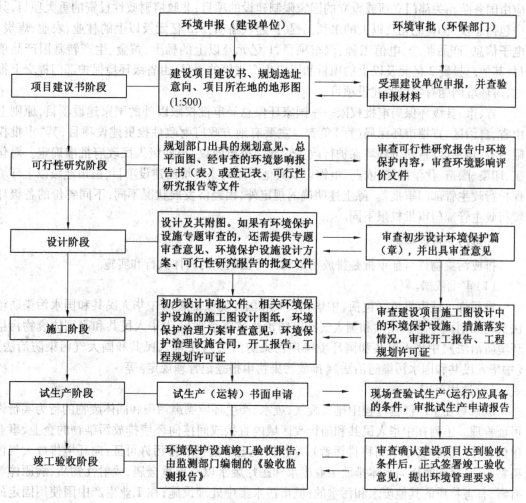

图4.4 建设项目审批内容和程序

(3)建设项目环境审批时限。

自收到环境影响报告书(或环境影响评价大纲)、环境影响报告表、环境影响登记表、初步设计环境保护篇章、环境保护设施竣工验收报告之日起,对上述文件分别在两个月、一个月、半个月、一个半月、一个月内予以批复或签署意见。逾期不批复或未签署意见的,可视其上报方案已被确认。特殊性质或特大型建设项目的审批时间经请示批准,可适当延长。环境影响报告书、环境影响报告表、环境影响登记表在正式受理后,分别在 30 日、15 日和 7 日内完成审批工作。

(4)建设项目环境审批权限。

建设项目环境审批实行分级审批制度。根据《建设项目环境影响评价文件分级审批规定》和《建设项目环境保护管理办法》的规定,以建设项目对环境影响程度、建设项目投资性质、立项主体、建设规模、工程特点等因素为依据,环境行政主管部门分级负责。

生态环境部审批权限——总投资在 2 亿元及以上的中央财政性投资建设项目;跨越省级行政区的建设项目;特殊性质的建设项目(如核工程、绝密工程等);按照国家相关规定,应由国务院相关部门立项或设立的国家限制建设的项目;非政府财政性投资的重大项目,其中包括总投资 10 亿元及以上的水利工程、扩建铁路项目,5 亿元及以上的林业、农业、煤炭、电子信息、产品制造、电信工程、汽车项目,1 亿元及以上的稀土、黄金、生产转基因产品项目;其他总投资 2 亿元及以上的项目和限定生产规模的项目;由省级环境保护部门提交上报的,对环境问题有争议的建设项目。

省、市、县级环保局审批权限——国家环保总局审批权限以外的国家建设项目,原则上由省、自治区、直辖市环保局(厅)负责。主要有地方政府财政性投资建设项目,其"审批权限由省、自治区、直辖市环境保护行政主管部门提出建议,报同级人民政府批准确定。对化工、印染、酿造、化学制浆、农药、电镀以及其他严重污染环境的建设项目,由市地级以上环境保护行政主管部门审批"。除上述明确的规定外,因经济发展状况不同,不同省份的各级环境行政主管部门审批权限不同。

3. 排污许可证审批

排放污染物许可证审批是排放污染物许可证制度的具体执行和实施。

(1)审批依据。

排污许可证审批依据包括《中华人民共和国环境保护法》《中华人民共和国水污染防治法实施细则》《中华人民共和国大气污染防治法实施细则》《中华人民共和国固体废物污染环境防治法》《中华人民共和国环境噪声污染防治法》《中华人民共和国大气污染防治法》《中华人民共和国水污染防治法》《排放污染物申报登记管理规定》等。

(2)适用范围。

国家对在生产经营过程中排放废气、废水、产生环境噪声污染和固体废物的行为实行许可证管理。下列在中华人民共和国行政区域内直接或间接向环境排放污染物的企业、事业单位、个体工商户(以下简称排污者),应按照规定申请领取排污许可证:向环境排放大气污染物的;直接或间接向水体排放工业废水和医疗废水以及含重金属、放射性物质、病原体等有毒、有害物质的其他废水和污水的;城市污水集中处理设施;在工业生产中因使用固定的设备产生环境噪声污染的,或者在城市市区噪声敏感建筑物集中区域内因商业经营活动使用固定设备产生环境噪声污染的;产生工业固体废物或者危险废物。依法需申领危险废物经营许可证的单位除外。向海洋倾倒废物、种植业和非集约化养殖业排放污染物、居民日常生活非集中的向环境排放污染物以及机动车、铁路机车、船舶、航空器等移动源排放污染物,不适用此审批制度。

（3）审批内容及程序。

排污许可证审批全过程包括：申报阶段、登记与审核阶段、指标分配阶段、审核发证阶段、证后监督管理五个主要阶段。每个阶段都包括了多方面的工作，如图 4.5 所示。

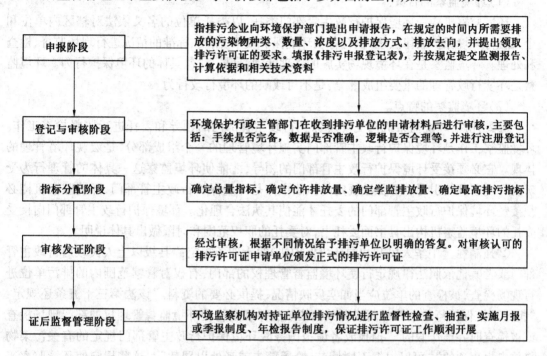

图 4.5　排污许可证审批内容及程序图

（4）审批权限及时限。

国家对排污许可证实行分级审批颁发制度。

县级以上地方人民政府环境保护行政主管部门应当按照国务院环境保护行政主管部门或各省、自治区、直辖市人民政府环境保护行政主管部门规定的审批权限对排污者的排污许可证审批颁发。

县级环境保护行政主管部门负责行政区划范围内排污者的排污许可证审批颁发。市级环境保护行政主管部门负责本行政区域内确定由其监督管理排污者的排污许可证审批颁发。省级环境保护行政主管部门负责行政区划范围内确定由其监督管理排污者的排污许可证审批颁发。上级环境保护行政主管部门可以授权下级环境保护行政主管部门审批颁发排污许可证。对排污许可证审批颁发权有争议的，由争议双方共同的上一级环境保护行政主管部门决定。

环境保护行政主管部门应当自受理排污许可证申请之日起 20 日内依法做出颁发或者不予颁发排污许可证的决定，并予以公布。做出不予颁发决定的，应书面告知申请者，并说明理由。

4.1.3 环境监察

1. 环境监察概述

（1）环境监察的含义。

环境监察机构受环境保护行政主管部门委托,以委托单位的名义依法对辖区内单位和个人履行环境保护法律法规,执行各项环境保护政策、制度、标准的情况进行现场监督、检查和处理。环境监察是在环境现场实施的管理活动,是最直接、具体的环境保护行为。环境监察是环境行政管理的重要组成部分,是不可或缺的环境行政行为。

（2）环境监察的特点。

①委托性:环境监察机构受环境保护行政主管部门的领导和委托进行监督检查工作。环境监察工作是环境保护行政主管部门实施环境管理的一个组成部分,是宏观环境管理的体现。它必须接受环境保护行政主管部门的领导,才能使环境监察这一具体的管理行为受宏观环境管理的引导。环保法规定的执法主体是环境保护行政主管部门,环境监察机构必须接受环境保护行政主管部门的委托才能使其执法合理化。环境保护行政主管部门向接受委托的环境监察机构出具书面委托书,对委托的职权范围和时限做出具体说明。

②强制性:《中华人民共和国环境保护法》第十四条规定:"县级以上人民政府行政主管部门或者其他依照法律规定行使环境监督管理权的部门,有权对管辖范围内的排污单位进行现场检查,被检查的单位应当如实反映情况,提供必要的资料。"该法第三十五条还规定:"拒绝环境保护行政主管部门或者其他依照法律规定行使环境监督管理权的部门现场检查或被检查时弄虚作假的""拒报或者谎报国务院环境保护行政主管部门规定的有关污染物排放申报事项的""可以根据不同情节,给予警告或者处以罚款"。这些规定使环境监察工作具有了权威性和强制性。

③直接性:环境监察承担现场监督执法任务,大量的工作是对管理对象进行宣传、检查和处置,这些工作都是在现场直接面对被管理者进行的。环境监察的直接性也对环境监察人员的工作水平和业务素质提出了较高的要求。

④及时性:环境监察强调的是取得第一手信息资料,直接的现场监督执法活动要求和决定了环境监察工作的核心是加强排污现场的监督、检查、处理,运用征收排污费、罚款等行政处罚手段强化对污染源的监督处理,这些属性决定了环境监察必须及时、准确、快速、高效。及时是准确、快速、高效的保证,也是直接性特点所要求的。

⑤公正性:环境监察代表环境保护行政主管部门履行现场监督检查职责,体现着"公平、公正"的主张。其行为代表了国家保护环境的意志,是在维护国家和人民的长远利益和现实利益,必须严格、公正。

（3）环境监察的类型。

按照监察时间不同,环境监察可分为事前监察、事中监察和事后监察,见表4.1。

表 4.1　环境监察时间分类表

名称	内容	目标
事前监察	对监察对象某一行为完成之前进行的环境监察	预防环境违法行为发生或减少违法行为损失
事中监察	在监察对象某一行为进行之中的环境监察	及时发现并及时制止违法行为
事后监察	环境事件发生后,对监察对象进行的调查、勘验和惩处活动	对已经发生的问题进行补救,给其他违法者以警戒

　　环境监察工作需经过事前监察、事中监察和事后监察三个环节,步步设防,环环紧扣。事前监察和事中监察是积极的、主动地,起到预防、制止环境违法行为的作用。事后监察是被动的,对于全面贯彻落实环境法律法规,依法追究违法者的责任,维护人民的环境利益是必不可少的。

　　按照监察范围不同,环境监察可分为一般监察和重点监察。

　　一般监察是指环境监察机构对辖区内各单位对环境法律法规及环境管理措施执行情况实行的普遍的、例行的监督检查;重点监察也称为专门监察,是环境监察机构对特定的管理对象进行的有目的的监察。一般以下几种情况下需要进行重点监察:一是某一特殊时期如汛期,对特定的监测对象如重点污染源及有害污染物进行监视巡查,以防止污染事故的发生;二是根据情况对排污单位进行重点巡查;三是对重点污染源进行环境监察。

2. 环境监察机构

　　1991 年 8 月,生态环境部(原国家环保局)发布《环境监理工作暂行办法》规定:"县及县级以上地方各级人民政府环境保护部门应设立环境监理机构""环境监理的主要任务,是在各级人民政府环境保护部门的领导下,依法对辖区内污染源排放污染物情况和海洋及生态破坏事件实施现场监督、检查并参与处理。"1996 年 8 月,《国务院关于环境保护若干问题的决定》规定:"县级以上人民政府应设立环境保护监督管理机构,独立行使环境保护的统一监督管理职责",要求"各级环境保护行政主管部门必须切实履行环境保护工作统一监督管理的职能,加强环境监理执法队伍建设,严格环保执法、规范执法行为,完善执法程序,提高执法水平。"1999 年 2 月 6 日,生态环境部(原国家环保局)颁布《环境保护行政处罚办法》再一次明确规定:"环境保护行政主管部门可以在其法定职权范围内委托环境监察(理)机构实施行政处罚。受委托的环境监察机构在委托范围内以委托其处罚的环境保护行政主管部门的名义实施行政处罚。委托处罚的环境保护行政主管部门,负责监督被委托的环境监察机构实施行政处罚行为,并对该行为的后果承担法律责任。"我国目前环境监察机构设置分为五级,见表 4.2。

表 4.2　我国目前环境监察机构设置表

序号	级别	环保机构名称	环境监察机构名称
1	国家级	生态环境部	环境监察局
2	省级	省(直辖市、自治区)环保局	环境监察总队
3	市级	市(州、盟)环保局	环境监察支队
4	县级	县(县级市、旗、区)环保局	环境监察大队
5	乡(镇)级	乡(镇、街道)环保部门	环境监察中队

环境监察机构受同级环保部门领导,行使现场执法权,业务上受上级环境监察部门指导。环境监察机构职责如下。

第一,贯彻国家和地方环境保护的有关法律、法规、政策和规章。

第二,依据环境保护行政主管部门的委托依法对辖区内单位或个人执行环境保护法规的情况进行现场监督、检查,并按规定进行处理。

第三,负责污水、废气、固体废物、噪声、放射性物质等超标排污费和排污水费的征收工作。

第四,负责排污费财务管理和排污费年度收支预、决算的编制以及排污费财务、统计报表的编报会审工作。

第五,负责对海洋和生态破坏事件的调查,并参与处理。

第六,参与环境污染事故、纠纷的调查处理。

第七,参与污染治理项目年度计划的编制,负责该计划执行情况的监督检查。

第八,负责环境监理人员的业务培训,总结环境监理工作经验。

第九,承担主管或上级环境保护部门委托的其他任务。

第十,核安全设施的监督检查。

第十一,自然生态保护监理。

第十二,农业生态环境监理。

为了促进清洁生产、提高资源利用效率、减少和避免污染物的产生、保护和改善环境、保障人体健康、促进经济与社会可持续发展,《中华人民共和国清洁生产促进法》于 2003 年 1 月颁布,明确规定从事生产和服务活动的单位以及从事相关管理活动的部门必须依照本法规定组织、实施清洁生产。为了规范环境行政执法后的督察工作,提高环境行政执法效能,《环境行政执法后督察办法》制定并自 2011 年 3 月 1 日起施行。

为加强和规范环境监察工作,加强环境监察队伍建设,提升环境监察效能,根据《中华人民共和国环境保护法》等有关法律法规,结合环境监察工作实际,《环境监察办法》制定并于 2012 年 9 月 1 日起施行。该办法规定,环境保护部对全国环境监察工作实施统一监督管理,县级以上地方环境保护主管部门负责本行政区域的环境监察工作,各级环境保护主管部门所属的环境监察机构负责具体实施环境监察工作。

为了加强环境保护档案的形成、管理和保护工作,开发利用环境保护档案信息资源,《环境保护档案管理办法》于 2017 年 3 月 1 日起施行,针对国家、社会和单位具有利用价值、应当归档保存的各种形式和载体的历史记录,主要包括文书档案、音像(照片、录音、录像)档案、科技档案、会计档案、人事档案、基建档案及电子档案等。

3. 环境监察的主要内容

(1)环境现场执法。

环境保护执法有以下几个组成部分,即执法监督、执法纠正、执法惩戒和执法防范。环境保护现场执法是环境保护执法的体现形式之一。随着环境法制建设的完善和环境监察工作的开展,现场执法的内容也在不断充实和扩展。目前环境现场执法主要有以下几方面内容。

现场监督检查有关组织、单位和个人履行环保法律法规的情况,并对违法行为追究法律责任。

现场监督检查有关组织、单位和个人执行环境制度的情况,并对违反制度的行为依法予以处理或处罚。这些制度包括环境影响评价制度与"三同时"制度、限期治理制度、污染事故报告与处理制度、污染源管理制度、排污申报登记制度与排污许可证制度、缴纳排污费制度以及国务院的决定等。

现场监督检查自然资源与生态环境保护情况,并对破坏自然资源和生态环境的行为依法予以处理或处罚。这些自然资源与生态环境包括土地资源、水资源、森林、草地、矿产等自然资源;自然保护区、野生动物、风景名胜等自然保护区域;以及农业、畜牧业、渔业环境等。

现场监督检查海洋环境保护情况。对污染海洋的行为依法予以处理处罚。

(2)企业环境管理监察。

环境监察机构依法对排污企业环境管理进行监督检查,主要包括以下内容。

企业落实环境管理制度情况检查:其内容包括环境管理机构设置、企业环境管理人员设置、企业环境管理制度建设。

企业工艺状况调查,监察污染隐患:深入企业内部的生产车间、班组、岗位,调查设备、工艺及生产状况,以了解污染产生的原因、规模、污染物流向,以督促企业采取措施减少污染,防止污染事故的发生。其内容主要包括:对生产使用原材料情况的调查、对生产工艺、设备及运行情况的调查、对产品储存与输移过程的调查、对生产变化情况的调查等。

排污企业守法情况检查:其内容主要包括环境管理制度执行情况检查、排污许可证监理的各项内容、污染物排放情况检查、污染治理情况检查等。

指导性监察:对企业进行环境监察的目的是督促排污企业加强生产管理和环境保护工作,预防和消除污染,保护和改善区域环境质量。因此环境监察机构有责任与义务协助排污单位做好环境管理工作,应利用自身环保部门的信息优势及经验优势,积极主动地提供信息与参考意见,使企业获得投资小、收益高的污染防治方法。其内容包括:提供技术改造建议、提供废弃物回收利用建议、提出污染治理建议、提供污染物集中控制指导建议等。

(3)建设项目环境监察。

环境监察机构依法对建设项目进行监督检查,以保证建设项目按照《建设项目环境保护管理条例》进行,主要监察内容和要点如下。

对辖区内新开工建设项目进行监督检查,检查其执行环境影响评价制度、"三同时"制度的落实情况,各项审批手续情况,尤其是环保部门的审批意见及审批前提,杜绝建设项目环境管理漏项、漏批、漏管的现象。

对已开工的建设项目,要检查建设项目内容有无变化,包括建设性质、建设规模、采用的工艺、设备及使用的原材料有无重大变化。环境影响评价报告书中规定的环保设施落实情况、建设项目的实际内容与申报内容是否一致等。

环境监察人员应参与建设项目的竣工验收,通过竣工验收了解项目的详细情况,掌握该项目的优势和不足,对验收时提出的改进意见在以后的监察工作中予以重视。建设项目竣工验收后,竣工验收清单副本要交环境监察机构保存。

关注建设项目的生态环境问题,对区域性、流域性、资源开发、资源利用、生态建设项目,要做好环境影响评价工作。关注建设项目的生态保护效果和生态破坏效果。

对分散型小企业、乡镇企业建设项目的环境监察,除以上要点外,重点监察其是否属于淘汰、限制、禁止的行业、工艺、设备等,属于上述情况的,应坚决取缔。

对居民区、小城镇、农村的建设项目,如果对环境影响较小,其监察的重点是防止生活环境的破坏和建设项目引发的环境纠纷。

(4)生态环境监察。

重要生态功能区的生态环境监察——凡经批准正式建立的各级生态功能保护区,无论属于哪一级政府管理,均应由同级环境保护行政主管部门的环境监察机构随时进行监察。其主要内容是:该生态功能区的边界情况;其管理机构承担生态保护管理职能情况;检查和制止保护区内一切导致生态功能退化的开发活动和人为破坏活动;停止一切产生污染环境的工程项目建设;督促该生态功能保护区恢复和重建生态保护功能的工程建设。

重点资源开发区的生态环境监察——环境监察机构对水、森林、草地、海洋、矿产等自然资源开发的建设单位,要按照环境影响评价报告书和"三同时"制度的审批意见,认真检查开发建设单位的落实情况。凡是没有履行环境影响评价制度、"三同时"制度和水土保持方案的,一律不得开工建设,不得竣工投产。

生态良好区域的生态环境监察——对生态良好区域的生态环境监察重点要放在维护该区域免遭改变与破坏方面,要及时发现并制止对自然环境的破坏行为,维护本区域生态的良好状态。

对本辖区的自然生态环境开展调查——这是生态环境监察的基础,要在农业、林业、土地、矿产和卫生防疫部门的配合下,对本辖区的自然环境状况、人口状况、经济状况进行调查,以掌握本辖区的生态特征,确定本辖区生态环境保护的重点内容与区域,因地制宜地制定生态监察工作计划。

(5)海洋环境监察。

海洋环境调查——海洋环境调查是海洋环境监察的基础,目的是搞清楚自然及人类活动对辖区海域的影响,以便采取针对性的管理措施。海洋环境调查主要包括:海洋自然环境调查(包括自然地理位置、海区水文气象条件、海洋资源等)、近岸海域环境功能区海洋环境污染调查(包括总氮、总磷、COD、大肠菌群数、细菌总数等)、海洋环境污染源调查(包括海域活动排污状况、海岸工程建设的环境污染和破坏情况、常见污染活动等)

海岸工程环境监察——重点检查海岸工程执行国家环境保护法规及制度情况;海岸排污口设置情况;港口、码头、岸边修造船厂等的应设置的相应的房屋措施,如残油、含有废水、垃圾及其他废弃物的接收和处理设施;滨海垃圾场或工业废渣填埋场应建防护堤坝和场底封闭层,设置渗滤液收集、导出系统和可燃气体的放散防爆装置;检查海岸工程对生态环境和水资源的损害,杜绝和减少国家和地方重点保护的野生动植物生存环境的改变和破坏,减少对渔业资源的影响和建设补救措施等;沿海滩涂开发、围海工程、采挖沙石必须按规划进行;检查海岸工程建设项目导致海岸的非正常侵蚀情况;检查海岸工程建设项目毁坏海岸防护林、风景石、红树林和珊瑚礁等的情况。

陆源污染的环境监察——对陆地产生的污染物进入海洋从而对海洋造成污染或损害的监察。其主要包括:根据有关标准,检查违章排污、超标排污的情况;检查是否有含放射性物质、病原菌、有机物、高温废水的排放情况;检查沿岸农药化肥的使用情况;检查近岸固体废弃物处理处置场的建设和管理情况。

船舶污染的环境监察——对在海上停泊和作业的一切类型的船舶进行环境监察。其主要包括:监察防污记录和防污设备;监察进行油类作业的船舶污水排放情况;对装运危险货物的船舶检查安全防护措施及含危险货物废水的排放情况;检查船舶垃圾收集处理设备是否正常运转;对船舶修造、打捞及拆船工程进行检查,检查其防污设备使用及运行情况;国家海事行政主管部门对中华人民共和国管辖海域航行、停泊、作业的外国籍船舶造成的污染事故应登轮检查处理。

海上倾废监察——利用船舶、航空器、平台或其他运载工具向海洋倾倒废弃物或其他有害物质的行为属于海洋倾废,海洋倾废是全球性的环境保护问题。对海洋倾废监察重点包括:检查核实倾废手续是否完备,装载废弃物的种类、数量、成分是否属实;对倾废活动进行现场监督;监督海上焚烧废弃物的活动;监督管理放射性物质的倾倒;监督管理经由我国海域运送废弃物的外国籍船舶。

4.2 环境管理的技术基础

4.2.1 环境标准

1. 环境标准概述

环境标准是关于环境保护、污染控制的各种准则及规范的总称。《中华人民共和国环境保护标准管理办法》中对环境标准的定义是:为保护人群健康、社会物质财富和维持生态平衡,对大气、水、土壤等环境质量、对污染源的监测方法及其他需要所制定的标准。

环境标准的提法最早出现于 20 世纪 60 年代,国际化标准组织(ISO)于 1972 年开始着手制定一系列环境标准,以规范和统一环境保护中涉及的名词、术语、单位、标志、基础标准及方法标准等。20 世纪 50 年代末 60 年代初,国务院有关部委也陆续制定了一些以保护人群健康为目的属于专业质量标准范畴的相关环境规范,如《生活饮用水卫生规程》(1959,建工部、卫生部)《放射性工作卫生防护暂行规定》(1962,国家计委、卫生部)《污水灌溉农田卫生管理试行办法》(1963,建工部、农业部、卫生部)等。这些早期的规定和规范为我国环境标准体系的建立做出了有益的探索。我国环境标准的产生始于 1973 年。1973 年 9 月全国第一次环境保护会议以后,我国制定并颁布了第一个环境标准,即《工业"三废"排放试行标准》(GBJ 4—1973,国家工程建设标准),这使我国成为当时世界上制定污染物排放标准为数不多的国家之一。1979 年 9 月,《中华人民共和国环境保护法(试行)》颁布,明确规定环境标准的制(修)订、审批和实施权限,强调"各项有害物质的排放必须遵守国家规定的标准"。环境保护法为环境标准的制定和实施提供了法律保证,同时也标志着环境标准建设随环境立法一同进入新的历史阶段。1988 年 12 月,《中华人民共和国标准化法》颁布,规定国家环境标准的审批、发布由国家技术监督局与国家环保局联合进行,国家环保局负责环境标准的立项和规划工作。近年来,我国环境标准建设本着保护人群健康、促进生态良性循环的目的,力求达到环境效益、社会效益、经济效益的统一,目前已经初步形成较为全面的具有法律效力的环境标准体系,在我国的社会发展和环境保护中起到了非常重要的作用。

2. 我国环境标准体系

我国现行的环境标准体系由三类三级标准组成(《中华人民共和国环境标准管理办法》)。我国的环境标准分三类,即环境质量标准、控制污染标准和基础类标准;两级,即国家级标准和地方级标准。从属性上,看国家级标准可以分为强制性标准和推荐性标准。有关保障人体健康,人身及财产安全的标准和法律、行政法规规定强制执行的标准是强制性标准,其他标准是推荐性标准。强制性标准属于必须执行的标准,不符合强制性标准的产品,将禁止生产、销售和进口。推荐性标准属于国家鼓励自愿采用的标准。省、自治区、直辖市标准化行政主管部门制定的工业产品的安全、卫生要求的地方标准,在本行政区域内是强制性标准。

(1)国家级环境标准。

国家级标准包括国家级公共标准和国家级行业标准。国家级公共标准由国务院环境保护行政主管部门单独制定或与质量技术监督部门联合组织制定,针对全国范围内的一般环境问题,按全国的平均水平和要求确定的控制指标。国家环境标准包括国家环境质量标准、国家污染物排放标准(或控制标准)、国家环境基础和方法标准。国家标准用 GB("国标"二字的单字拼音首字母)表示。国家级行业标准由国家环保总局制定,对于国家标准中未被覆盖和包含,又需要在全国某个行业范围内统一的部分,可以制定行业标准。在公布国家标准之后,该项行业标准即行废止。国家环境保护总局行业标准用 HJ("环境"二字的拼音首字母)表示。国家级环境标准的代码简介如下:GB——国家标准;GB/T——国家推荐标准;GB/Z——国家指导性技术文件;GHZB——国家环境质量标准;GHPB——国家污染物排放标准;GHKB——国家污染物控制标准;HJ——国家环境保护总局标准;HJ/T——国家环境保护总局推荐标准。

(2)地方级环境标准。

地方级环境标准由省、直辖市、自治区人民政府制定,是对国家级标准的补充和完善。地方级环境标准由地方环境质量标准和地方污染物排放标准构成。对于国家环境质量标准中未做规定的项目,可以制定地方环境质量标准和地方污染物排放标准;地方环境标准用省、自治区、直辖市名称的前两个字的拼音首字母表示所在省份,如河北省为 HB("河北"二字的单字拼音首字母)。在公布国家标准或者行业标准之后,该项地方标准即行废止。

(3)环境质量标准。

环境质量标准以保护人群健康、促进生态良性循环为宗旨,对环境质量所做的要求。环境质量标准规定了一定时间和空间范围内各类环境介质中某些要素及有害物质的浓度限值。如《环境空气质量标准》(GB 3095—2012)《地表水环境质量标准》(GB 3838—2002)《土壤环境质量标准》(GB 15618—95)《城市区域环境噪声标准》(GB 3096—93)等。

(4)控制污染标准。

控制污染标准,是为实现环境质量目标,控制污染物的排放,对排入环境的某些污染物所规定的最高容许排放限量(浓度值或者总量值)、排放方式及处理方式。这类标准包括污染物排放标准和污染控制标准两大类。如《污水排放综合标准》(GB 8978—1996)《恶臭污染物排放标准》(GB 14554—1993)《大气污染物综合排放标准》(GB 16297—1996)《火电厂大气污染物排放标准》(GB 13223—2011)《城镇污水处理厂污染物排放标准》(GB 18918—2002)《污水海洋处置工程污染控制标准》(GB 18486—2001)《一般工业固体废物贮存、处置污染控制标准》(GB 599—2001)《危险废物填埋污染控制标准》(GB 18598—2001)《危险废物贮存污染控制标准》(GB 18597—2001)。

(5)基础类标准。

这类标准是对标准的原则、方法、名词术语、计算公式等所做的基础性规定。它包括基础标准、方法标准、标准样品标准及其他标准。基础类标准只允许有国家级标准。

①基础标准:环境基础标准是对环境保护工作中需要统一的技术术语、符号、代号(代码)、图形、指南、导则、量纲单位及信息编码等所做的技术规定,是制定其他环境标准的基础。我国的环境基础标准主要包括:管理标准(技术规范与导则)、环境保护名词术语、环境保护图形符号与环境信息分类和编码标准。

②方法标准:是对环境保护工作范围内所涉及的样品采集与管理、分析测试、数据处理等方法所做的统一的技术规定(包括采样方法、样品处理方法、分析测定方法、数据处理方法等)。

③标准样品标准:标准样品标准是指为保证测定数据及分析结果的准确、可靠,对用于标定仪器、验证测量方法、进行量值传递或质量控制的基准物质或材料所做的规定。如土壤ESS-1 标准样品(GSBZ 5000011—1987)、水质 COD 标准样品(GSBZ 500001—1987)等。

3. 环境标准的制定

制定环境标准的原则:保证人民健康是制定环境标准的首要原则。要综合考虑社会、经济、环境三方面的统一,要使污染控制的投入与经济承载力匹配,也要使环境承载力和社会承载力统一。要综合考虑各种类型的资源管理、各地的区域经济发展规划和环境规划的目标,高功能区采用高标准,低功能区采用低标准。要和国内其他标准和规定相协调,还要和国际上的有关规定相协调。

制定环境标准的主要依据如下。

(1)与生态环境和人类健康有关的各种学科基准值。

(2)环境质量的目前状况、污染物的背景值和长期的环境规划目标。

(3)当前国内外各种污染物的处理水平。

(4)国家的财力水平和社会承受能力,污染物处理成本和污染造成的经济损失。

(5)国际上有关环境的协定和规定,国内其他部门的环境标准。

目前,我国国家环境标准由国务院环境保护行政主管部门组织制定、审批、颁布和归口管理,并报国家标准局备案。其一般程序为:下达环境标准制定项目计划→组织制定标准(草案、征求意见稿、送审稿、报批稿)→审批→发布。地方标准由省、自治区、直辖市环境保护行政主管部门归口管理并组织制定,报请人民政府审批颁布。地方标准要报国务院环境保护行政主管部门备案。

负责制定标准的部门应当组织由专家组成的标准化技术委员会,负责标准的草拟,参加标准草案的审查工作。技术委员会(TC)是在一定专业领域内,从事国家标准的起草和技术审查等标准化工作的非法人技术组织。国家环境标准的制定一般分为九个阶段。

(1)预研阶段——TC 评估项目提案(PWI)的过程。

(2)立项阶段——主要工作是对项目建议进行审查、征求意见与批准。立项阶段的周期一般不超过 5 个月。

(3)起草阶段——为 TC 编写标准、完成工作组草稿的过程。起草阶段的周期不应超过10 个月。

(4)征求意见阶段——为 TC 对草案征求意见的过程。征求意见阶段的周期不应超过 5个月。

(5)审查阶段——为 TC 对报批稿进行技术审查的过程。审查阶段的周期不应超过 5个月。

(6)批准阶段——为国务院标准化行政主管部门对报批稿及相关工作文件进行程序审核和协调的过程。批准阶段的周期不应超过 3 个月。

(7)出版阶段——为国家标准的出版机构按照 GB/T 1.1 的规定,对批准稿进行编辑性修改,并出版国家标准的过程。出版阶段的周期不应超过 3 个月。国家标准由中国标准出版社出版。

(8)复审阶段——是 TC 对国家标准的适用性进行评估的过程,主要工作是评估国家标准的适用性,形成复审结论。

(9)废止阶段——对于复审后确定为无存在必要的标准,予以废止。国务院标准化行政主管部门发布废止公告,标志着某些标准被废止。

国家标准的制定与废止是动态循环的过程,随着社会、经济、科技的发展,新的更加科学合理的环境标准不断产生,旧的环境标准不断废止。使我国环境标准体系不断丰富、更新和完善。

在环境标准的制定过程中,国家权力机关、国家行政机关依法对环境标准制定机构、制定程序和制定依据进行监督,以保证环境标准制定的合法性。

4. 环境标准的作用

环境标准是制定国家环境计划和规划的主要依据。国家在制定环境计划和规划时,必须有一个明确的环境目标和一系列环境指标。它需要在综合考虑国家的经济、技术水平的基础上,使环境质量控制在一个适宜的水平上,也就是说要符合环境标准的要求。环境标准便成为制定环境计划与规划的主要依据。

环境标准是环境法制定与实施的重要基础与依据。在各种单行环境法规中,通常只规定污染物的排放必须符合排放标准,造成环境污染者应承担何种法律责任等。怎样才算造成污染? 排放污染物的具体标准是什么? 则需要通过制定环境标准来确定。而环境法的实施,尤其是确定合法与违法的界限,确定具体的法律责任,往往需要依据环境标准。因此,环境标准是环境法制定与实施的重要依据。

环境标准是国家环境管理的技术基础。国家的环境管理,包括环境规划与政策的制定、环境立法、环境监测与评价、日常的环境监督与管理,都需要遵循和依据环境标准,环境标准的完善反映一个国家环境管理的水平和效率。

环境标准一经批准发布,有关单位和个人必须严格贯彻执行,不得擅自更改或降低标准,凡是向已有地方污染物排放标准的区域排放污染物时,应当严格执行地方污染物排放标准。凡不符合污染物排放标准并违反有关环境标准的法律规定的,应依法承担相应的法律责任。各级人民政府要按照环境质量标准的要求制定计划、采取措施,使本区域的环境质量达到或保持环境质量标准的要求。

在环境标准的实施过程中,国家权力机关、国家行政机关依法对环境标准实施的全过程进行监督检查,以保证环境标准实施的合法性。

4.2.2 环境监测

1.环境监测概述

环境监测,是利用现代科学技术手段对代表环境污染和环境质量的各种环境要素进行监视、监控和测定,从而科学评价环境质量及预测环境的变化趋势。

环境监测的目的和任务:环境监测是为了及时准确地获取环境信息,以便进行环境质量评价,掌握环境变化趋势。其监测数据及分析结果可以为加强环境管理、开展环境科学研究、搞好环境保护提供科学依据。环境监测担负的主要任务如下。

(1)通过适时监测、连续监测、在线监测等,准确、及时、客观地反映环境质量。

(2)积累长期的环境数据与资料,为掌握环境容量,预测、预报环境发展趋势提供依据。

(3)进行污染源监测,揭示污染危害,探明污染程度及趋势。

(4)及时分析监测数据及资料,建立监测数据及污染源分类技术档案,为制定环保法规、环境标准、环境污染防治对策提供依据。

环境监测具有以下主要特点。

(1)生产性——环境监测的监测程序和质量保证了企业产品的生产工艺过程和管理模式,数据就是环境监测的产品。

(2)综合性——环境监测的内容广泛、污染物种类繁多、监测的方法手段各异、监测的数据处理和评价涉及自然和社会的诸多领域,因此环境监测具有很强的综合性。只有综合分析各种因素、综合运用各种技术手段、综合评价各种信息等,才能对环境质量做出准确的评价。

(3)追踪性——针对环境污染具有的特点,环境监测采样必须多点位、高频数,监测手段必须多样化,测定方法必须具有较高灵敏度、选择性好,监测程序的每一环节必须有完整的质量保证体系等才能保证监测出的数据具有准确性、可比性和完整性,才能准确查找出污染源、污染物及对污染物的影响进行追踪。

(4)持续性——环境污染的特点决定了环境监测工作只有连续而长期的进行,才能客观、准确地对环境质量及其变化趋势做出正确的评价和判断。

(5)执法性——具有相应资质的环境监测部门,监测的数据是执法部门对企业的排污情况、污染纠纷仲裁等执法性监督管理的依据。

2. 环境监测的分类

环境监测可以依照环境监测目的、监测对象、监测手段进行分类。

(1)按监测目的分类可以分为:常规监测、特定监测和研究监测三大类。

①常规监测(又称为监视性监测或例行监测)——对指定的有关项目进行定期的、连续的监测,以确定环境质量及污染源状况、评价控制措施的效果,衡量环境标准实施情况和环境保护工作的进展。这是监测工作中最基本的、最经常性的工作。监视性监测既包括对环境要素的监测,又包括对污染源的监督、监测。

②特定监测(又称为应急监测),根据特定的目的可分为以下四种。

污染事故监测——在发生污染事故时进行应急监测,以确定污染物扩散方向、速度和危及范围,为控制污染提供依据。这类监测常采用流动监测(车、船等)、简易监测、低空航测、遥感等手段。

仲裁监测——主要针对污染事故纠纷、环境法执行过程中所产生的矛盾进行监测。仲裁监测应由国家指定的权威部门进行,以提供具有法律责任的数据(公正数据),供执行部门、司法部门仲裁。

考核验证监测——包括人员考核、方法验证和污染治理项目竣工时的验收监测。

咨询服务监测——为政府部门、科研机构、生产单位所提供的服务性监测。例如建设新企业应进行环境影响评价,需要按评价要求进行监测。

③研究性监测(又称科研监测),是以某种科学研究为目的而进行的监测。例如环境本底的监测及研究;有毒有害物质对从业人员的影响研究;为监测工作本身服务的科研工作的监测如统一方法、标准分析方法的研究、标准物质研制等。这类研究往往要求多学科合作进行。

(2)按监测的介质和对象分类可分为水质监测、空气监测、噪声监测、土壤监测、固体废物监测、生物污染监测、放射性监测等。

(3)按环境监测的方法和手段分类:也可以分为物理监测、化学监测和生物监测等。

(4)按环境污染来源和受体划分可分为:污染源监测、环境质量监测和环境影响监测。

①污染源监测是指对自然和人为污染源进行的监测。如对生活污水、工业污水、医院污水和城市污水中的污染物进行监测。

②环境质量监测,如大气环境质量监测、水(海洋、河流、湖泊、水库等地表水和地下水)环境质量监测等。

③环境影响监测是指环境受体如人、动物、植物等受到大气污染物、水体污染物等的危害,为此而进行的监测。

3. 环境监测的一般程序、技术方法及质量保证

在环境监测目标的指导之下,环境监测一般按以下主要步骤进行:现场调查→确定监测项目→监测布点→采样→分析测定→数据处理→结果上报。

环境监测技术包括采样技术、测定技术、数据处理技术。常用的测定技术如图4.6。

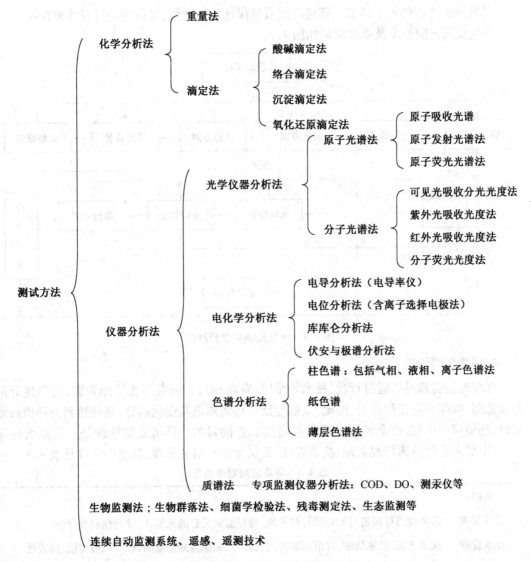

图 4.6　环境监测技术

　　随着科技进步和环境监测的需要,环境监测在发展传统的化学分析的基础上,发展高精密度、高灵敏度、适用于痕量、超痕量分析的新仪器、新设备,同时研制发展了适合于特定任务的专属分析仪器。计算机在监测系统中的普遍使用,使监测结果快速处理和传递,使多机联用技术广泛采用,扩大仪器的使用效率和价值。发展大型、连续自动监测系统的同时,发展小型便携式仪器和现场快速监测技术。广泛采用遥测遥控技术,逐步实现监测技术的智能化、自动化及连续化。

　　科学有效的监测数据应该具有如下几方面的特征,即具有代表性、准确性、精密型、完整性和可比性。监测数据的上述特征应当由环境监测的各个工作环节加以保证才可以实现。它贯穿于采样过程(采样点布设、采样时间和频率、采样方法、样品的储存和运输)、测定过程(分析方法、使用仪器、选用试剂、分析人员操作水平)、数据处理过程(数据记录、数据运算）、总结评价过程的各个环节。环境监测质量保证的全过程，又称为全过程质量控制。

环境监测一般程序及质量保证如图 4.7。

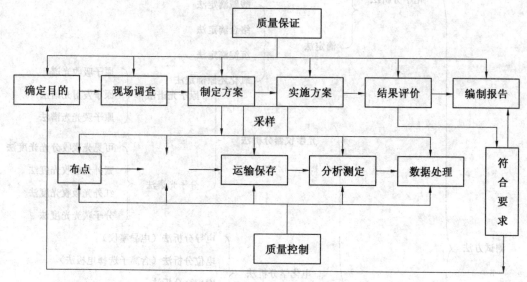

图 4.7　环境监测质量控制图

4. 环境监测管理

环境监测管理是指通过行政、技术等手段，有效动员和配置环境监测资源，科学地开展环境监测，确保环境监测及时、准确、全面地反映环境质量及变化趋势，最终达到为环境行政管理、环境保护决策、社会经济发展提供高效服务的目的。环境监测管理是一项系统性工作，其主要内容可分为行政管理、技术管理、质量管理和信息管理，其基本内容见表 4.3。

表 4.3　环境监测管理内容

名称	内容
行政管理	为实现目标而进行的各项行政管理，确保监测信息的完整性、针对性和及时性
技术管理	技术方案、技术措施、规范标准方法仪器等，确保监测信息的科学性、可比性、代表性
质量管理	质量控制和保证方案的实施，确保监测信息的准确性和精密性
信息管理	环境监测网络建设和信息交流，确保监测信息的完整性、可比性

（1）行政管理——建立健全环境监测机构，制定管理制度、规章办法；编制工作规划和计划；进行环境行政能力建设，提高和改进工作质量；考核工作目标完成情况，进行绩效管理；开展监测资质认可和管理。通过行政管理确保监测信息的完整性、针对性、及时性、公正性和权威性。

我国监测机构主要有以下四种类型：国务院和地方人民政府的环境保护行政主管部门设置的环境监督管理机构；全国环境保护系统设置的四级环境监测站，即中国环境监测总站、省（自治区、直辖市）环境监测中心站、各省（自治区、直辖市）设置的市环境监测站、县级（旗、县级市、大城市的区）环境监测站；各部门的专业环境监测机构，包括卫生、林业、农业、渔业水利、海洋、地质等部门设置的环境监测站；大中型企业、事业单位的监测站。

　　以上各类监测机构,依照有关法律法规和行政规定,为环境管理提供监督服务和技术支持,共同形成全国环境监测网。全国环境监测网分为国家网、省级网和市级网。各级环境保护行政主管部门的环境监测机构负责环境监测网的组织和领导工作。监测网的业务工作、技术监督及质量保证由各级环境保护行政主管部门的环境监测站负责。各大水系、海洋和农业部门分别成立水系、海洋和农业环境监测网,环境监测网的任务是联合协作、开展各项环境监测活动,汇总资料,综合整理,为向各级政府全面报告环境质量状况提供基础数据及资料。

　　为保证监测工作的顺利进行,环境保护行政主管部门依照环境保护法规及行政规章制度对监测对象进行管理,如:排污单位应对污染物排放口、处理设施的污染排放定期检测,并纳入生产管理体系;应按规定整顿好排污口,使排污口符合规定的监测条件。不具备监测能力的排污单位可委托环境保护行政主管部门环境监测站或委托经其考核合格并经过环境保护主管部门认可的有关单位进行监测。新建项目在正式投产和使用前,老污染源治理设施建成后,建设单位必须向项目审批的环境保护行政主管部门环境监测站申请;"三同时"竣工验收监测或处理设施的验收监测,其结果作为正式验收的依据。监测人员依法到有关排污单位进行现场检查或监督性监测时,被检查、监测单位必须密切配合,如实反映情况,提供必要的资料和监测工作条件。经环境保护行政主管部门授权,排污单位每月应定时向当地环境保护行政主管部门环境监测站报告排污和处理设施的监测结果。

　　(2)技术管理——编制《质量管理手册》,规范技术管理;编制《程序文件》《作业指导书》,规范监测程序、监测行为;编制《质量文件》,实施质量管理;规范监测方法,实施标准的分级使用和跟踪管理;统一仪器设备配置,强制仪器校检。通过技术管理确保监测信息的准确性、精密性、科学性、可比性和代表性。

　　(3)质量管理——制定质量控制和质量保证方案,指导和监督方案的实施。在环境监测的各个环节,如采样过程的质量控制、样品的储藏和运输、实验室质量控制、报告数据的质量控制等环节实现跟踪管理。同时加强对环境监测站的质量管理,《环境监测质量保证管理规定》等行政规章规定:各环境监测站要开展创建和评选优秀实验室活动,强化实验室管理,推动实验室的质量保证工作;各实验室应建立健全监测人员岗位责任制、实验室安全操作制度、仪器设备管理制度、化学试剂管理使用制度、原始数据管理制度等各项规章制度;环境监测人员实行合格证制度,经考核认证,持证上岗,按监测系统实行质量保证工作制度。

　　(4)信息管理——统一监测信息的收集方式;建立监测信息数据库,实施动态管理;建设监测信息管理网络,严格信息报告与传输;分析、评价环境质量状况及污染程度和发展趋势,发布环境质量信息。通过信息管理,保证监测活动和信息交流,确保监测信息的及时性、完整性、可比性和实用性。

　　环境监测管理在环境监测中发挥着十分重要的作用,它是建立环境质量保证体系的基础。环境监测质量保证具有重要性和复杂性,其重要性体现在环境监测质量直接影响环境管理的针对性和有效性,避免错误的决策;复杂性是因为环境影响质量的因素错综复杂、瞬息万变,监测质量保证计划本身具有较大的不确定性。监测质量保证信息系统可以帮助管理人员定性与定量地分析数据与模型,通过信息管理保证监测活动和信息交流,确保监测信息的及时性、完整性、可比性和实用性;也为高层环境管理人员提供了从整体上全面宏观控制的科学方法;同时,也促进了环境监测效率的提高。

4.2.3　环境评价

环境评价是按照一定标准和方法评价环境质量,预测环境的发展趋势,评估人类对环境的影响,为环境管理决策提供科学依据。

环境质量是指特定范围内环境对人类社会生存和发展的适宜性。环境质量的优劣程度可以通过定性或定量描述环境各组成要素的多个环境质量参数来判断。环境质量参数通常以环境介质中特定物质的浓度加以表征。环境影响是指人类活动的影响所造成的环境后果,即环境质量的变化或生态系统的变化。环境影响评价是认识、预测、评价、揭示人类活动对环境的影响。

1. 环境评价的分类

环境评价可以按其不同的属性进行分类。

(1)环境评价根据环境质量时间属性,划分为环境回顾评价、环境现状评价和环境影响评价。

环境回顾评价是针对环境质量过去的历史变化进行评价,为合理分析环境质量现状成因和预测环境质量未来发展趋势提供科学依据。

环境现状评价是针对环境质量当前的优劣程度进行评价,为区域环境的综合整治和规划提供科学依据。

环境影响评价是针对由于人类活动可能造成的环境后果,即通过环境质量优劣程度的任何变化的判断为管理决策提供依据。

(2)环境评价根据评价的环境要素不同,划分为大气环境评价、水环境评价、土壤环境评价、生态环境评价和声环境评价。

(3)环境评价根据人类活动行为性质,划分为建设项目环境评价、区域开发环境评价和公共政策环境评价。

(4)环境评价根据目标特殊性质,划分为战略环境评价、风险环境评价、社会经济环境评价和累积环境评价。

战略环境评价是环境影响评价在战略层次上的评价,包括法律、政策、计划、规划上的应用,是对一项具体战略及其替代方案的环境影响进行的正式的、系统的、综合的评价过程,并将评价结论应用于决策中。战略环境评价目标是消除或降低战略失误造成的环境负效应,从源头预防环境问题的产生。

风险环境评价在狭义上是对有毒化学物质危害人体健康的可能程度进行概率估计,提出减少环境风险的对策;在广义上是对任何人类活动引发的各种环境风险进行评估、提出对策。

社会经济环境评价是对社会经济效益显著、环境损害严重的大型项目,通过环境经济分析评估项目的社会经济效益是否能够补偿或在多大程度上补偿项目环境损失,即对项目整体效益进行综合评价,为项目决策提供更充分的依据。累积环境评价是对一种人类活动的影响与过去、现在和将来可预见的人类活动影响叠加,因累积效应对环境所造成的综合影响进行评估。累积环境评价通常用来解决复杂而困难的累积性生态效应问题,如累积性生态灾难效应、累积性生物种群效应、累积性气候变化效应等。

2. 环境评价的技术方法

（1）工程分析方法。

工程分析是通过深入研究工艺流程各环节，掌握各种污染物的发生源强、综合回收利用率、削减治理效果，核算各种污染物在正常条件和事故条件下的排放总量和排放强度。当建设项目的规划、可行性研究和设计等技术文件不能满足评价要求时，应根据具体情况选用适当的方法进行工程分析。常用的工程分析方法有类比分析法、物料平衡计算法、查阅参考资料分析法等。

①类比分析法：具有时间长，工作量大，所得结果较准确的特点。适合评价时间充足，评价工作等级较高，又有可资参考的相同或相似的现有工程。如果同类工程已有某种污染物的排放系数时，可以直接利用此系数计算建设项目该种污染物的排放量，不必再进行实地测量。

②物料平衡计算法：以理论计算为基础，比较简单。但计算中设备运行均按理想状态考虑，所以计算结果会有误差，该方法在应用时具有一定的局限性。

③查阅参考资料分析法：最为简便，但所得数据准确性差。当评价时间短，且评价工作等级较低时或在无法采用以上两种方法的情况下，可采用此方法。此方法还可以作为以上两种方法的补充。

（2）环境现状调查方法。

环境现状调查方法是实际调查与评价内容相关的自然及社会经济状况。如地理区位、地形与地貌、地质与地震、气候与气象、水文、土壤、植被、野生动植物、文物与景观、人口、各环境要素质量、经济、社会、能源、交通等。

①地理位置：建设项目所处的经、纬度，行政区位置和交通位置（位于或接近的主要交通线）。

②地质状况：一般情况，只需根据现有资料，概要说明当地的地质状况，即当地地层概况，地壳构造的基本形式（岩层、断层及断裂等）以及与其相应的地貌表现，物理与化学风化情况，当地已探明或已开采的矿产资源情况。若建设项目规模较小且与地质条件无关时，地质现状可不叙述。评价矿山以及其他与地质条件密切相关的建设项目的环境影响时，对与建设项目有直接关系的地质构造，如断层、断裂、坍塌、地面沉陷等，要进行较为详细的叙述。若没有现成的地质资料，应做一定的现场调查。

③地形地貌：建设项目所在地区海拔高度、地形特征（即高低起伏状况），周围的地貌类型（山地、平原、沟谷、丘陵、海岸等）以及岩溶地貌、冰川地貌、风成地貌等地貌的情况。崩塌、滑坡、泥石流、冻土等有危害的地貌现象，若不直接或间接威胁到建设项目时，可概要说明其发展情况。当地形地貌与建设项目密切相关时，除应比较详细地叙述上述全部或部分内容外，还应附建设项目周围地区的地形图，应特别详细说明可能直接对建设项目有危害或将被项目建设诱发的地貌现象的现状及发展趋势，必要时还应进行一定的现场调查。

④气候与气象：建设项目所在地区的主要气候特征，年平均风速和主导风向，年平均气温，极端气温与月平均气温（最冷月和最热月），年平均相对湿度，平均降水量、降水天数，降水量极值，日照，主要的天气特征（如梅雨、寒潮、雹和台、飓风）等。

⑤水环境状况：地面水资源的分布及利用情况，地面水各部分(河、湖、库)之间及其与海湾、地下水的联系，地面水的水文特征及水质现状，以及地面水的污染来源等。如果建设项目建在海边又无须进行海湾的单项影响评价时，应根据现有资料选择下述部分或全部内容概要说明海湾环境状况，即海洋资源及利用情况，海湾的地理概况，海湾与当地地面水及地下水之间的联系，海湾的水文特征及水质现状、污染来源等。如需进行建设项目的地面水(包括海湾)环境影响评价，除应详细叙述上面的部分或全部内容外，还需增加其他相应内容；本地区地下水的开采利用情况，地下水埋深，地下水与地面的联系以及水质状况与污染来源。若需进行地下水环境影响评价，除要比较详细地叙述上述内容外，还应根据需要，选择以下内容进一步调查：水质的物理、化学特性，污染源情况，水的储量与运动状态，水质的演变与趋势，水源地及其保护区划分，水文地质方面的蓄水层特性，承压水状况等。

⑥大气环境质量：建设项目周围地区大气环境中主要污染物质及其来源，大气环境质量现状。

⑦土壤环境状况：建设项目周围地区的主要土壤类型及其分布，土壤的肥力与使用情况，土壤污染的主要来源及其质量现状，建设项目周围地区的水土流失现状及原因等。当需要进行土壤环境影响评价时，除要比较详细地叙述上述全部或部分内容外，还应根据需要选择以下内容进一步调查：土壤的物理、化学性质，土壤结构，土壤一次污染、二次污染状况，水土流失的原因、特点、面积、元素及流失量等。

⑧生态环境状况：建设项目周围地区的植被情况(覆盖度、生长情况)，有无国家重点保护的或稀有的、受危害的或作为资源的野生动、植物，当地的主要生态系统类型(森林、草原、沼泽、荒漠等)及现状。若需要进行生态影响评价，除应详细地叙述上面全部或部分内容外，还应根据需要选择以下内容进一步调查：本地区主要的动、植物清单，生态系统的生产力，物质循环状况，生态系统与周围环境的关系以及影响生态系统的主要污染来源。

⑨社会经济状况、人口：包括居民区的分布情况及分布特点，人口数量和人口密度等；工业与能源；包括建设项目周围地区现有厂矿企业的分布状况，工业结构，工业产值及能源的供给与消耗方式等。

⑩农业与土地利用：包括可耕地面积，粮食作物与经济作物构成及产量，农业总产值以及土地利用现状。

⑪交通运输：包括建设项目所在地区公路、铁路或水路方面的交通运输概况，以及与建设项目之间的关系。

⑫文物与"珍贵"景观：文物指遗存在社会上或埋藏在地下的历史文化遗物。一般包括具有纪念意义和历史价值的建筑物、遗址、纪念物或具有历史、艺术、科学价值的古文化遗址、古墓葬、古建筑、石窟寺、石刻等。珍贵景观一般指具有珍贵价值必须保护的特定的地理区域或现象，如自然保护区、风景游览区、疗养区、温泉以及重要的政治文化设施等。如不进行这方面的影响评价，则只需根据现有资料，概要说明下述部分或全部内容：建设项目周围具有哪些重要文物与"珍贵"景观；文物或"珍贵"景观对建设项目的相对位置和距离，其基本情况以及国家或当地政府的保护政策和规定。如建设项目需进行文物或"珍贵"景观的影响评价，则除应较详细地叙述上述内容外，还应根据现有资料结合必要的现场调查，进一步叙述文物或"珍贵"景观对人类活动敏感部分的主要内容。这些内容有：它们易受哪些物

理的、化学的或生物学的影响,目前有无已损害的迹象及其原因,主要的污染或其他影响的来源,景观外貌特点,自然保护区或风景游览区中珍贵的动、植物种类,以及文物或"珍贵"景观的价值(包括经济的、政治的、美学的、历史的、艺术的和科学的价值等)。

⑬人群健康状况:当建设项目规模较大,且拟排污染物毒性较大时,应进行一定的人群健康调查。调查时,应根据环境中现有污染物及建设项目将排放的污染物的特性选定指标。

常用的环境现状调查方法有资料收集法、现场调查法、遥感(航拍、卫星图片)法等。

①收集资料法:收集资料法应用范围广、收效大,比较节省人力、物力和时间。环境现状调查时,应首先通过此方法获得现有的各种相关资料。但此方法只能获得第二手资料,而且往往不全面,不能完全符合要求,需要其他方法补充。

②现场调查法:现场调查法可以针对使用者的需要,直接获得第一手的数据和资料,以弥补收集资料法的不足。这种方法工作量大,需占用较多的人力、物力和时间,有时还可能受季节、仪器设备条件的限制。

③遥感(航拍、卫星图片)法:遥感的方法可从整体上了解一个区域的环境特点,可以弄清人类无法到达地区的地表环境情况,如一些大面积的森林、草原、荒漠、海洋等。此方法不十分准确,不宜用于微观环境状况的调查,一般只用于辅助性调查。在环境现状调查中,使用此方法时,绝大多数情况使用直接飞行拍摄的办法,只判读和分析已有的航空或卫星相片。

(3)环境影响预测法。

预测环境影响时应尽量选用通用、成熟、简便并能满足准确度要求的方法。常用的环境影响预测方法有数学模式法、物理模型法、类比调查法、专业判断法等。

数学模式法能给出定量的预测结果,但需一定的计算条件和输入必要的参数、数据。一般情况此方法比较简便,应首先考虑。选用数学模式时要注意模式的应用条件,如实际情况不能很好地满足模式的应用条件而又拟采用时,要对模式进行修正并验证。

物理模型法定量化程度较高,再现性好,能反映比较复杂的环境特征,但需要有合适的试验条件和必要的基础数据,且制作复杂的环境模型需要较多的人力、物力和时间。在无法利用数学模式法预测而又要求预测结果定量精度较高时,应选用此方法。

类比调查法的预测结果属于半定量性质。如由于评价工作时间较短等原因,无法取得足够的参数、数据,不能采用前述两种方法进行预测时,可选用此方法。

专业判断法专业判断法则是定性地反映建设项目的环境影响。建设项目的某些环境影响很难定量估测(如对文物与"珍贵"景观的环境影响),或由于评价时间过短等原因无法采用上述三种方法时,可选用此方法。

(4)环境影响评估方法。

常用的环境影响评估方法有单因子环境质量指数法、多因子环境质量分指数法、多要素环境质量综合指数法、环境质量指数分级法、列表清单法、生态图法、矩阵法、专家评分法、层次分析法、主成分分析法、模糊评判法等。

3. 环境评价管理

我国法律规定的环境影响评价制度规定,在一定区域内进行开发建设活动,事先对拟建项目可能对周围环境造成的影响进行调查、预测和评定,并提出预防对策和措施,为项目决策提供科学依据。环境影响评价具有预测性、综合性、客观性、法定性等特点。

1998 年 11 月 29 日,国务院发布了《建设项目环境保护管理条例》,并于 2017 年 10 月 1 日进行修改。该条例规定:依法应当编制环境影响报告书、环境影响报告表的建设项目,建设单位应当在开工建设前将环境影响报告书、环境影响报告表报有审批权的环境保护行政主管部门审批;建设项目的环境影响评价文件未依法经审批部门审查或者审查后未予批准的,建设单位不得开工建设。

我国目前根据建设项目的性质及对环境的影响将建设项目行业类别划分为 18 种。

轻工、纺织、化纤——指各种化学纤维、棉、毛、丝、绢等制造以及服装、鞋帽、皮革、毛皮、羽绒及其制品的生产、加工项目;食品、饮料、酒类、烟草、纸及纸制品、印刷业、人造板、家具的制造及加工。

化工、石化及医药——指基本化学原料、化肥、农药、有机化学品、合成材料、感光材料、日用化学品及专用化学品的生产加工与制造项目;人造原油、原油、石油制品、焦炭(含煤气)的加工制造项目;各种化学药品原药、化学药品制剂、中药材及中成药、动物药品、生物制品的制造及加工项目以及金属制品表面处理等项目。

机械、电子——指普通机械、金属加工机械、通用设备、轴承和阀门、通用零部件、铸锻件、机电、石化、轻纺等专用设备、农林牧渔水利机械、医疗机械、交通运输设备、航空航天器、武器弹药、电气机械及器材、电子及通信设备、仪器、仪表及文化办公用机械、家用电器及金属制品的制造、加工及修理项目;电子加工项目。

建筑材料——指水泥、玻璃、陶瓷、石灰、砖瓦、石棉等各种工业及民用建筑材料制造与加工项目。

金属冶炼及压延加工——指黑色金属、有色金属、贵金属、稀有金属的冶炼及压延加工项目。

火电——指各种火电、输变电工程、蒸汽、热水生产等项目。

农、林、牧、渔业——指农、林、牧、渔业的资源开发、养殖及其服务项目。

水利、水电——指水库、灌溉、引水、堤坝、水电、潮汐发电等建设项目。

采掘——指煤炭、石油及天然气、金属和非金属矿、盐矿等采选工程项目。

机场及相关工程——指各种民用、军用机场及其相关工程的建设项目。

交通运输——指铁路、公路、地铁、城市交通、桥梁、隧道、港口、码头、航道、水下管线、水下通道、光纤光缆、管线、管道、仓储建设及相关工程项目。

海洋及海岸工程——指围海造地、海底管道、缆线铺设、防波堤坝、资源开采等涉海工程项目。

建筑、市政公用工程——指房地产、停车场、污水处理厂、城市固体废物处理(处置)、园林、绿化等城市建设项目及综合整治项目。

社会服务——指各种卫生、体育、文化、教育、旅游、娱乐、商业、餐饮、社会福利、科学研究等建设项目。

区域开发——指各种流域开发、开发区建设、城市新区建设和旧区改建的区域性开发项目。

核反应堆及应用技术——指核反应堆(含核电站)建设、退役工程、大型粒子加速器工程及放射性同位素、核技术应用项目。

铀矿业及核燃料生产——指(铀、镭、钍)矿业工程及退役工程、放射性物质运输工程、放射性废物处置工程、核燃料后处理工程、放射性物质运输项目、铀同位素浓缩、核燃料生产工程。

电磁辐射——指移动通信、无线电寻呼等电讯和电信、电力传输中的电磁辐射及邮电、广播、电影、电视节目等。

对建设项目的环境保护实行分类管理。

(1)建设项目对环境可能造成重大影响的,应当编制环境影响报告书,对建设项目可能产生的污染和对环境的影响进行全面、详细的评价。

(2)建设项目对环境可能造成轻度影响的,应当编制环境影响报告表,对建设项目产生的污染和对环境的影响进行分析或者专项评价。

(3)建设项目对环境影响较小,不需进行环境影响评价的,应填写环境影响登记表。

(4)建设项目环境影响评价分类管理名录,由国务院环境保护行政主管部门在组织专家进行论证和征求有关部门、行业协会、企事业单位、公众等意见的基础上制定并公布。

第5章　水环境管理与水质工程

5.1　水环境与水环境管理

5.1.1　水资源与水环境

水是生命之源,是人类和其他一切生物赖以生存的物质基础,是人类社会的宝贵财富。地球上的水主要分布于江、河、湖、海洋、地下、大气及冰川中。据统计,地球上总水量约为 1.4×10^{18} m³,其中海水约占 97.3%,淡水仅占 2.7%。这些淡水大部分存在于南极和北极的冰川、冰盖及深层地下水中,只有约 0.65% 的水可以被人类直接利用。

人类早期对水资源的开发利用,主要是在农业、航运、水产养殖等方面,而用于工业和城市生活的水量很少。直到 21 世纪初,工业和城市生活用水仍只占总用水量的 12% 左右。随着世界人口数量的高速增长以及工农业生产的快速发展,世界用水量逐年增长,水资源的需求量越来越大,但可供人类使用的水资源量却没有增加,甚至因人为的污染等因素而使其质量变差,可利用数量减少。

我国水资源总储量约 2.81 万亿 m³,居世界第六位。然而,由于我国人口众多,人均水资源量占有量不足 2 400 m³,仅为世界人均占水量的 1/4,相当于美国人均水资源占有量的 1/5,俄罗斯的 1/7,加拿大的 1/48,世界排名 110 位,被列为全球 13 个人均水资源贫乏国家之一。据统计,我国目前缺水总量估计为 400 亿 m³,每年受旱面积 200 万~260 万 km²,导致粮食减产 150 亿~200 亿 kg,工业产值减少 2 000 多亿元,全国还有 7 000 万人饮水困难。在我国近 500 个大中小型城市中,缺水城市达 300 多个。此外,受气候和地形的影响,我国河流分布很不均匀,绝大部分河流分布在我国东部湿润、多雨的季风区,而西北内陆气候干燥、少雨,河流很少。长江流域及其以南地区人口数占中国人口总数的 54%,但是水资源却占了水资源总量的 81%。北方人口占总人口的 46%,水资源却只有 19%。自然环境以及高强度的人类活动的影响,更加重了我国北方水资源短缺和南北水资源的不平衡有进一步加剧的趋势。

水环境通常指江、河、湖、海、地下水等自然水体,以及水库、运河、渠系等人工水体,其作为储存、传输和提供水资源的水体,是水生生物生存与繁衍的空间和各种污染物排放的载体。广义的水环境除了包括天然水体和人工水体外,还包括与其相关的影响因素,是一个自然−社会−经济的复合生态系统。这些影响因素既有自然方面的,也有社会和经济方面的。广义的水环境不仅强调人类对水环境的需求,而且还突出了水环境的生态重要性和易遭受污染的脆弱性。这就要求人类在对水环境的利用过程中,要注重水环境的保护,不仅要考虑人类自身的需要,而且还要考虑生态系统的需要。水环境包括地表水环境和地下水环境,其具有动态性、系统性、地域性和公共性等特点。动态性是指水具有流动性,水环境的质量状况不是一成不变的,它会随着各种自然现象和人为的外界影响而不断变化。系统性是指水环境是由多重要素构成的,同其他环境要素如土壤环境、生物环境、大气环境等构成了一个有机的统一综合体,这些要素彼此联系、相互制约、相互依存,每一个要素的变化都会引起相关要素的变化,进而导致整个水环境系统的改变。地域性是指水资源分布范围广泛,不同地域的水环境自然条件、水质状况等要素不同,因此要根据不同地区的水环境特点加以保护、治理和利用。公共性指的是水环境在消费上具有非竞争性和非排他性,必须由政府面向所有人提供,并不是只向具体的人或利益集团提供。

随着世界人口的增长和经济的发展,水环境问题日益突出,水资源短缺和水污染严重已成为制约社会经济发展的重要因素。联合国环境署的资料显示:世界上有 300 多条河流或湖泊被两个或多个国家共有,世界各国版图在河流流域方面相互交叉重叠,因此对水资源的争夺很可能成为未来地区间冲突的导火线。我国水资源形势也非常严峻。

2016 年环境保护部发布的《中国环境状况公报》显示:全国地表水污染依然较重。全国地表水 1 940 个评价、考核、排名断面(点位)中,Ⅰ类、Ⅱ类、Ⅲ类、Ⅳ类、Ⅴ类和劣Ⅴ类分别占 2.4%、37.5%、27.9%、16.8%、6.9% 和 8.6%。6 124 个地下水水质监测点中,水质为优良级、良好级、较好级、较差级和极差级的监测点分别占 10.1%、25.4%、4.4%、45.4% 和 14.7%。地级及以上城市 897 个在用集中式生活饮用水水源监测断面(点位)中,有 811 个全年均达标,占 90.4%。春季和夏季,符合第一类海水水质标准的海域面积均占中国管辖海域面积的 95%。近岸海域 417 个点位中,Ⅰ类、Ⅱ类、Ⅲ类、Ⅳ类和劣Ⅳ类分别占 32.4%、41.0%、10.3%、3.1% 和 13.2%。

2016 年,1 940 个国考断面中,Ⅰ类 47 个,占 2.4%;Ⅱ类 728 个,占 37.5%;Ⅲ类 541 个,占 27.9%;Ⅳ类 325 个,占 16.8%;Ⅴ类 133 个,占 6.9%;劣Ⅴ类 166 个,占 8.6%。与 2015 年相比,Ⅰ类水质断面比例上升 0.4 个百分点,Ⅱ类上升 4.1 个百分点,Ⅲ类下降 2.7 个百分点,Ⅳ类下降 1.7 个百分点,Ⅴ类上升 1.1 个百分点,劣Ⅴ类下降 1.1 个百分点。

2016 年,长江、黄河、珠江、松花江、淮河、海河、辽河等七大流域和浙闽片河流、西北诸河、西南诸河的 1 617 个国考断面中,Ⅰ类 34 个,占 2.1%;Ⅱ类 676 个,占 41.8%;Ⅲ类 441 个,占 27.3%;Ⅳ类 217 个,占 13.4%;Ⅴ类 102 个,占 6.3%;劣Ⅴ类 147 个,占 9.1%。与 2015 年相比,Ⅰ类水质断面比例上升 0.2 个百分点,Ⅱ类上升 5.5 个百分点,Ⅲ类下降 3.5 个百分点,Ⅳ类下降 1.9 个百分点,Ⅴ类上升 0.5 个百分点,劣Ⅴ类下降 0.8 个百分点。主要污染指标为化学需氧量、总磷和五日生化需氧量,断面超标率分别为 17.6%、15.1% 和 14.2%。

当前,中国已经从基本水情出发,实行最严格的水资源管理制度,提出要围绕水资源的配置、节约和保护,明确水资源开发利用红线,严格实行用水总量控制;明确水功能区限制纳污红线,严格控制入河排污总量;明确用水效率控制红线,坚决遏制水资源浪费。相关部门进一步加大了取水许可和水资源论证、节水型社会建设、水功能区监督管理等各项工作力度,制定了《关于实施最严格水资源管理制度的意见》。

5.1.2　水环境管理基础

水环境管理是环境管理的重要组成部分,也是社会经济管理的一个重要方面。简单地说,水环境管理主要是指水质的管理。然而,从广义上来说,水环境管理的内涵十分丰富,既包括对流域水循环的总体宏观调控,又包括具体的微观管理;既包括主管部门代表国家对水资源实施统一管理,又包括其他部门和社会公众共同参与的水资源的开发、利用、节约和保护。水环境管理不仅以水资源、土地资源、林业资源的管理和影响水环境质量的城市、农村经济活动为对象,还要对从事开发、利用、保护活动的人进行教育、监督指导和协调,以建立节水防污型社会,实现经济、社会、环境三者的协调。此外,为了实现水环境质量与公众健康双保障,水环境管理还要针对具体水域,按环境功能区进行分类管理,对污染源分级控制,通过建立水环境管理模型来实现环境管理。因此,水环境管理处在高于单项资源管理的决策层次。当前,水资源短缺日益严重、水危机不断出现,引起世界各国对水环境管理的高度重视。在水环境管理理论和实践探索中,以公平的方式、在不损害重要生态系统可持续性的条件下,促进水、土及相关资源的协调开发和管理,以使经济和社会财富最大化的水环境统一管理模式得到国际社会的广泛认同。

水环境管理与水管理的关系:水管理主要针对用水和排水的管理,具体分为三个层次:一是水资源管理,由国家及政府部门、流域机构制定法律法规,对水资源进行管理、配置、保护和调整;二是供水系统的管理,由特定的部门或机构对水利设施进行管理运用,向用水部门供水;三是用水部门的管理,由用水部门对获得的水进行有效的管理使用,规范用水部门污水的排放。而水环境管理主要指对水质进行管理。因此,水管理与水环境管理既有相似点,又有区别,两者相互联系。水管理是水环境管理的基础和前提,水环境管理是水管理的最终目的和归趋。

水环境管理的基础是水环境质量评价和水质规划,它的主要内容是控制水质污染。水环境质量是指水体受到自然因素或人类活动干扰的程度。目前,我国将地表水环境质量主要分为五类:(1)Ⅰ类指未受任何污染的源头水。(2)Ⅱ类指重要的集中式生活饮用水源、一级保护区及珍贵的鱼类保护区、鱼虾产卵场。(3)Ⅲ类指集中式生活饮用水源二级保护区及一般鱼类保护区、游泳区。(4)Ⅳ类指一般工业用水区及人体非直接接触的娱乐用水区。(5)Ⅴ类指一般农业用水区及一般景观要求的水域。水环境质量评价就是对水体质量进行定性或定量的描述,以准确地反映目前的水体污染状况,阐明水体质量变化发展的规律,确定所评价水体的主要污染来源,为水污染治理、水功能区划、水环境规划以及水环境管理提供依据。因此,它是水环境管理的一项重要基础工作。水环境质量评价按照时间可分为回顾评价、现状评价和预测评价。

水环境管理应以广泛参与、对话、共识为基础和前提,在有关水环境立法、国际合作、论坛所构建的平台上,以体制为保障,以经济为手段的框架下进行。根据水环境管理的框架,政府管理部门在水环境管理中的作用是推进和仲裁,是水环境的管制者和控制者,肩负政策制定、规划、水配置、监测、执行以及调解争端,改善公共部门的运行和对弱势群体提供需水等多种职责。然而,水环境管理还与各个国家的社会、经济发展水平有关。目前,我国水环境管理仍主要以污染物排放浓度控制管理为主,以污染源治理技术、经济约束条件为基点,执行污染物排放浓度控制标准,辅以超标排污收费制度,限制污染物排放,特别是严格限制某些有毒有害污染物的排放。但是,单一的浓度控制难以有效控制污染,因此积极推行全面环境规划管理和总量控制管理十分必要。

　　水环境功能的多样性和重要性,使水环境管理具有复杂性的特点。从功能上说,水环境管理的主要内容可分为开源、节流、控制和保护四种。开源功能主要指与水资源开发直接相关的一系列政策、法规、制度或规则的制定和实施;节流功能指通过行政、法律、经济等手段,减少水资源的浪费,控制水资源的过度需求,提高其利用效率;控制功能则覆盖了从水源开发区到终端用户的全过程,通过各种手段控制水资源的利用方式,合理优化水资源在各个用水部门的配置,监测和控制水量、水质,管理取水许可等;保护功能则指在质量上保障满足各种用水户的需求和水环境的可持续利用。总体来说,水环境管理的目标就是在最小经济代价、最大经济和环境效益的条件下对一定时期、一定区域内的水环境保护目标实行有效管理和合理控制。

　　水环境管理需以水环境容量和承载力为依据。水环境容量是指某水体在特定的环境目标下所能容纳污染物的量。理论上,水环境容量是环境的自然规律参数和社会效益参数的多变量函数,它反映了污染物在水体中的迁移、转化规律,以及特定功能条件下水环境对污染物的承受能力。水环境容量的大小与水体特性、水质目标和污染物特性有关。水环境承载力是指特定区域、特定时间与状态下水环境对经济发展和生活需求的支持能力,或者说是水环境系统功能可持续正常发挥的前提下接纳污染物的能力和可承受的水环境系统自我调节能力。水环境承载力因经济发展的速度和规模不同而异。水环境承载力的提出为保护现实的或拟定的水环境结构不发生明显的不利于人类生存的方向性改变、保证水环境系统功能的可持续正常发挥提供理论体系和评价方法,根据水环境可持续承载理论对区域性的人类社会活动进行规范,对人类经济发展行为在规模、强度或速度上提出限制。水环境承载力本质上体现了人类活动所应遵循的客观存在的自然规律,同时也反映了随经济社会的发展人类水环境资源观和价值观的变化。因此,水环境承载力具有时代性、多目标性、分区性、关联性和动态调整性等特点。水环境承载力作为水环境管理中的重要理论,在水环境管理领域具有重要的地位,是水环境管理体系中环境决策的重要依据。

　　水环境管理应以可持续发展理论为基础。可持续发展理论的提出始于 20 世纪 60 年代末,之后引起了国际社会的广泛关注。1972 年,联合国在斯德哥尔摩召开了人类环境会议,并通过了《人类环境宣言》,明确提出要实施可持续发展战略。1987 年,联合国世界环境与发展委员会(WCED)发表的《我们共同的未来》中第一次对可持续发展做出了明确的定义,即可持续发展为"既能满足当代人的需求又不对后代人满足需求的能力构成危害的发展"或"在不危及后代人需求的前提下,寻求满足当代人需求的发展途径"。它包括两个关键性概念:一是人类需求,特别是世界上穷人的需求;二是环境限度,如果它被突破,必将影响自然界支持当代和后代人生存的能力。因此,水环境管理应从水的自然属性和商品属性规律出发,不断提高水资源利用效率,实现水资源的社会、经济、环境效益最大化和水资源的可持续利用。

　　在具体的水环境管理工作中,还应遵从以下两个基本原则:(1)全过程控制原则——水环境管理是人类针对水环境问题对自身行为进行的调解,内容应当包括所有对水环境产生影响的社会经济活动。全过程控制就是指对所有社会活动的全过程进行管理控制。全过程控制还意味着管理方法的总和,包括管理内容、管理对象、管理手段的综合集成。(2)双赢原则——双赢原则是指在制定处理利益冲突双方(也可指多方)关系的方案时,必须注意应使双方都得利,而不是牺牲一方的利益去保障另一方获利。双赢也是冲突协同理论的具体化。在处理环境与经济的冲突时,就必须去追求既能保护环境,又能促进经济发展的方案。双赢既是一种水环境管理的策略,也是水环境保护的最终目的。

5.1.3　水环境管理分类

水环境管理依据不同的方法有不同的分类。按照研究区域来分,可分为湖库水环境管理、河口水环境管理、流域水环境管理和区域水环境管理等。湖库主要指天然形成或人工挖掘的用来蓄水的低洼区域。湖库水环境管理主要指针对湖泊、水库等点源而进行的环境管理活动。目前,我国湖库水环境状况总体上仍不容乐观,主要体现在湖库富营养化加剧、湖库有机污染和湖库生态破坏严重,主要原因为当前全国湖库区域经济快速增长、水资源需求量增大,而湖库来水减少、交换缓慢、水环境纳污能力下降而排污量增加。湖库水环境管理的主要内容是湖库水质管理。目的是合理利用湖库水环境的承载力,保证湖库水环境资源的可持续利用。湖库水环境管理的指导思想是树立人与自然和谐共处的思想,把保护水环境、改善生态、支撑经济社会可持续发展贯穿到湖库水环境保护和生态建设中去。并且依靠科技进步,强化法制管理和科学管理,提出一系列严格执法的管理措施,以期健全管理体系,建立科学管理手段。

河口是河流的尾闾,在此区域河水流速迅速降低,水流面积迅速扩大。河口通常指入海的河口,它是海岸的组成部分,地处河流、海洋、陆地交汇的过渡地带,是资源、物种比较多样化的区域,同时也是近现代人类活动最频繁、最重要的区域之一,因此是一个重要的生态经济水域,对当地经济、环境、生态有重要的影响。河口环境条件较为复杂,影响因素较多,环境数据在时间尺度和空间尺度上动态变化性大。河口水环境管理的重要措施首先是运用先进的科技手段对复杂条件下的河口水环境进行监测和评价,其次是根据监测结果寻找出河口水环境污染源并加以控制。河口水环境管理的主要内容是水质管理。目的是促进当地经济、社会和环境的协调发展。

流域是一个自然水文单元,其边界是自然形成的。每条水系,从它最初的源头到入海河口,是一个完整的流域系统。由于流域的这种自然特性,其很少与行政区边界一致,导致流域水环境管理体系相对复杂。世界各地的流域水管理管理体系各有不同,如美国实行的“集成–分散式”管理,英国实行的“集成式”管理等各有异同。我国的流域水环境管理还处在一个由行政区域划分管理向流域综合管理发展的阶段,总体上还处在“分散式”管理阶段,从而导致流域范围内水环境管理在各部门、行政区、上下游之间存在较多的矛盾。改进流域水环境管理的重要措施是将流域管理与行政区域管理相结合,区划流域水环境功能,建立和健全流域环境补偿机制。与流域水环境管理不同,区域水环境管理是为保障一定区域内生活或生产活动对水资源的需求,以防止水环境恶化或改善水环境质量为目标,对水资源利用及其他可能对水环境质量产生影响的活动进行的一系列调整、控制和协调活动,其管理重点是污染源的控制与区域水环境的质量评价。

5.2　水环境管理信息系统

5.2.1　水环境管理的技术方法

水环境管理的技术方法主要指借助环境监测、环境统计、环境预测与评价等基础知识,以环境标准为准则,通过实证方法、模型方法、信息方法等方法对水环境质量进行评价,并提出相应的治理方案、控制方案、预防方案以及法规和标准等一整套的环境管理办法。环境监测、环境统计、环境预测与评价是水环境管理技术方法的基础和保证,是环境管理工作中的一个重要组成部分。

水环境监测的目的是获得可靠的水环境监测数据,并根据监测数据判断监测地区的水环境质量现状,掌握水体中污染物的迁移、转化规律,预测水环境质量的变化趋势,分析并确定该地区现有的和潜在的水环境问题。一般而言,水体环境监测有系统性、综合性、时序性三个特点。环境监测的系统性,指一个完整的环境监测工作由一系列不可缺少的环境构成,包括布点和采样、分析测试、数据整理和处理、监测质量保证等。环境监测的综合性,指监测过程中需要综合化学的、物理的、生物的监测手段。环境监测的时序性,指水体中的环境状态是随时间变化的,因此需要综合不同时段的监测数据才能提出合理化的措施。目前,对水体的环境监测主要分为常规监测和特殊目的监测两大类。常规监测包括环境要素监测和污染源监测,特殊目的监测包括研究性监测、污染事故监测和仲裁监测。为了提供准确可靠的环境数据,满足水环境管理的需要,环境监测的结果必须有可靠的质量保证,以达到监测数据的准确性、精确性、完整性、可比性和代表性。水环境监测质量保证的内容有三个方面,即采样的质量控制、样品运送和储存中的质量控制以及数据处理方面的质量控制。

水环境预测是根据已掌握的情报资料和监测数据,对未来的水环境发展趋势进行估计和推测,为制定防止水环境进一步恶化和改善水环境的对策提供依据。在实际中,水环境的预测主要是预测水体的水质和水量,但是因为影响水体的因素非常多,所以目前较为实用的是对水体水质的模拟。根据预测方法的特性分类,水环境预测方法可分为以下三种:(1)定性预测方法,指经验推断方法、启发式预测方法等。这类方法的共同点是依靠预测人员的经验和逻辑推理,而不是依靠历史数据进行数值计算。但它又不同于凭主观直觉做出预言的方法,而是充分利用新获取的信息,将集体的意见按照一定的程序集中起来形成的。(2)定量预测方法是依靠历史统计数据,在定性分析的基础土构造数学模型进行预测的方法。按照预测的数学表现形式可分为定值预测和区间预测。其代表方法有回归预测方法和马尔科夫链预测方法。后者是一种概率预测方法,通过对不同状态的初始概率及其状态之间的转移概率的研究,来确定状态的变化趋势,以达到对未来进行预测的目的。(3)综合预测方法是定性方法和定量方法的综合。

环境统计也是水环境管理技术方法中的一个重要基础和保证,也是环境保护事业中的一项十分重要的基础工作,它是用数字表现人类活动引起的环境变化及其对人类的影响的反映。在水环境管理中要做出正确的决策,编制合乎实际的规划和计划,搞好科学分析预测,进行有效的环境监督和检查,必须掌握准确、丰富、灵通的环境统计信息。环境统计资料是环境统计的结果,包括统计数字资料和统计分析报告。在环境统计资料的基础上,根据需要,运用恰当的统计分析方法和指标,将丰富的环境统计资料和具体的案例结合起来,揭示出这些数据资料中包含的环境变化和经济发展的内在联系和规律,这是环境统计分析的一项重要任务。

水环境管理的目标之一是调整人类社会的环境行为,这就首先需要了解和认识这些环境行为的规律,以及如何调整这些环境行为的规律。实验、调查问卷、案例研究、实地研究、无干扰文本分析等在内的实证研究方法是水环境管理技术的常用方法。而模型方法和信息方法是建立在实证研究方法之上的更高层次的研究方法。

水环境管理的模型方法是指利用数学模型对水环境系统的自然现象和人的行为进行模拟、预测、评价和规划的一种方法。水环境管理模型方法具体包括水环境模拟模型、水环境预测模型、水环境评价模型和水环境规划模型。

水环境模拟模型是利用定量化的质量和数学模型对环境社会系统中的人类社会行为及其引起的环境变化情况进行模拟和模仿,以便科学和准确地描述环境社会系统的运行状况和规律,为水环境管理提供技术依据。

水环境预测是依据调查或监测所得到的历史资料,运用现代科学方法和手段给出未来的环境状况和趋势,为制定改善环境的对策提供依据。水环境预测是水环境管理的重要依据和内容之一。目前常用的预测方法大体上可分为五大类,分别是统计分析方法、因果分析方法、类比分析方法、专家系统方法和物理模拟预测法。按水环境预测模型原理的不同,水环境预测模型主要有趋势外推预测模型、因果关系预测模型、灰色预测模型和专家系统预测模型四大类。

水环境评价模型是指通过一些定量化的指标来反映水环境的客观属性及其对人类社会需要的满足程度,并将这些定量化的指标利用数学手段构建起相应的数学模型,从而定量评价和反映水环境的优劣和满足人类社会需要的程度,并评价人类活动对水环境的影响。水环境评价模型主要包括单因子指数评价模型、多因子环境指数评价模型、综合指数评价模型。

水环境规划模型是指在水环境模拟、预测和评价模型的基础上,进一步选用一些反映人类社会未来活动和行为的强度、性质的定量化指标构建的数学模型。常用的规划模型包括数学规划模型、费用-效应分析模型。

环境信息是在环境管理的研究和工作中应用的经过收集、处理而以特定形式存在的环境知识。它们可以是数字、图像、声音,也可以是文字、影像以及其他表达形式。环境信息是环境系统受人类活动作用后的信息反馈,是人类认知环境状况的来源。因此,环境信息是环境管理工作的主要依据之一。水环境管理可以借助环境信息系统(Environment Information System, EIS)来实现。环境信息系统指以遥感、地理信息系统和全球定位系统技术为手段,进行环境空间信息的获取、分析、处理、存储与表达,并为环境保护工作提供环境空间信息支持和管理决策依据的计算机系统,包括网络设备和技术、各种模型库、数据库等软、硬件。在信息技术高速发展的今天,大量的技术手段被应用到 EIS 的建立中来,例如,3S 技术和专家系统。这些技术的应用,丰富了环境信息的获取、分析和表现的手段,提供给管理者、决策者易懂易用的信息,对水环境管理和决策起到了重要作用。环境信息系统可以分为环境管理信息系统和环境决策支持系统两大类。

5.2.2 水环境管理信息系统

随着经济的不断发展,传统的水环境管理方式不断受到挑战,已经不符合经济可持续发展的要求。建立先进的水环境管理系统已经成为水环境管理工作的趋势。运用现代信息技术管理环境的各类信息,能够有效地克服以往管理手段中的各种缺点,适应信息系统发展的新趋势。

管理信息系统是一个利用计算机软、硬件资源以及数据库的人-机系统。它能提供信息支持企业或组织的运行、管理和决策功能。1985 年,管理信息系统的创始人,明尼苏达大学管理学教授戴维斯给管理信息系统一个较完整的定义,即"管理信息系统是一个利用计算机软、硬件资源以及数据库的人-机系统。它能提供信息支持企业或组织的运行、管理和决策功能"。这个定义全面地说明了管理信息系统的目标、功能和组成,而且反映了管理信息系统在当时达到的水平。管理信息系统随着科技的不断发展,经历了统计系统、数据更新系统、状态报告系统和决策支持系统四个阶段。

环境管理信息系统(environmental management information systems),简称 EMIS,它是一个以系统论为指导,通过人机结合收集环境信息,通过模型对环境信息进行转换和加工,并据此进行环境评价、预测和控制、区域污染物总量监控、新污染源分配等方面的管理,最后再通过计算机和网络等技术实现环境管理的计算机模拟系统。EMIS 是由早期的环境统计学发展演变而来的,其基本功能有:环境信息的收集和录用、环境信息的存储、环境信息的加工处理、以报表、图表、图形等形式输出信息,为政府决策者、企事业单位和公众提供数据参考。

水环境管理信息系统是利用 EMIS 的功能,通过现代计算机技术和通信技术,在水环境监测和调查的基础上,对水环境信息进行采集、传递、存储、加工、维护和利用,并通过对水环境信息进行分析、处理和综合,为水环境管理和决策提供各方面的支持,实现对水体进行动态管理。当前,水环境管理信息管理系统在提高水环境管理效率方面发挥着越来越重要的作用。水环境管理信息系统的建立可把现有的水系、水文以及多年的水质资料储存在软件中,根据需要清晰、直观、快速地查询和预测水质情况,提供水环境图文资料,从根本上改变以往水环境管理的局限性,提高水环境的管理水平,实现水环境管理方式的变革和现代化。

水环境管理信息系统具有综合性强、涉及面广、数据量大的特点。随着社会经济发展与环境状况的不断变化,对水环境管理信息系统的要求也越来越高,采用恰当的方法进行开发就成为一个重要问题。目前常用的系统开发方法有:结构化系统开发方法和快速原型开发方法等。

结构化系统开发方法的基本思想是将整个系统的开发过程,从初始到结束划分为若干阶段,预先规定好一个阶段的任务,再按一定准则按部就班地完成这些任务。用该方法开发一个系统,将整个开发过程分为系统规划、系统分析、系统设计、系统实施和系统运行五个首尾相连接的阶段。该方法的突出优点是强调系统开发过程的整体性和全局性,避免了开发过程的混乱状态,缺点是这种方法的开发周期较长。总体上来说,结构化系统开发方法是一类有效的、技术成熟的方法,已积累了许多经验,是一种目前广泛被采用的系统开发方法。快速原型法的最基本假设是系统的初步分析是不完善的,需要进一步修正,不存在一次完成系统设计的可能。它还假设用户必须主动地参与并指导系统的设计,参与原型系统的开发全过程。快速原型法实际是一种快速、廉价并不断扩充和完善系统的过程。在实际开发中,上述各种活动往往交融在一起,或合二为一,或交叉进行。

5.2.3　水环境管理决策支持系统

决策支持系统为决策者提供决策所需的数据、信息和背景材料,帮助明确决策目标和进行问题识别,并对各种方案进行分析、比较和判断,提高决策的科学性,从而改变过去凭个人经验、知识等自身素质来做决策的情况,避免主观、片面等因素引起的重大决策失误。

决策支持系统最早是由美国麻省理工学院 Scott Mortton 教授于 1971 年在"管理与决策系统"一文中首先提出的概念,它是在管理信息系统和管理科学、运筹学的基础上发展起来的。决策支持系统是将大量的数据与多个模型组合起来,通过人机交互达到决策支持的作用。目前,许多学者通过对 DSS 理论研究和实践,将 DSS 定义为:以管理科学、数学方法、控制论、信息论为理论基础,以计算机技术、人工智能和通信技术为手段,辅助中、高层决策者解决半结构化或非结构化决策问题的,且具有一定智能行为的交互式计算机系统。决策支持系统的结构一般是:三库系统加人机对话界面。其中,三库系统为数据库系统、模型库系统和方法库系统。数据库系统又包括数据库和数据库管理系统。模型库系统是决策支持系统的重要部件,通过模型或者模型的组合来辅助决策是决策支持系统的中心思想。模型库的模型主要是数学模型及数据处理模型,如图像、图像模型、报表模型等。方法库系统指以库的形式对方法进行组织和管理,方法库用以存储各种不易量化处理的非结构化知识和信息。人机对话(交互)系统是决策支持系统和决策者交互的窗口,是实现人机充分交互的基础。

环境决策支持系统(environmental decision support systems),简称 EDSS,是将决策支持系统引入环境规划、管理和决策的产物,是对环境管理问题进行描述、组织进而协助人们完成管理决策的支持技术。环境决策支持系统是环境信息系统的高级形式,是指在环境管理信息系统的基础上,使决策者通过人-机对话,直接应用计算机处理环境管理工作中的决策问题。它为环境决策者和参与者提供了一个现代化的决策辅助工具,提高环境决策的效率和科学性。

水环境决策支持系统是 EDSS 的一个重要组成部分。水环境管理决策支持系统是建立在地理信息、资源管理、环境监测、污染物扩散规律、环境容量等技术基础之上的动态管理系统。它利用信息系统进行数据、图像和空间分析;通过建立区域水量、水质数学模型,根据污染源的空间、时间分布及排放规律,模拟或预测河流、湖泊、水库等水环境质量现状和发展趋势,计算区域最大允许纳污量;利用优化规划模型,进行污染负荷分配或排放总量削减分配,制定污染控制的最优规划方案。建立水环境管理决策支持系统可为水环境规划和决策提供依据,促进流域水环境信息化建设,提高区域水环境管理水平和监督效率,同时有利于同现代化的水环境数据采集、传输方式相结合,可为环境管理者提供有力的辅助工具。

随着相关技术的不断成熟,决策支持系统已经成为水环境综合管理中必不可少的组成部分,水环境管理决策支持系统也一直是环境管理决策领域的研究热点。早在 1977 年,美国普渡大学就研制了河流净化决策支持系统 GPLAN,这是最早的水质管理决策支持系统之一。目前我国水环境管理领域已有的计算机软件系统多数仍是以污染源和水质监测管理为主的环境信息系统和水质模型管理系统,随着决策者对决策支持的需求越来越大和相关技术研究的不断成熟,决策支持系统将成为水环境管理中必不可少的重要组成部分。基于网络、仿真和地理信息系统的决策支持系统以及在线分析决策支持系统将是今后开发和应用的主流,同时也是水环境管理决策支持系统的重要发展方向。

5.2.4　GIS 在水环境管理中的应用

GIS 是地理信息系统(geographic information system)的缩写,是集地理学、计算机科学、测绘学、信息科学、制图学、电子工程和空间科学等各学科于一体,并针对各类应用对象而形成的一门新兴的交叉学科。GIS 最早是加拿大测量学家 R. F. Tomlinson 于 1963 年为解决地理问题提出的,随着计算机网络技术的发展,GIS 已经发展成为 WebGIS,即万维网地理信息系统,极大地提高了地理信息的传输时效。GIS 以地理空间数据库为基础,在计算机软件和硬件支持下,把各种地理信息按照空间分布及属性以一定的格式输入、存贮、检索、更新、显示、制图和综合分析应用而形成的技术系统。GIS 通过采用空间模型分析方法,可以实时提供相关信息用于综合研究、资源开发、区域发展规划、环境保护、灾害防治、环境评价和决策管理等方面。它的基本功能是数据的采集、管理、处理、分析和输出。地理学和测绘学是 GIS 的核心基础,其支撑是计算机系统,操作对象是地理实体数据。一个完整的 GIS 主要包括系统硬件、系统软件、空间数据、应用人员和应用模型五个部分。GIS 的应用从基础信息管理与规划转向更复杂的实际应用,成为辅助决策的工具,并促进了地理信息产业的形成。

目前 GIS 在环境上的应用已经触及环境研究领域的各个方面,形成了专门以环境为研究对象、在计算机软、硬件的支持下的环境地理信息系统(EGIS),其在水环境管理中的应用尤为突出。由于水环境系统中涉及的环境信息和环境过程大都具有空间性、非线性、随机性以及随时间变化的特性,水环境管理体系中的许多环境数学模型,如二维和三维水质模型、污染扩散模型、污染物在地下水中运移模型等都有明显的空间特性,这些环境模型在空间模拟计算,尤其是结果的可视化方面仍显困难。而空间数据管理、空间模拟和空间分析正是 GIS 的优势。目前,国内外水环境信息管理系统大多数都是基于 GIS 开发的。在 GIS 平台上建立集成化的水环境信息管理系统,充分利用 GIS 对空间数据及属性数据的管理、分析功能,利用地理信息系统的空间分析特性,为环境信息和水环境模型提供一整套基于 GIS 逻辑原理的空间操作规范,用以反映具有空间分布特性的环境信息以及水环境模型研究对象的移动、扩散、动态变化及相互作用,使评价结果既能反映水环境质量的优劣,又能反映其空间变化规律,实现 GIS 与水环境模型、水环境信息数据库的集成,并以此结果来指导水环境的管理和水资源的开发利用。

GIS 在水环境管理中的应用如下。

(1)水环境决策支撑系统。

基于 GIS 的水环境管理的最终目的就是为管理者提供决策依据。将 GIS、遥感、专家系统与水环境模型结合可构成水环境决策支持系统。遥感为环境模型提供准确、快速的数据源,专家系统为环境模型提供丰富的知识库,GIS 保证数据的输入输出及分析处理。通过这个系统,可以使系统各部分有机结合,达到为管理者提供决策依据的目的。

（2）区域水环境管理。

区域水环境管理，即利用 GIS 开发水环境区域管理信息系统，将 GIS 与各种评价模型、规划模型、水质模型及其他社会经济模型等相结合，集成区域水环境管理信息系统、决策支持系统或专家系统，实现水环境数据存储查询、统计输出、水质评价、统计分析、水质预测等功能，可视化表达各种水环境信息，为区域水环境管理决策提供依据。

（3）水环境评价与规划。

水环境评价与规划是环境管理与决策过程中非常重要的一个支撑。GIS 具有叠加分析、缓冲区分析、三维分析等功能，可作为水环境评价与规划的有效工具。

（4）环保应急反应。

对于重大水环境事件，如有毒化学物质泄露、水质污染、洪水灾害等事件发生突然，危害性大，环保部门要具有应急能力，并能针对事件的特性做出迅速反应和决策，利用 GIS 技术准确显示出事件发生地点及其附近的地质图形。

随着计算机技术在大规模数据处理和数据实时成像技术方面取得的巨大成就，GIS 已在水环境管理领域得到广泛应用，成为水环境管理有效决策的支持工具。建立 GIS 水环境管理信息系统的意义如下。

（1）信息的综合利用。

GIS 这一工具的出现带来最具革命性的变化可能就是它使人们开始且可能，将一些以前从未想到或者从未有可能放在一起的数据放在了一起，并加以综合分析和利用。各种方便易得的电子地图和数据库又为其提供了充足的数据源，对更多信息的综合利用将是 GIS 技术发展的必然趋势。

（2）实现了数据信息集中管理和共享。

信息系统的首要任务是数据信息的组织和管理。通过智能化的数据信息输入功能，各水环境监测中心可以及时、准确地输入本中心的各类水体监测数据和各类监测信息。系统管理员在管理自己中心数据库的同时，可以根据拥有的权限访问其他水环境监测中心的数据库，通过系统提供入（出）库功能，实现对分布在不同地点、不同类型的数据库进行管理，为本地用户使用这些数据做准备。

（3）方便快捷的空间查询和属性查询。

在空间查询中，用户可以选择不同尺度的电子地图查询所需要的信息和数据。在选择一个、多个或某个区域站点后，输入查询年份、水体类别（地表水、地下水、大气降水等），还可以检索所选监测站点相应水体的监测数据。属性查询，又称为分级式组合查询，用户可以根据流域水系或行政区域范围来检索出所需时段和项目的监测数据。

（4）灵活的统计、评价方法。

用户对查询结果可按照各种监测单元（测站、断面、测线、测点）和时间（公元年、水文年、枯水期、丰水期、各季度、月度以及月度区间），一次性完成包括最大值、最小值、均值、中位值等出现时间的确定。自动按照指定的评价标准（国家、行业或自定义标准）对水质进行评价，排列和计算出超标项目、超标数、超标率、超标倍数，并自动生成水质评价结果图。由于统计、评价方法的统一，使监测数据的使用具有了良好的可比性。

（5）使水质管理更具直观性、科学性。

充分利用 GIS 的图形界面和各种报表、图表等技术手段,使水质管理工作更加科学、全面、直观和及时。系统可将监测数据、评价结果生成各种标准或自定义报表;生成统计图、电子水质类别评价图;而且这些图表、地图都可以打印、保存为可编辑的文件,以供报告编写时使用。

环境保护的日益重视对水环境的管理提出了更高的要求,能够及时准确地对水质进行模拟、评价、预测和规划,为合理地利用水资源提供可靠的决策依据,已成为水环境管理发展的必然趋势。将 GIS 技术应用于水环境评价与管理,可使流域水环境信息从单一的表格、数据中走出来,以生动形象的图形、图像方式呈现给决策者、管理人员及研究人员,并且以这些信息为基础,完成对相关流域水环境的预测、规划,以及对某些重大水环境问题进行预警和防范。GIS 已经成为水环境评价和规划综合管理中必不可少的组成部分。建立符合实际的水环境管理评价信息系统,从而提高决策的科学性和有效性,是今后水环境管理的主要发展方向。

5.3　国外水环境管理

5.3.1　美国

1. 美国水环境管理体制

美国联邦政府设有两个专门的环境保护机构:环境质量委员会和国家环境保护局。

环境质量委员会(Council on Environment Quality, CEQ)设在美国总统办公室下,原则上是总统有关环境政策的顾问,也是制定环境政策的主体,CEQ 成员由总统任命并由参议院批准。CEQ 主要有两项职能:一是为总统提供环境政策方面的咨询;二是协调各行政部门有关环境方面的活动。根据《美国环境政策法》的规定,该委员会的具体职能是:协助总统完成年度环境质量报告;收集有关环境现状和变化趋势的情报,并向总统报告;评估政府的环境保护工作,向总统提出有关政策的改善建议;指导有关环境质量报告及生态系统调查、分析及研究等;向总统报告环境状况,每年至少一次。

国家环保局(Environmental Protection Agency, EPA)是联邦政府执行部门的独立机构,直接向总统负责,它主管全国的环境污染防治工作。20 世纪 70 年代以来,美国环境法授予环保局防治大气污染、水污染、固体废弃物污染、农药污染、噪声污染、海洋倾废等各种形式的污染和审查环境影响报告书的权利。美国国家环保局的主要职责包括:实施和执行联邦环境保护法;制定对内、对外环境保护政策,促进经济和环境保护协调发展;制定环境保护研究与开发计划;制定国家标准;制定农药、有毒有害物质、水资源、大气、固体废弃物管理的法规、条例;为州、地方政府的环境保护工作提供技术帮助,同时检查他们的工作,确保有效执行联邦环境保护法律法规;企业公司排污许可证的发放;继续保持和加强美国在保护和改善全球环境中的领导作用,同其他国家、地区一起,共同解决污染运输问题;向其他国家、地区提供技术资助;提供新技术、派遣专家。

美国对水环境管理采用分散性管理为主、集成性管理为辅,以州为基本单位进行管理的体制。集成性管理是指联邦政府各部门如国家环保局、流域委员会、农业部和国家地理调查局参与国家水资源和环境的规划、开发和管理工作。国家环保局作为联邦政府部门之一,在全国设有不同的分支,每个分支都有权在本区域内根据实际情况制定政策和标准。流域委员会由流域内各州州长、内务部成员及其代理人组成,主要任务包括制定与实施计划,管理与经营水利项目,监督管理水环境等。分散性管理是指各州都设有环境质量委员会和环境保护局,这些州级环境管理机构在美国环境保护中发挥着重要作用,但州级环境管理机构不受联邦环保局的领导和管理,各州环保局各自保持独立,依照本州法律履行职责。然而,州级环境保护管理机构需要按照联邦法律,在部分事项上与联邦环保机构开展合作,实施和监督执行联邦政府各项与环境有关的法律法规、环境标准和环境保护计划,联邦环保机构可以针对在自然资源保护和污染防治治理上执行不力和各项环保计划的实行不予配合的州,给予严厉惩罚。此外,在州环保机构不能正常履行职责的情况下,联邦环保机构还可以直接接管职责。在联邦政府的统一领导下各级环保部门职责明确,既分工协作、相互配合,又相互制约。

2. 美国水环境管理成功经验

经过多年的研究和实践,美国在水环境管理研究方面取得了很大的进展,积累了许多有益的经验。其主要表现在以立法为先导、广泛的公众参与、实施流域综合管理、日益注重生态的完整性、充分运用新技术等方面。

在立法方面,美国制定了严格的法律法规,为水环境管理的实施创造了有利条件,保障了相关管理机构广泛的管理权及实施权。在美国,联邦和各州都以法律的形式明确了水环境管理机构的地位、职责、权利以及与地方的关系,使水环境管理的各个方面都有法可依。如在流域管理方面,美国的《田纳西流域管理法》中便规定流域综合治理的途径就是建立既具有鼓励协调性,又具有建设实体性的流域管理机构,对流域机构在立法上给予长久、稳定的开发保证,并使其成为国家的独立机构。

此外,美国实行严格的环境影响评价制度。美国《国家环境政策法》规定,联邦政府所有机构的立法建议和其他重大联邦行动建议,在决策之前都要进行环境影响评价,编制环境影响评价报告书,而且需要向公众公开并征求公众的意见。环境影响评价制度是美国环境政策的核心制度,在美国环境法中占有特殊地位。自 20 世纪 70 年代初至今,不论是联邦一级法律还是州一级法律都建立了较完备的环境影响评价法律体系。美国之所以建立环境影响评价制度,在于不仅为实施国家环境政策提供手段,而且为实现国家环境目标提供政策保障。

在公众参与方面,美国联邦政府和州级政府做了原则性规定。如 1969 年批准生效的美国《国家环境政策法》规定,每个人都可以享受健康的环境,同时每个人也有责任参与环境改善与保护,政府应公开环境信息,保障公众的环境知情权。公众有权直接参与环境影响评价的整个过程,包括对重大决策的参与和对具体项目的参与。公众可以对与环境影响评价有关的文件予以审查并具有最终的决定效力,并可对环境影响评价报告书进行评论。行政机关应积极接受公众意见,并针对建设性建议做出相应修改。《国家环境政策法》还明确了公众参与环境影响评价的对象、阶段、途径及政府和机构的责任义务,对公众参与环境影响评价给予了充分尊重,为世界各国公众参与本国环境影响评价起到了很好的示范作用。

美国公众参与环境保护的另一重要立法就是"公民诉讼"条款的规定。美国环境法上的民众诉讼条款赋予民众借助联邦法院督促执法的权利,以确保该法的目标能够实现。民众诉讼的目的在于促使法定污染标准的实现而非污染事实的损害赔偿,因此,在救济措施上更多的是采用禁止令的方式而非罚金等经济救济措施,这体现了民众诉讼制度的目的和功能。

鼓励非政府组织监督是美国水环境管理的另一个成功经验。美国作为非政府环境保护组织的诞生地,非政府组织是美国环境保护运动中的重要力量,为美国环境事业乃至世界环保事业的发展做出了突出贡献。据统计,在整个 20 世纪 60 年代,美国新成立了 200 多个全国性和地区性环境保护组织和 3 000 多个基层组织。非政府环保组织的重要作用主要表现在以下几个方面:第一,对群众的宣传教育。非政府环保组织中许多人受过良好的教育,有良好的语言表达能力和政治活动能力,因此,这些组织成为美国各种政治力量的潜在来源。第二,推动国家立法制定。第三,监督政府政策执行。第四,推动国际国内环保运动的发展。第五,推动国际环保运动的发展。

另外,美国在水环境管理方面非常注重科技应用,应用先进的现代化管理手段和计算机模型对水环境进行管理。如地理信息系统、全球定位系统和遥感技术的普及应用,不仅提高了工程管理水平,也大大提高了工作效率,使得管理机构更好地发挥指导、审核和监督的作用。如美国国家环保局为支持各种层次的水资源和水环境管理,开发了基于 GIS 技术的全美水环境质量管理信息系统、河段管理系统,充分利用近年来在软件、数据管理技术、计算机功能方面的发展,并采用 GIS 软件作为集成环境,将整个国家的流域数据、流域分析和水质分析软件等统一起来,为用户提供了一个易于理解的、点源和非点源统一起来的流域管理工具。此外,美国环保局还建立了一些专家系统,用于制定法规、发放许可证、投资的成本风险分析以及其他一些环境管理业务,研究经济增长、人口变化、城市规模扩大等对水环境带来的影响,预测水环境质量的动态变化,探讨水污染控制费用并比较各种水污染控制方案,选出最优化方案。

5.3.2 日本

1. 日本水环境管理体制

日本对水环境实行分散式管理,采用集中协调与分部门行政的水环境管理体制。国家各有关部门如国土交通省、农林水产省、厚生劳动省、经济产业省、环境厅分别承担相关水环境管理职责,国家没有专职水资源与水环境管理机构。按照水资源的用途不同,日本将水资源分为三类:生活用水、工业用水和农业用水。将河流按照重要程度实行分级,包括一级河川、二级河川和准用河川。一级河川由中央政府确定,其重要程度最高。一级河川又分为两类,即特别重要的区间由中央政府直接管理,称为直辖管理区间,其余区间由中央政府委托都道府县政府进行管理,称为指定区间。二级河川由都道府县管理。其余的河流均为准用河川,由市盯村级地方政府负责管理。为了有效开发、利用和保护有限的水资源,日本政府制定了完善的管理水环境的法律体系,各中央直属机构按照法律赋予的权限,依法行政、相互配合。日本环境厅主要职责包括:资源保护和污染防治;环保政策、规划、法规的制定与实施;与环保相关部门关系的协调;各省及地方政府环保工作的指导和推动。为保证环保法律的实施,环境厅可将部分权力交由都道府县、市盯村及其长官行使。在此情形下,环境厅是都道府县、市盯村的上级机构,后者在法定范围内接受环境厅的领导与监督。

2. 日本水环境管理成功经验

日本是目前世界上环境保护做得很好的国家之一。但同其他发达国家一样,日本在20世纪中叶工业化进程中,也经历了一系列严重的水环境污染公害事件。从20世纪60年代起,日本政府采取了一系列管理措施确保了水环境质量的极大提高,形成了一个人口、资源、环境、文化相互协调的循环型社会,实现了环境与经济的双赢。这些措施主要包括制定科学详尽的水环境规划和预测评价制度、广泛的公众参与、政府严格依法管理、大量的资金投入等。

在水环境规划方面,日本政府以流域作为基本的管理单位,要求对各流域制定全面、科学的水环境管理规划。日本环境厅推出了"区域环境管理规划编制手册",明确区域环境规划的基本观点是在发展经济的同时,调整资源的中、长期供需平衡,做到合理分配。手册把环境规划划分为综合型、指导型、污染控制型和特定的环境目标型,使日本的环境规划更加趋于成熟。这些规划一旦形成,将受到相应制度的保护。如日本为治理琵琶湖流域水污染制定了详尽的水质保护规划,把流入琵琶湖的数十条河流及其支流以及以琵琶湖为供水之源的下游地区加以全面考虑,并根据不同地区的不同特点分别制定不同的对策。如在上游地区开展植树造林、封山固土、防止水土流失;在中游地区疏浚河道,加强水质检测,防止环境污染;在下游用水地区重点是节约用水。同时加强周边城市和农村污水处理厂建设。对于人口较为分散、没有污水处理厂的地区,要求每个家庭安装污水处理设备,确保入湖污染物达到最低水平。

在水环境预测预报方面,日本政府要求对开发和建设所造成的水环境影响进行预测,积极开展拟建工程项目的水环境影响评价和模型开发研究。如日本国立公害研究所开发的环境综合分析信息系统,具有运用各种数理模型对系统收集和整理过的环境信息进行分析、长期预测、综合争端和因果分析等功能,可用于环境政策评价、决策、计划制定。

在公众参与方面,日本政府非常重视公众参与环境保护立法工作,普及公众环境教育,强化公众监督意识,鼓励建立民主协商机制。日本《环境基本法》明确规定了企业和国民进行环境保护的职责,强调民间环保团体在环境保护中的作用。在日本,水资源开发管理部门要求有完善的公示与意见征询程序,而区域的关联者们也有很强的参与意识。日本的国土资源与建设部门经常有工程因水环境问题受到公众的反对而搁浅。针对出现的水环境问题,民间组织可向法院起诉、向议会呼吁和游说,推动各级政府和企业采取有效水污染措施控制,最终实现对水污染的治理、补偿、监督和控制。因此,公众参与是日本环境保护中的一个重要法宝。

此外,日本政府非常重视对水环境进行综合治理,实施全国统一的环境水质标准和排水控制标准,强化对相关法律、条例的执行,如水质污染防治法和水质污染防治条例、公害防止条例、富营养化防治条例、生活排水对策相关条例等。政府各职能部门分工明确、各司其职,如国土交通省负责水资源管理、城市下水道及污水处理厂建设,环境厅负责环境用水和水环境保护工作,农林水产省负责水资源开发利用工作,经济产业省负责工业用水,厚生劳动省负责居民生活用水等。国家级的大河由国土交通省直接负责管理,小河则由各地的都、道、府、县及其下辖的市、町、村来管理。在资金投入方面,日本政府投入额度很大,占当年政府一般会计预算支出的 3% 以上,其中流域水源和水质保全支出占较大的比重,达到总支出的70% 左右。

5.3.3　其他国家水环境管理

1. 英国的水环境管理

英国的水环境管理体制以流域为基础,执行统一管理。国家水环境管理部门主要有国家环境署、饮用水监督委员会、水服务办公室、水事矛盾仲裁委员会等。国家环境署的前身是国家河流管理局,其在水环境管理方面的主要职责是制定和执行环境标准、发放取水和排污许可证、实行水权分配、污水排放和河流水质控制、相关法律解释等,国家环境署是管理全国水资源和防治水污染的主要机构。饮用水监督委员会代表政府提出饮用水的水质参数,制定饮用水水质政策和检测标准,提供有关技术咨询服务等。水服务办公室主要工作是制定合理的水价来保护供水公司和用水个人及单位的合法权益,监督供水公司履行法定职责。

英国在较大的河流上都设有流域委员会、水务局或水公司,统一对流域水资源的规划和水利工程进行建设与管理,负责供水到用户并进行污水回收与处理,形成一条龙的水资源管理服务体系。此外,英国十分重视咨询和协调机构的建设。议会设有皇家环境污染委员会,其职责是从宏观上向议会提供环境决策建议。咨询协调机构包括国家水委员会、水域风景区舒适委员会、自然保护委员会等。

英国最典型的综合性流域管理机构是泰晤士河水务局。泰晤士河水务局对泰晤士河流域进行统一规划与管理,包括统一管理水资源的开发利用和水处理、建设水文网站和水情监测预报系统,使水资源按自然规律进行合理、有效的保护和开发利用,杜绝用水浪费和破坏,充分调动各部门的积极性。英国在泰晤士河管理上进行的大胆体制改革及一系列科学管理方法的应用,被国际上称为"水工业管理的一次现代革命"。

2. 法国的水环境管理

法国水环境管理主要由环境部负责。环境部的主要职责是制定有关水环境管理法规、政策并对其进行监督执行,制定与水有关的国家标准,管理和保护水资源,参与流域水资源规划的制定等。另有农业部负责农业及村镇供水、农田灌溉和农业污水处理。部际之间协调由部际联席会议负责。法国在水环境管理上实施严格的水环境保护政策,包括法律手段、行政手段、经济手段等。行政手段如对取水以及排污实行许可登记,严格控制污染物的排放,执行水环境影响评价制度等;经济手段包括征收水污染税和水资源税,建立补助金制度以促进企业和个人投资兴建环保工程,对与环保相关的产业实行税收减免或相应的补贴,实行"谁污染,谁付费"政策等。此外,政府非常重视监测信息系统的建设,以对全国河流及水网各项指数进行全面监测。

法国也是在流域管理方面较为成功的国家之一。在 20 世纪 60 年代,法国对水环境管理体制进行改革,加强中央监控权和争议解决能力,确立了以流域为基础的水环境管理体制,建立了流域委员会。各流域委员会对流域内水环境进行统一规划和统一管理。流域委员会是一个流域水行政管理的权力机构,接受国家环保部和财政部监督,其职能主要是批准流域规划、审查工程投资预算和进行各项监督。流域委员会下设流域水管局,它是流域委员会的执行机构,属非营利性的公共组织。法国的流域水环境管理是一种集成模式下的综合分权管理。

第6章 空气质量工程与管理

6.1 大气污染物

6.1.1 大气污染物的概念

大气污染物是指由于人类活动或自然过程,排放到大气中对人或环境产生不利影响的物质。大气污染物种类很多,按存在状态可分为气溶胶态污染物和气态污染物;按形成过程,又可分为一次污染物和二次污染物。

6.1.2 气溶胶态污染物

气溶胶是指固体粒子、液体粒子或它们在气体介质中的悬浮体。从大气污染控制的角度,按照气溶胶的来源和物理性质,可将其分为如下几种。

1. 粉尘(dust)

粉尘是指悬浮于气体介质中的细小固体颗粒。粒子的尺寸范围一般为 1 ~ 200 μm 左右,能因重力作用发生沉降,但在一段时间内能保持悬浮状态。它通常是在煤、矿石等固体物料的运输、筛分、碾磨、加料和卸料等机械处理过程中形成,或者是由风所扬起的灰尘。

2. 烟(fume)

烟一般是指由冶金过程形成的固体粒子的气溶胶。烟的粒子尺寸一般为 0.01 ~ 1.0 μm 左右。它是由熔融物质挥发后生成的气态物质的冷凝物,在生成过程中总是伴有诸如氧化之类的化学反应,如有色金属冶炼过程中产生的氧化铅烟、氧化锌烟,在核燃料后处理厂中的氧化钙烟等。

3. 飞灰(fly ash)

飞灰是指随燃料燃烧过程产生的随烟气排出的分散得较细的灰分。

4. 黑烟(smoke)

黑烟一般是指由燃料燃烧产生的能见气溶胶。

5. 雾(fog)

雾是气体中液滴悬浮体的总称。在气象中指造成能见度小于 1 km 的小水滴悬浮体。在工程中,雾一般泛指小液体粒子悬浮体,它可能是由于液体蒸气的凝结、液体的雾化及化学反应等过程形成的,如水雾、酸雾、碱雾、油雾等。在环境空气质量标准中,还根据大气中粉尘(或烟尘)颗粒的大小,将其分为总悬浮微粒(total suspended particles)、可吸入颗粒(inhalable particles)和微细颗粒物(fine particles)。总悬浮微粒(TSP)是指能悬浮在空气中,空气动力学当量直径≤100 μm 的所有固体颗粒。可吸入颗粒(PM10)是指能悬浮在空气中,空气动力学当量直径≤10 μm 的所有固体颗粒。微细颗粒(PM2.5)是指能悬浮在空气中,空气动力学当量直径≤2.5μm 的所有固体颗粒。就颗粒物的危害而言,小颗粒比大颗粒的危害要大得多。

6.1.3　一次污染物和二次污染物

一次污染物是指直接从各种污染源排出的原始污染物质。最主要的一次污染物是二氧化硫、一氧化碳、氮氧化物、颗粒物(包括重金属毒物在内的微粒)、碳氢化合物等物质。二次污染物是指由一次污染物与大气中原有组分或几种一次污染物之间经过一系列化学或光化学反应而生成的与一次污染物性质完全不同的新污染物。这类物质颗粒小,一般在0.01 ~ 1.0 μm,其毒性比一次污染物还强。受到普遍重视的二次污染物主要有硫酸烟雾(硫酸雾或硫酸盐气溶胶)和光化学烟雾。

6.2　大气污染源

大气污染源通常是指向大气排放出足以对环境产生有害影响的或有毒有害物质的生产过程、设备或场所等。按污染物质的来源可分为自然污染源和人为污染源。自然污染源是指自然界向环境排放污染物的地点或地区,如排出火山灰、SO_2、H_2S 等污染物的活火山,自然逸出瓦斯气和天然气的煤气田和油气井,以及发生森林火灾、飓风、沙尘暴和海啸等自然灾害的地区。而人为污染源是指人类生活和生产活动所形成的污染源。几种污染源的分类见表6.1。

表6.1　大气污染源种类

分类	名称	说明
	自然污染源	火山爆发喷放的 SO_2、H_2S 和尘;森林火灾产生的 CO_2、CO 和烃类等
	人为污染源	
按成因	工业	燃烧煤、石油排放出的含 SO_2、NO_x 和 CO_2 废气;生产过程排出的有害废气等
		燃烧煤、柴革油和石油等排出的废气
	农业	农业废物腐烂和堆肥中排出的含 CH_4、NH_3 的废气
	生活	燃烧煤、石油和煤气排出的废气
	第三产业	汽车、轮船等交通工具排放的含 NO_x、SO_2 和烃类的废气
按污染源几何形状	点源	工业企业和民用锅炉房的排气筒和烟囱,污染物影响下风向扇形范围
	线源	公路、铁路和航空线上车辆和飞机的沿程排放废气,影响下风向一片面积
	面源	居民区分散的无数小炉灶,影响该区域上空和周围空气质量
按污染源位置	固定源	由固定地点(如工厂的排气筒)向大气排放污染物
	移动源	各种交通工具(如汽车、火车)排出的废气

6.3　大气污染的影响

6.3.1　全球性大气污染问题

全球性大气污染问题包括温室效应、臭氧层破坏和酸雨等三大问题。

1. 温室效应

大气中的二氧化碳和其他微量气体如甲烷、一氧化二氮、臭氧等,可以使太阳短波辐射几乎无衰减低通过,吸收地表释放的红外线长波辐射能,从而引起了对大气起加热作用的现象。随着人类生产和生活活动的规模越来越大,向大气中排放的温室气体远远超过了自然所能消纳的能力,导致全球气温不断上升,这就是所谓的"温室效应"。据监测,1850 年以来,人类活动使大气中 CO_2 体积分数由 280×10^{-6} 增加到 1990 年的 354×10^{-6},过去的 100 年中全球地表温度平均上升了 $0.3\ ℃\sim0.6\ ℃$。温室效应的结果是地球上的冰川大部分后退,海平面上升了 $14\sim25\ cm$,影响农业和自然生态系统,加剧洪涝、干旱及其他气象灾害,加大人类疾病危害的概率。

2. 臭氧层破坏

大气中臭氧仅占一亿分之一,主要集中在地面 $20\sim25\ km$ 的平流层中,称为臭氧层。臭氧层具有吸收紫外线的功能,从而保护地球上各种生命的存在、生息与繁衍。由于强紫外线的作用,O_2 分解,生成的原子氧(O)与 O_2 反应生成 O_3;另一方面,O_3 吸收紫外线分解。这种生成与分解达到平衡,在平流层形成了臭氧层。臭氧能吸收 99% 以上来自太阳的紫外线辐射,将这些致命危害的辐射线转化为热能,保护地球生命。20 世纪 70 年代中期,美国科学家发现南极上空的臭氧层有变薄现象。1984 年,英国科学家根据英国南极站 30 年的观测资料,首次提出在南极上空出现一个巨大的"臭氧空洞",其大小相当于整个美国大陆,随后发现"空洞"内臭氧含量持续下降,并在向北扩大。1998 年,美国人造卫星资料显示,臭氧空洞面积首次超过 $2\ 400\times10^4\ km^2$,持续时间超过 100 d,到 2000 年 9 月,甚至达到 $2\ 830\times10^4\ km^2$。北极和青藏高原的上空也发现有臭氧浓度降低的现象。

臭氧层的破坏将对地球上的生命系统构成极大的威胁。首先由于臭氧层的破坏,大量紫外线辐射将到达地面,危害人类健康。根据科学家预测,如果平流层的臭氧总量减少 1%,则到达地面的太阳紫外线辐射量将增加 2%,皮肤癌的发病率增加 $2\%\sim5\%$,白内障患者将增加 $0.2\%\sim1.6\%$。此外,紫外线辐射增大,也会对动植物产生影响,危及生态平衡。臭氧层破坏还会导致地球气候出现异常,由此带来自然灾害。

3. 酸雨

$pH<5.6$ 的降水通常称之为酸雨。酸雨形成的主要原因是化石燃料燃烧和汽车尾气排放的硫化物和氮化物,但现在泛指以湿沉降或干沉降的形式从大气转移到地面上的酸性物质。湿沉降是指酸性物质随雨、雪等降落到地面,干沉降是指酸性颗粒物以重力沉降、微粒碰撞和气体吸收等形式由大气转移到地面。酸雨的危害主要表现在土壤、湖泊酸化,农作物减产,森林衰亡,水生生物不能正常生长,严重腐蚀材料、建筑物和文化古迹等。

1872年,英国化学家R. A. Smith提出"酸雨"这个名词,但直到20世纪50年代,发达国家才设置监测网,开始研究工作。酸雨的主要成因物质是硫酸和硝酸,但直接向大气中排放这些物质的污染源并不多,他们的先驱物质是SO_2、NO_x和Cl^-。酸雨污染可以发生在距其排放地500~2 000 km的范围内,其长距离输送会造成典型的越境污染问题。欧洲和北美是世界上最早发生酸雨的地区,但亚洲和拉丁美洲有后来居上的趋势。我国酸雨主要发生在长江以南地区,酸雨危害形势也相当严峻。

6.3.2　对人体健康的影响

大气污染物侵入人体主要有三种途径:表面接触、摄入含污染物的食物和水和吸入被污染的空气。其中第三条途径的影响程度最大。大气污染对人体健康的危害主要表现为:呼吸道系统疾病,在突然高浓度污染物的作用下可造成急性中毒,甚至在短时间内死亡;长期接触低浓度污染物,会引起支气管炎、支气管哮喘、肺气肿和肺癌等疾病。许多情况下大气污染物还具有协同效应。一些主要大气污染物的危害概述如下。

1. 颗粒物

颗粒物的危害,不仅取决于颗粒物的浓度和在其中的暴露时间,还很大程度上取决于它的组成成分、理化性质、粒径和生物活性等。有毒金属粉尘和非金属粉尘,如铬、锰、镉、铅、汞、砷等进入人体后,会引起中毒以致死亡。吸入铬尘能引起鼻中隔溃疡和穿孔,肺癌发病率上升;含游离二氧化硅的粉尘吸入后会在肺部沉积,引发纤维性病变,发生"矽肺"病。颗粒物粒径大小对人体健康的危害主要表现在两方面:(1)粒径越小,越不易在大气中沉降,长期飘浮在空气中容易被吸入人体内,且容易深入肺部。通常,粒径在100 μm以上的尘粒会很快在大气中沉降,10 μm以上的尘粒可以滞留在呼吸道中,5~10 μm的尘粒大部分会在呼吸道沉积,被分泌的黏液吸附,可以随痰排出;小于5 μm的微粒能深入肺部,其中0.01~0.1 μm的尘粒,50%以上将沉积在肺腔中,引起各种尘肺病。(2)尘粒越小,粉尘比表面积越大,物理、化学活性越高,加剧了生理效应的发生与发展。此外,尘粒的表面可以吸附空气中的各种有害气体和其他污染物,而成为载体,承载强致癌的物质苯并[a]芘及细菌,造成更大的危害。

2. 硫氧化物

二氧化硫(SO_2)在空气中的浓度达到$(0.3 \sim 1.0) \times 10^{-6} mol/m^3$时,对人的结膜和上呼吸道黏膜有强烈刺激性,可损伤呼吸器官导致支气管炎、肺炎,甚至肺气肿、呼吸麻痹。短期接触SO_2浓度为0.5 mg/m^3的空气的老年或慢性病人死亡率增高;SO_2浓度高于0.25 mg/m^3,可使呼吸道疾病患者病情恶化;长期接触SO_2浓度为0.1 mg/m^3的空气的人群呼吸系统病症增加。

3. 氮氧化物

NO对生物的影响尚不清楚,经动物实验证明,其毒性仅为NO_2的五分之一。氮氧化物(NO_x)是NO、NO_2、N_2O、NO_3、N_2O_3、N_2O_4、N_2O_5等的总称。造成大气污染的NO_x主要是指NO和NO_2。NO_2比NO的毒性高四倍,若NO_2参与了光化学作用而形成光化学烟雾,其毒性会更大。接触较高水平的 NO_2 会危及人体健康,可引起肺损害,降低肺功能,甚至造成肺气肿,哮喘病人和儿童最易受害。吸入 NO,可引起变性血红蛋白的形成并对中枢神经系统产生影响。光化学烟雾的成分是光化学氧化剂,它的危害则更大。

4. 一氧化碳

高浓度的 CO 会降低人体血液的输氧能力,抑制大脑思考,使人反应迟钝,引起睡意,浓度很高时会出现头疼、昏昏沉沉的症状,甚至可能致死。CO 与血红蛋白结合生成碳氧血红蛋白(COHb),氧和血红蛋白结合生成氧合血红蛋白(O_2Hb)。暴露在高浓度 CO 环境中会加剧心绞痛,增加冠心病患者发生运动性心痛的可能性,还可能影响胎儿的正常发育。

5. 光化学氧化剂

氧化剂、臭氧(O_3)、过氧乙酰硝酸酯(PAN)、过氧苯酰硝酸酯(PBN)和其他能使碘化钾的碘离子氧化的痕量物质,被称为光化学氧化剂。空气中的光化学氧化剂主要是臭氧和PAN。氧化剂(主要是 PAN 和 PBN)会严重刺激眼睛,当它和臭氧混合在一起时,还会刺激鼻腔、喉,引起胸腔收缩。人们接触时间过长也会损害中枢神经,引起剧烈的咳嗽和注意力不能集中。

6. 有机化合物

城市大气中有很多有机物是可疑的致变物和致癌物,包括卤代烃、芳香烃、氧化产物和含氮有机物等。特别是多环芳烃(PAHs)类大气污染物,大多有致癌作用,其中,苯并芘是强致癌物质。大气中的苯并芘可经呼吸道、皮肤及消化道(呼吸道下咽险)进入人体内,也可通过沉降和雨水冲洗而污染土壤、地面水以及植物的茎叶、籽实和食品等,再通过消化道进入人体内而危害人的身体健康。实测数据表明,肺癌与大气污染、苯并芘含量的相关性是显著的。从世界范围看,城市肺癌死亡率约是农村的一倍,有的城市甚至是农村的 8 倍之多。

6.3.3 对植物的损伤

大气污染对植物的伤害,通常发生在叶子结构中,因为叶子含有整棵植物的构造。大气污染物主要通过三条途径危害生物的生存和发育。首先是使生物中毒或死亡,其次是减缓生物的正常发育,最后是降低生物对病虫害的抵抗能力。各种有害气体中,二氧化硫、氟化物、二氧化氮、臭氧、氯气和氯化氢等对植物的危害较大。大气污染对植物的主要伤害是植物的叶面,减弱光合作用,伤害植物内部结构,使植物枯萎死亡。大气污染对动物的伤害主要是呼吸道感染和摄入被污染的食物和饮水,最终使动物体质变弱,以致死亡。

人们对于颗粒物对植物的整体影响还研究得不很透彻,但是人们已经发现集中特定物质所引起的损害作用。如果氧化镁落在农田上,会使农作物生长不良。若动物食用的植物沾有有毒颗粒物,其健康就会受到损害。这些有毒化合物会被吸收进植物的组织内,或是成为植物表面污染而存在下去。

6.3.4 对于器物和材料的影响

大气污染物对金属制品、油漆涂料、皮革制品、纸制品、纺织品、橡胶制品和建筑材料等的损害也很严重。这些损害包括玷污性损害和化学性损害两方面。玷污性损害是尘、烟等粒子落在器物上造成的,有的可以清扫冲洗除去,有的则很难去除。化学性损害是由于污染物的化学作用,使器物腐蚀变质,如二氧化硫及其生成的酸雾,能使金属材料表面腐蚀或损坏。

颗粒物因为具有本身的腐蚀性,进入大气后会因为吸收了腐蚀性的化学物质而产生直接的化学损害。大气中的 SO_2、NO_x 及其生成的酸雾、酸滴等,能使金属表面产生严重的腐蚀,使金属涂料变质,降低其保护效果。光化学氧化剂中的臭氧,会使橡胶绝缘性能的寿命缩短,使橡胶制品迅速老化,变脆从而裂开。所有氧化剂都能使纺织品发生颜色的改变,脱色或褪色。

6.4　大气污染综合防治

6.4.1　大气污染综合防治的定义

大气污染一般是由多种污染源造成的,所以大气污染综合防治的基本点是防与治的综合。其污染程度受该地区的地形、气象、植被面积、能源构成、工业结构和布局、交通管理和人口密集等自然因素和社会因素的影响。因此,大气污染防治具有区域性、整体性和综合性的特点。在制定大气污染防治对策时,要充分考虑地区的环境特征,从地区的生态系统出发,对影响大气质量的多种因素进行系统的综合分析,找出最佳的对策和方案。

6.4.2　大气污染综合防治的措施

1. 全面规划、合理布局、制定大气污染综合防治规划

近年来,城市和工业的地区性污染已成为普遍的环境问题。通过实践人们逐渐认识到,只靠单项治理不能很有效地、更经济地解决地区性大气污染问题,只有从整个地区的社会经济和大气污染状况出发,在进行区域经济和社会发展规划的同时,合理布局城市与工业功能区划,优化能源结构和交通运输发展,做好环境规划,才能有效地控制大气污染。

环境规划是体现环境污染以预防为主、综合防治的最重要和最高层次的手段,也是经济可持续发展规划的重要组成部分。做好城市和工业区的环境规划设计工作,正确选择厂址,考虑区域综合性治理措施,是控制污染的一个重要途径。

2. 严格环境管理

从各国大气污染控制的实践来看,国家及地方的立法管理对大气环境的改善起着至关重要的作用。各发达国家都有一套严格的环境管理方法和制度。这套体制是由环境立法、环境监测机构、环境法的执行机构构成的,三者构成完整的环境管理体制。我国新修订通过的《大气污染防治法》表明我国大气污染控制从浓度控制向总量控制转变,并明确了总量控制、排污许可证、按排污总量收费等几项制度。

3. 控制污染的技术措施

大气中的污染物,一般是不可能集中进行统一处理的,通常是在充分利用大气自净作用和植物净化能力的前提下,采取污染控制的办法,把污染物控制在排放之前,以保证大气环

境质量。主要控制措施如下。

(1)实施清洁生产、减少或防止污染物的排放。

很多污染是生产工艺不能充分利用资源引起的。改进生产工艺是减少污染物产生的最经济而有效的措施。生产中应从清洁生产工艺方面考虑,尽量采用无害或少害的原材料、清洁燃料,革新生产工艺,采用闭路循环工艺,提高原材料的利用率。加强生产管理,减少跑、冒、滴、漏等,容易扬尘的生产过程要尽量采用湿式作业、密闭运转。粉状物料的加工,应尽量减少层动、高差跌落和气流扰动。液体和粉状物料要采用管道输送,并防止泄漏。

(2)改善能源结构、提高能源利用效率、改善能源结构。

采用无污染或少污染能源(如太阳能、风能、水力能及天然气、沼气和酒精等);燃料进行预处理(煤和石油预先脱硫、煤的液化和气化)以减少燃烧时产生的污染物;改进燃烧装置和燃烧技术,提高燃烧效率和降低有害气体排放量。

(3)建立综合性工业基地。

按照工业生态系统的概念建立综合性工业基地,一个工厂产生的废气、废水、废渣成为另外一个厂家的原材料使其资源化,在共生企业层次上组织物质和能源的流动。

(4)利用大气的自净能力。

大气的自净有物理作用(如扩散、稀释和降水洗涤等)和化学作用(氧化、还原)等。在污染源排出的污染物总量恒定的情况下,污染物的浓度在时间和空间上的分布同气象条件有关,了解和掌握气象变化规律,就有可能充分利用大气的自净能力。

(5)发展植物净化,植物具有美化环境、调节气候、截留粉尘、吸收大气中有害气体等功能。

植物可以在大面积范围内长时间、连续地净化大气,尤其是在大气污染物影响范围广、浓度比较低的情况下,植物净化是行之有效的方法。在城市和工业区有计划、有选择地扩大绿地面积是大气污染综合防治具有长效能和多功能的保护措施。

(6)污染源的治理。

集中的污染源,如大型锅炉、窑炉、反应器等,排气量大,污染物浓度高,设备封闭程度较高,废气便于集中处理后进行有组织地排放,比较容易使污染物对近地面的影响控制在允许范围内。大量存在于生产过程中的分散污染源,污染物一般首先散发到室内或某一局部进而扩散到周围大气中,形成无组织排放。无组织排放一般难以控制,且排放高度低,直接污染近地面大气。另一类污染源是敞开源,通常指农田、道路、工地、矿场、散料堆场和裸露地面等。敞开源虽然也产生气态污染物(如垃圾堆场或填埋场),但主要是产生颗粒物。

对于工业污染源的治理,主要的控制方法如下。

(1)利用除尘装置去除废气中的烟尘和各种工业粉尘。

(2)采用气体吸收法处理有害气体,如氨水、氢氧化钠、碳酸钠等碱溶液吸收废气中 SO_2 等。

(3)应用冷凝、催化转化、分子筛、活性炭吸附和膜分离等物理、化学和物理化学方法治理废气中的主要污染物。

对于交通污染源,目前采取的污染控制措施如下。

(1)以清洁燃料代替汽油,在城市交通运输中,大力推广清洁燃料,如电能驱动、天然气等,以减少大气污染。

（2）改进发动机结构和运行条件,减少燃油系统的燃油蒸发和曲轴箱漏气,改进发动机本身的结构和运行条件是减少污染物产生的重要途径。

（3）净化排气,采用催化转化装置,使排气中的不完全燃烧产物、氮氧化物等污染物氧化或还原,这也是减少污染的重要技术措施。对于敞开源的污染控制,目前相当困难,采取防治措施,需要因地制宜。

①对地面扬尘,铺砌和绿化是有效的控制措施。绿化不但可防止地面扬尘,而且可以大大减少已沉降的颗粒物再次飞扬。

②对散料堆场,物料表面增湿或喷洒抑尘剂,有很好的防尘效果。对大规模的物料堆场,特别是不宜加湿的物料,可采取减风防尘的办法加以控制。如在上风向种植树木,形成绿篱或增加人工构筑物,降低料堆表面的风速。

③构建挡风网。挡风网是钢筋混凝土或金属构筑物,能对散料堆场起到有效的减风防尘作用。

4. 控制污染的经济政策

国家对控制污染的经济政策主要体现在:淘汰落后工艺,减少环境污染;保证必要的环境保护投资用于控制大气污染;实行"污染者和使用者支付原则",包括排污许可证制度、有利于环境保护的税收、财政与责任制度等,对治理污染、废物利用的产品给予经济上的鼓励与支持。

6.5　中国环境空气质量控制标准

6.5.1　环境空气质量控制标准的种类和作用

《中华人民共和国大气污染防治法》最初于1987年9月5日第六届全国人民代表大会常务委员会第二十次会议通过,同日公布,并于1988年6月1日起施行。为了适应新时期大气环境保护的需要,1995年8月29日第八届全国人民代表大会常务委员会第十五次会议修正《关于修改<中华人民共和国大气污染防治法>的决定》,2000年4月29日第九届全国人民代表大会常务委员会第十五次会议修订通过,同日以中华人民共和国主席令(第三十二号)公布,自2000年9月1日起施行。

2013年国务院印发《大气污染防治行动计划》,其目标为:经过五年努力,全国空气质量总体改善,重污染天气较大幅度减少;京津冀、长三角、珠三角等区域空气质量明显好转。力争再用五年或更长时间,逐步消除重污染天气,全国空气质量明显改善。到2017年,全国地级及以上城市可吸入颗粒物浓度比2012年下降10%以上,优良天数逐年提高;京津冀、长三角、珠三角等区域细颗粒物浓度分别下降25%、20%、15%左右,其中北京市细颗粒物年均浓度控制在$60\mu g/m^3$左右。

2014年,为严格落实大气污染防治工作责任,强化监督管理,加快改善空气质量,按照《国务院办公厅关于印发大气污染防治行动计划实施情况考核办法(试行)的通知》(国办发

〔2014〕21 号)要求,环境保护部会同国务院有关部门制定了《大气污染防治行动计划实施情况考核办法(试行)》。考核指标包括空气质量改善目标完成情况和大气污染防治重点任务完成情况两个方面。空气质量改善目标完成情况以各地区细颗粒物(PM2.5)或可吸入颗粒物(PM10)年均浓度下降比例作为考核指标。京津冀及周边地区(北京市、天津市、河北省、山西省、内蒙古自治区、山东省)、长三角区域(上海市、江苏省、浙江省)、珠三角区域(广东省广州市、深圳市、珠海市、佛山市、江门市、肇庆市、惠州市、东莞市、中山市等 9 个城市)、重庆市以 PM2.5 年均浓度下降比例作为考核指标。其他地区以 PM10 年均浓度下降比例作为考核指标。大气污染防治重点任务完成情况包括产业结构调整优化、清洁生产、煤炭管理与油品供应、燃煤小锅炉整治、工业大气污染治理、城市扬尘污染控制、机动车污染防治、建筑节能与供热计量、大气污染防治资金投入、大气环境管理等 10 项指标。

2016 年国务院为加快推进绿色低碳发展,确保完成"十三五"规划纲要确定的低碳发展目标任务,推动我国二氧化碳排放 2030 年左右达到峰值并争取尽早达峰,特制定《"十三五"控制温室气体排放工作方案》。该方案的主要目标是到 2020 年,单位国内生产总值二氧化碳排放比 2015 年下降 18%,碳排放总量得到有效控制。氢氟碳化物、甲烷、氧化亚氮、全氟化碳、六氟化硫等非二氧化碳温室气体控排力度进一步加大;碳汇能力显著增强;支持优化开发区域碳排放率先达到峰值,力争部分重化工业 2020 年左右实现率先达峰,能源体系、产业体系和消费领域低碳转型取得积极成效。全国碳排放权交易市场启动运行,应对气候变化法律法规和标准体系初步建立,统计核算、评价考核和责任追究制度得到健全,低碳试点示范不断深化,减污减碳协同作用进一步加强,公众低碳意识明显提升。

现行《中华人民共和国大气污染防治法》分别对大气污染防治的总则,大气污染防治的监督管理,防治燃煤产生的大气污染,防治机动车船排放污染,防治废气、尘和恶臭污染及其法律责任做出了具体规定。环境空气质量控制标准是环境保护法的重要组成部分,是科学管理大气环境质量的依据和重要手段。各类环境标准的建立和进展,在一定程度上反映出一个国家的法制现状和科技水平。环境空气质量控制标准按其用途可归纳为环境空气质量标准、大气污染物排放标准、大气污染物控制技术标准和大气污染警报标准;按其使用范围可分为国家标准、地方标准和行业标准。此外,我国还实行了大、中城市空气污染指数报告制度。

1. 环境空气质量标准

环境空气质量标准以改善环境空气质量、防止生态破坏、创造清洁适宜的环境、保护人体健康为主要目标,规定大气环境中某些主要污染物的允许限值。这种标准是进行大气环境质量管理、大气环境评价、制定大气污染防治规划及污染物排放标准的依据,是环境管理部门的执法依据。

2. 大气污染物排放标准

大气污染物排放标准是以实现环境空气质量标准为目标,对污染源排放的污染物规定的允许限值。其作用是直接控制污染源排出的污染物浓度或排放量,是废气净化装置设计的依据,同时也是环境管理部门执法的依据。大气污染物排放标准是根据国家大气环境质量标准和国家经济、技术条件制定的,可分为国家标准、地方标准和行业标准,地方标准应严于国家标准。

3. 大气污染控制技术标准

大气污染控制技术标准是大气污染物排放标准的一种辅助规定,是根据大气污染物排放标准的要求,结合生产工艺特点,对必须采取的污染控制措施做出具体规定,如燃料(或原料)使用标准、净化装置选用标准、排气筒高度标准及卫生防护带标准等。这种辅助标准不仅便于实施环境保护和检查造成大气污染的原因,同时也可作为技术设计标准。

4. 大气污染警报标准

大气污染警报标准是大气环境污染恶化到必须向社会公众发出一定警告,以防止大气污染事故发生而规定的污染物排放允许值。这类标准对预防污染事故、保护公众健康起到一定的作用。

6.5.2 环境空气质量标准

制定环境空气质量标准,首先要考虑保障人体健康和保护生态环境这一空气质量目标。为此,需要综合考虑制定一些目标与空气中污染物浓度之间关系的资料,以便确定污染物的允许浓度。

我国 1982 年制定并于 1996 年修订实施的《环境空气质量标准》(GB 3095—2012)规定对二氧化硫(SO_2)、总悬浮颗粒(TSP)、可吸入颗粒物(PM10)、二氧化氮(NO_2)、一氧化碳(CO)、臭氧(O_3)、铅(Pb)、苯并芘(BP)、氟化物(F)等九项污染物进行控制。根据环境质量基准、各地大气污染状况、国民经济发展规划和大气环境的规划目标,按分级分区管理的原则,我国大气环境质量标准划分为三级。

(1)一级标准:为保护自然生态和人群健康,在长期接触情况下,不发生任何危害性影响的空气质量要求。

(2)二级标准:为保护人群健康和城市、乡村的动、植物,在长期和短期的接触情况下,不发生伤害的空气质量要求。

(3)三级标准:为保护人群不发生急、慢性中毒和城市一般动、植物(敏感者除外)正常生长的空气质量要求。

该标准将环境空气质量功能区分为三类。

(1)一类区为自然保护区、风景名胜区和其他需要特殊保护的地区。

(2)二类区为城镇规划中确定的居住区、商业交通居民混合区、文化区、一般工业区和农村地区。

(3)三类区为特定工业区。

6.5.3 工业企业设计卫生标准

我国于 1962 年颁布并于 1979 年修订的《工业企业设计卫生标准》(GB 21—2010)规定,"居住区大气中有害物质的最高允许浓度"标准和"车间空气中有害物质的最高允许浓度"标准。车间空气中有害物质最高容许浓度,是指工人在该浓度下长期进行生产劳动,不致引起急性和慢性职业性危害的数值,在具有代表性的采样测定中均不应超过该标准。我国还制定了《保护农作物的大气污染物最高允许浓度》(GB 9137—1988)。

6.5.4 大气污染物排放标准

1.《大气污染综合排放标准》

1996年4月12日,经国家环保总局批准,《大气污染物综合排放标准》(GB 16297—1996)于1997年1月1日起实施,同时取消《工业"三废"排放试行标准》(GBJ 4—1973)中的废气部分及十个行业标准,包括合成洗涤剂、火炸药、雷汞、硫酸、船舶、钢铁、轻有色金属、沥青及普钙等行业。

在我国现有的大气污染物排放标准体系中,按照综合性排放标准与行业标准不交叉执行的原则,锅炉执行《锅炉大气污染物排放标准》(GB 13271—2014)、工业炉窑执行《工业炉窑大气污染物排放标准》(GB 9078—1996)、火电厂执行《火电厂大气污染物排放标准》(GB 13223—2011)、炼焦炉执行《炼焦炉大气污染物排放标准》(GB 16171—1996)、水泥厂执行《水泥工业大气污染物排放标准》(GB 4915—2013)、恶臭物质执行《恶臭污染物排放标准》(GB 14554—1993)、餐饮业执行《饮食业油烟排放标准(试行)》(GB 18438—2001)、汽车和摩托车排放执行有关汽车、摩托车排放的系列标准。《大气污染物综合排放标准》规定了33种大气污染物的排放限值,同时规定了标准执行中的各种要求。

(1)本标准设置三类指标:通过排气筒排放废气的最高允许浓度;按排气筒高度规定的最高允许排放速率;以无组织排放方式排放的废气,规定无组织排放的监控点相应的监控浓度限值。

(2)排放速率标准分级:本标准规定的最高允许排放速率,现有污染源分为一、二、三级,新污染源分为二、三级,按污染源所在的环境空气质量功能区类别,执行相应级别的排放速率标准。

(3)对于新老污染源规定了不同的排放限值:1997年1月1日前设立的污染源为现有(老)污染源,1997年1月1日起设立的污染源为新污染源。

(4)对位于国务院划定的酸雨控制区和二氧化硫控制区的污染源,其二氧化硫排放除执行该标准外,还应该执行总量控制标准。

2.《制定地方大气污染物排放标准的技术方法》

《制定地方大气污染物排放标准的技术方法》(GB/T 13201—1991)是指导和修订地方大气污染物排放标准的方法标准。该标准规定了地方大气污染物排放标准的制定方法,用于指导各省、自治区、直辖市及所辖地区制定大气污染物排放标准。

3.《环境空气质量评价技术规范(试行)》(HJ 664—2013)

为贯彻《中华人民共和国环境保护法》和《中华人民共和国大气污染防治法》,加强环境空气质量的管理,保护和改善生态环境,保障人体健康,规范环境空气质量评价工作,保证环境空气质量评价结果的统一性和可比性,《环境空气质量评价技术规范(试行)》(HJ 664—

2013)于 2013 年制定并实施,该标准规定了环境空气质量评价的范围、评价时段、评价项目、评价方法及数据统计方法等内容。

4.《环境空气质量监测点位布设技术规范(试行)》(HJ 664—2013)

为贯彻《中华人民共和国环境保护法》《中华人民共和国大气污染防治法》,加强空气污染防治,规范环境空气质量监测工作,《环境空气质量监测点位布设技术规范(试行)》制定并实施,规定了环境空气质量监测点位布设原则和要求、环境空气质量监测点位布设数量、环境空气质量监测点位开展监测项目等内容。

5.《环境空气质量指数(AQI)技术规定(试行)》(HJ 633—2012)

为贯彻《中华人民共和国环境保护法》《中华人民共和国大气污染防治法》等法律,规范环境空气质量指数日报和实时报工作,制定本规定。本规定依据《环境空气质量标准》,规定了环境空气质量指数日报和实时报工作的要求和程序。本规定中的污染物浓度均为质量浓度。本规定与《环境空气质量标准》(GB 3095—2012)同步实施。

6.5.5 空气污染指数及报告

1. 空气污染指数分级及浓度限值

为了客观反映空气污染状况,近年来,我国实施了城市空气质量周报和日报制度,采用根据国家空气质量标准制定的空气污染指数 API(air pollution index)来表示空气污染状况。空气污染指数是根据空气环境质量标准和各项污染物的生态环境效应及其对人体健康的影响来确定污染指数的分级数值及相应的污染物浓度限制值,见表 6.2、表 6.3。

表 6.2 空气污染指数对应的污染物浓度限值

污染指数 API	污染物浓度/(mg · m^{-3})				
	SO$_2$ (日均值)	NO$_x$ (日均值)	PN$_{10}$ (日均值)	CO (小时均值)	O$_3$ (小时均值)
50	0.050	0.080	0.050	5	0.120
100	0.150	0.120	0.150	10	0.200
200	0.800	0.280	0.350	60	0.400
300	1.600	0.565	0.420	90	0.800
400	2.100	0.750	0.500	120	1.000
500	2.620	0.940	0.600	150	1.200

空气质量周报所用的空气污染指数的分级标准是:(1)API 为 50 点对应的污染物浓度为国家空气质量日均值一级标准;(2)API 为 100 点对应的污染物浓度为国家空气质量日均值二级标准;(3)API 更高值段的分级对应各种污染物对人体健康产生不同影响时的浓度限制。

表 6.3 空气污染指数范围及相应的空气质量类别

污染指数 API	空气质量级别	空气质量状况	表征颜色	对健康的影响	建议采取的措施
0 ~ 50	I	优	蓝色	可正常活动。	
51 ~ 100	II	良	绿色	可正常活动。	
101 ~ 200	III	轻度污染	黄色	易感人群症状有轻度加剧,健康人群出现刺激症状。	心脏病和呼吸系统疾病患者应减少体力消耗和户外活动。
201 ~ 300	IV	中度污染	橘黄色	心脏病和肺病患者症状出现显著加剧,运动耐受力下降,健康人群普遍出现症状。	老年人和心脏病、肺病患者应停留在室内,并减少体力活动。
>300	V	重度污染	红色	健康人运动耐受力下降,有明显强烈症状,提前出现某些疾病。	老年人和病人应留在室内,并避免体力消耗,一般人群应避免户外活动。

2. 空气污染指数的计算方法

空气污染分指数 I_i 可由其实测浓度 ρ_i 按照分段线性方程计算。对于第 i 个污染物的第 j 个转折点 $(\rho_{i,j}, I_{i,j})$ 的分指数值为 $I_{i,j}$ 和相应浓度值 $\rho_{i,j}$。第 i 种污染物浓度为 $\rho_{i,j} \leqslant \rho_i \leqslant \rho_{i,j+1}$ 时,空气污染分指数计算公式为:

$$I_i = (\rho_i - \rho_{i,j}) \times (I_{i,j+1} - I_{i,j}) / (\rho_{i,j+1} - \rho_{i,j}) + I_{i,j}$$

式中 I_i——第 i 种污染物的污染分指数;

ρ_i——第 i 种污染物的浓度监测值,单位为 mg/m^3;

$I_{i,j}$——第 i 种污染物 j 转折点的污染分项指数值;

$I_{i,j+1}$——第 i 种污染物 $j+1$ 转折点的污染分项指数值;

$\rho_{i,j}$——第 j 转折点上 i 种污染物(对应于 $I_{i,j}$)浓度限值,单位为 mg/m^3_N;

$\rho_{i,j+1}$——第 $j+1$ 转折点上 i 种污染物(对应于 $I_{i,j+1}$)浓度限值,单位为 mg/m^3_N。

污染指数的计算结果只保留整数,小数点后的数值全部进位。各种污染物的污染分指数都计算出来后,取最大者为该区域或城市的空气污染指数 API,同时该种污染物也是该地区的首要污染物。API<50 时,不报告首要污染物。

6.6 美国大气污染控制法律法规以及大气污染控制原则

在美国,大气污染控制行为大多数都已有或将有相应的法律和法规,而且这些法律和法规随着时间变化而变化。本节将讨论美国大气污染控制法律和法规的基本框架及根本原则,这些在过去 30 年并没有实质性的变化。

6.6.1 美国大气污染法律和法规

在美国大多数从事大气污染控制的工程师要获得许可证,主要的工厂在美国也必须获得运行许可证。这些许可证由地方、州、联邦政府授权,通常表示为:"从工厂 Y 的主要烟囱排放污染物 X 的量不能超过 Zlb/h。"对工厂所有的烟囱,汇总监测数据,上报排放量给管理部门,对过程进行测试程序等。许可证从根本上以美国宪法、基本的司法系统和常用的法律为基础。《清洁空气法》于 1963 年由美国国会通过,总统签署。该法案提供了美国大气污染法律的基础。美国国家环保局准备并出版了详细的法规,指导这些法律的实施。这些法规需经公众听证会通过,获得管理和预算办公室批准。经过上述程序后,法规就具备了法律的强制力。有些法规在全国范围内采纳。美国环保局相应的法规直接控制地方对许可证发放。

联邦公报出版了美国环保局法规,联邦法规代码第四十章也编辑了这些法规。1997 年 7 月 1 日编写的《大气污染法》共有 7 261 页。这些法规详细阐述了各州为控制大气污染,如何制定州实施计划的过程。一些全国性的产品,如汽车和汽油,则直接由美国环保局管理。汽车制造商必须具有州许可证以达到地方大气污染排放限制的要求。而且,还要有美国环保局颁发的许可证,证明其达到了联邦排放标准的要求。个人通常不必申请这些许可证,而是直接受到地方法规和州交通法规以及汽车排放检查的限制,并间接受管理汽车和汽油的联邦法规的限制。

6.6.2　大气污染控制理论

人们都期望在没有任何花费的情况下拥有一个完全没有被污染的环境,但这似乎是不可能的。因此,合理的目标是用较少的花费得到更为清洁的环境。这些花费由工业企业、轿车拥有者、房主以及其他的污染制造者按照适当的比例共同分担。大气污染控制理论的一系列基本依据就是关于什么是相对清洁的环境,为获得这样环境的合理花费是多少,污染制造者应按何种比例承担这些花费,这些理念构成了污染防治法律和法规的基础。详细的法规可以制定得很严格,也可以非常宽松。但在实际运用中无论是选择严格还是宽松的方式,它们都与大气污染控制理论的选择无关。

一个完备的大气污染控制理论及其实施法规应该是有较好的费用效益、简单、容易实施、灵活并不断革新的。费用效益分析理论,即使用于污染控制的投资效益最大化。一个简单的理论和它的实施规则应该容易被所有的执行者理解,并且不需要对这些法律和法规中的每个词句进行法律解释。一个容易实施的理论能清晰地划分各个相关部分所应承担的责任。一个不断革新的理论可以使我们在利用污染影响的新信息和污染控制新技术的同时,不必大规模审查以前的法律框架或者改建现有的工业企业。

6.6.3　四种理论

现行的政策通常是综合上述各种理论而制定的,如下所述。我们通常很难认识到这些理论正是某些政策法规的基础。虽然如此,几乎所有的政策直接或间接地基于这些理论。这里要讨论四种理论:排放标准原则,大气质量标准原理,排污税收理论,费用—效益原则。

1.排放标准原则

排放标准理论的基本思想是最大可能、最大限度地控制污染排放。这种控制程度随排放源的不同而变化,但是每种排放源可实现的控制程度大致不变。如果每种排放源的可控制程度为定值,且这类排放源每个排放点的排放量被最大限度地控制,那么污染物排放速率也被降低到可能的最小值。因为,排放速率和大气清洁度呈反相关关系。如果这个理论被严格执行,我们将得到最清洁的大气。因此,这个理论也可以称为大气最可能清洁理论。

所有的排放标准都有一个共同的理念,排放控制程度是明确要求某类排放源可以执行的程度,同时也要求所有的此类污染源都达到这一控制程度。在现行的美国《大气污染法》中有两部分是纯粹的排放标准,它们是《新增固定源执行标准》和《有毒大气污染物国家排放标准》。排放标准理念的简单性非常好。整套法规包括允许排放速率和检验排放是否达到排放标准的测试方法的描述。排放标准原理的强制执行性是有益的。一旦标准及其测试方法确定,就应该知道谁来监测,监测什么。这样违规行为将很容易被记录并因此受到处罚。

2. 大气质量标准原理

如果排放标准原理理论上是大气尽可能清洁理论,那么大气质量标准原理则是零损害理论。为了应用这个原理,就必须有可利用的剂量—反应数据,并测定污染物的阈限值。对特殊地点的特殊污染物控制程序的制定,首先要进行环境大气质量的监测。如果测得的污染物浓度是可以接受的,那么,则可以预见未来一段时间内的大气质量状况。如果可以接受这样的大气质量,就不必采取其他污染控制措施。如果未来的污染物浓度超过了标准,排放管理就必须想办法防止这种预见错误的发生。如果目前污染物浓度超过了允许值,那么必须降低污染排放以达到大气质量标准的要求。决定哪一种污染物排放量应该降低、降低多少,就需要了解污染物的排放量和环境大气质量的关系,这时通常采用大气质量模型。

大气质量标准理论的灵活性是明显的。因为有很多途径可以实施大气质量标准,管理大气质量也有很大的灵活性,每一个州或地方机构也可以制定其详细的法律法规。对于特殊案例和紧急情况,地方机构也可以按照自己适当的方式进行解决。大气质量标准理论有很大的发展潜力。如果得到新的监测数据,标准发生新的变化,则需要制定相应的新法规,但是新法规的制定是需要时间和精力的。

3. 排污税收理论

排污收费是环境保护行政主管部门对企业向外排放污染物按数量进行的收费,是政府运用国家权利对市场机制的干预,是矫正外部性市场失灵的一类财政手段,国外称为污染收费或征收污染税。排污收费是控制污染的一项重要环境政策,其运用经济手段要求污染者承担污染对社会损害的责任,把外部不经济性内在化,以促进污染者积极治理污染。排污费主要用于治理已经污染了的环境和补助受污染危害的居民以及污染者治理污染源。

单纯从法律形式上讲,排污税收理论与大气质量标准和大气排放标准有明显的不同之处。有人建议将排污税、大气质量标准和大气排放标准联合使用,这样,排污税可以刺激排污者将排放量降低到大气质量标准以下。如果这样,两种理论可以并行实施。排污税可以被视为是对污染排放者的一种重要经济刺激措施。其他措施还包括政府通过低税率或低息贷款鼓励安装污染治理设备或对污染控制的企业给予直接公共补贴。

排污税收的前提条件是认为自然界有能力去除污染物质,对于任何的污染水平自然界都有有限的、可更新的吸收和扩散能力。自然界纳污能力是公共财富,从理论上看,它被租给私人使用,使用者就应该向公众缴纳税款,但是环境不能超载。因此,人们认为与最大限度的大气清洁理论和零损害理论比较而言,排污税收是一种市场分配公共资源的形式。

税率可以根据需要进行改变,所以这种税收理论的发展潜力很大。但是,在对税收理论进行改进的同时,也要小心谨慎,必须了解新的标准给企业所带来的困难。然而,针对现有的企业,提高税率比降低排放标准所引起的经济损失小很多。就提高税率来说,现有的企业可能会选择支付更高的税款,而对于更低的排放标准,企业必须考虑使用更加有效的污染控制设备替代现有的污染控制设备。

4. 费用-效益原则

使用费用-效益分析方法的前提是或者不存在阈值,或者如果存在阈值,该阈值也非常低,以至于我们不能支付干净大气的费用。如果这样我们必须接受一定程度的大气污染对某一部分人或一些事物的损害的事实。这个理论建议我们尽可能合理地决定我们应该接受多大程度的损害,对治理污染愿意支付多少费用。

污染收费理论前提是通过对产生污染的行为定价,将环境损益的成本内在化。这一前提遵循"污染者付费原则",该原则认为污染者应该承担污染控制成本,把环境质量维持在社会可接受的水平。

排污收费是根据污染物的排放量收费。

产品收费是根据污染物数量或污染后果,对产生污染的产品加价收费。

费用-效益原则与一些期望的性质相比,其费用效率非常好。因为该理论的目标是解决费用-效益最小化问题,若最小化问题被合理地解决,其结果是费用的效力最大化。

从全世界范围看,污染收费是最常用的以市场为基础的工具,包括澳大利亚、意大利、日本、瑞士和土耳其在内的一些国家采用排污收费制度控制飞机产生的噪音污染;法国和德国则采用排污收费保护水资源;芬兰、匈牙利和意大利对润滑油产品实行产品收费。另外,丹麦和芬兰对汽车轮胎实行产品收费以弥补回收旧轮胎的成本。很多国家对机动车、包装、农药、化肥、电池和燃料等产品实行产品收费。

6.6.4　市场调节和排放权

利用市场激励的控制手段种类繁多,因此有必要将这些手段分类,主要包括:污染收费、补贴、保证金/还款制度和排污许可交易制度。表6.4对这些手段进行了简要描述。

表 6.4　以市场为基础手段的分类

市场手段		描述
污染收费	排污收费	根据实际污染排放量收费
	产品收费	根据污染物数量或污染特征,调高产生污染的产品价格。产品收费可以通过差别税收执行,即根据产品对环境的潜在影响征收不同的税额。
	使用者收费	根据污染处理成本或污染物对资源的负面影响,对环境资源使用者收费。
	管理费	因为管理当局执行、监控规定或登记污染物而收取的服务费

续表 6.4

市场手段		描述
补贴		通过直接支付或税收减免的形式向减少污染或未来的污染削减计划提供财政资助。
保证金/还款制度		预先为潜在污染损害支付一定费用，然后返还给有利于环保的行动，例如返还给合理处置或在循环利用的产品。
排污许可交易制度		通过信用或许可，建立排污权市场
	排污信用	在排污信用制度下，污染者若将污染排放量控制在排放标准以下就可以赢得市场信誉。
	排污许可	在排污许可制度下，污染者有权利排放一定量的污染物。污染排放量通过交易可以增加或减少

世界各国都借助于以市场为基础的手段控制污染。事实上，一项对 24 个国家的国际调查发现，1998 年每个国家平均采用了 11 种市场手段。该调查还显示，作为国家政策的一部分，所采用的每一种经济手段都涵盖了所有的环境介质。尽管市场方法仍然是控制手段的次优选择，但是，作为环境问题的有效解决方法的一部分，市场方法在国家政策中的应用仍显示出其重要性。

6.6.5　美国的主要大气污染法

美国大气污染法的主体包含在《清洁空气法》以及执行的法规中。该法案的主要部分见表 6.5，其他程序性的、法定的和预算的规定在污染控制工程中没有下表所列的重要。同时，大气污染法还与水污染法和固体废物法之间相互关联。

表 6.5　1970 年《清洁空气法》的主要部分

章节	主题	主要规定
107	大气质量控制区	将国家分成不同区域，在联邦的监督下，由州政府对各区域的大气质量进行管理
109	NAAQS	建立国家环境大气质量标准
110	州实施方案	要求各州政府准备编制并实施 SIP，并对如何实施给予详细的说明
111	NSPS	为新的点源制定执行标准，称为《新增源执行标准》
112 和 301～306	NESHAP	对有毒有害气体制定国家排放标准
160～169	PSD	制定比 NAAQS 更为严格的区域大气法律法规，以提高能见度，尤其对国家公园和未开垦地区
171～192	未达标地区	针对目前未达到 NAAQS 标准的地区提出详细的解决方案
202～235	流动源	在联邦政府指导下进行区域机动车尾气排放控制，制定机动车和燃油类型的标准
301～416	酸沉降控制	制定联邦酸沉降控制方案
601～618	平流层臭氧保护	制定保护平流层臭氧的方案

第7章 固体废物与危险废物管理

7.1 固体废物管理概述

固体废物管理(solid waste management,SWM)主要探讨固体废物从产生到最终处置对环境的影响及其对策。对固体废物实行环境管理,就是结合我国实际情况,运用环境管理的理论和方法,通过法律、经济、教育和行政等手段,在相关政策指导下,实施具体可行的行动计划,采用技术措施和适当的管理办法(如奖励综合利用、提倡废物资源化等),多方位控制固体废物的环境污染,促进经济与环境的协调发展,保证可持续发展战略的实施。

7.1.1 固体废物环境管理制度

1.固体废物综合规划管理遵循的原则

(1)生态工业原则,建立废物的综合利用网络。

完善固体废物循环利用连接及网络的建设,尤其注重系统中分解者、再生者的建设,从产品、企业、区域等多层次上进行物质、信息的交换、降低系统物质流动的比率与规模,形成不同企业之间以及与自然生态系统之间的废物资源的多级利用、高效产出与持续利用,全方位构建集约型发展模式。

(2)远近结合、以近为主的原则。

建立固体废物综合管理体系必须符合国家和城市的实际情况,与国家发展战略相适应,与城市和部门的发展目标相衔接,正确处理近期建设和远景发展的要求。

(3)统筹规划,突出重点,分步实施。

固体废物综合管理建设是一项系统工程,需要对固体废物开展由产生源头到最终管理的全过程的统筹规划,优化废物综合利用网络,从废物产生、收集、输送到转化处理各个技术环节进行全过程优化,进行废物处理设施的区域优化,实现经济、社会、环境效益的最大化。

(4)政府主导,社会参与,法制保障。

政府各相关部门要加强领导,充分调动社会各方面的力量共同参与。同时,积极转化政府职能,加强中介组织建设,构筑起政府微观控制的操作平台,形成行业企业间竞争和发展的网络体系,积极参与固体废物管理的决策过程,从而提高政府的管理效率和市民参与管理的广泛度。

(5)弹性规划原则。

由于实际发展中存在着诸多不确定因素和多重发展可能,面面俱到、刚性规划往往难以实施,因此在编制规划时,要注重能力建设,在抓住主要方面的前提下,留下更多可变的弹性空间。

2. 固体废物管理制度的内容

根据固体废物的特点以及我国国情,《中华人民共和国固体废物污染环境防治法》(以下简称《固体法》)对我国固体废物的管理规定一系列有效的制度,这些管理制度包括以下几个方面。

(1)源头管理规划。

固体废物源头管理的目标是要求商品的生产和包装尽量采用低废或无废的工艺,同时改变居民的生活和消费习惯,以最大限度地减少生活垃圾的产生量,并且在源头实现分类。

《固体法》第三条规定:"国家对固体废物污染环境的防治,实行减少固体废物的产生量和危害性、充分合理利用固体废物和无害化处置固体废物的原则,促进清洁生产和循环经济发展。"在政府责任方面,第四条第二款规定:"国务院有关部门、县级以上地方人民政府及其有关部门组织编制城乡建设、土地利用、区域开发、产业发展等规划,应当统筹考虑减少固体废物的产生量和危害性、促进固体废物的综合利用和无害化处置。"第七条规定:"国家鼓励单位和个人购买、使用再生产品和可重复利用产品。"

污染者付费原则和相关付费规定——由污染者承担污染治理的费用,已经是当代环境保护的一项关键原则。《中华人民共和国环境保护法》第四十三条明确规定:"排放污染物的企业事业单位和其他生产经营者,应当按照国家有关规定缴纳排污费。"因此,该项制度的建立对促进排污单位加强经营管理、节约和综合利用资源、治理污染等方面起着十分重要的作用。

源头管理的重要环节是弄清生活垃圾的来源和数量,其次是对生活垃圾进行鉴别、分类,同时建立必要的垃圾档案,记录生活垃圾的种类、特征、有害成分的含量,以及在运输、处理过程中的注意事项等。源头管理规划的最终目标是尽可能地降低固体废物的收运量及处理、处置和资源化成本。

(2)收运管理规划。

收运管理是针对从不同的产生地将固体废物集中运送到中转站,再集中送到每一个处理厂、处置场或综合利用设施的过程管理。它包括收集容器和运输工具的选择、收运方式的选择、收运管理模式运行机制的建立等。

产品、包装的生产者责任制度——借鉴日本、德国、欧盟、美国等国家和地区以及我国台湾省在固体废物减量和回收利用方面的成功经验,《固体法》在《清洁生产促进法》企业责任的基础上,明确规定国家对部分产品、包装的回收、处置实行生产者责任制度。生产、销售被列入强制回收目录的产品和包装物的企业,必须在产品报废和包装物使用后,对该产品和包装物进行回收、处置,也可以委托有关机构进行回收、处置。同时,强调生产、销售、进口依法被列入强制回收目录的产品和包装物的企业,必须按照国家有关规定对该产品和包装物进行回收。国家鼓励科研、生产单位研究、生产易回收利用、易处置或者在环境中可降解的薄膜覆盖物和商品包装物。使用农用薄膜的单位和个人,应当采取回收利用等措施,防止或者减少农用薄膜对环境的污染。

工业固体废物和危险废物申报登记制度——申报登记制度是国家带有强制性的规定,申报登记制度的实施,可以使环境保护主管部门掌握工业固体废物和危险废物的种类、产生量、流向以及对环境的影响等情况,有助于防止工业固体废物和危险废物对环境的污染。

《固体法》对工业固体废物和危险废物的申报登记进行了规定,第三十二条规定:"国家实行工业固体废物申报登记制度。"第五十三条规定:"产生危险废物的单位,必须按照国家有关规定制定危险废物管理计划,并向所在地县级以上地方人民政府环境保护行政主管部门申报危险废物的种类、产生量、流向、贮存、处置等有关资料。"

收运系统是衔接源头管理系统和处理、处置和资源化系统的中间环节,它在整个生活垃圾管理系统占有十分特殊的地位。收集和运输系统效率的高低影响收运系统本身的经济成本和环境卫生目标的实现,同时还直接影响生活垃圾的后续处理及处置,如收运方式中的分类收集对垃圾的资源化具有重大影响,而垃圾的资源化应是垃圾处理、处置的归宿。

(3)处理与处置管理规划。

固体废物的处理、处置的管理规划的目标是选用先进、科学的处理工艺,使生活垃圾处理逐步实现无害化、减量化和资源化再利用。

固体废物建设项目环境影响评价制度——为了实施可持续发展战略,预防因规划和建设项目实施后对环境造成不良影响,促进经济、社会和环境的协调发展,必须对建设进行环境影响评价。为加强固体废物建设项目的管理,《固体法》第十三条和第十四条规定:"建设产生固体废物的项目以及建设贮存、利用、处置固体废物的项目,必须依法进行环境影响评价,并遵守国家有关建设项目环境保护管理的规定""建设项目的环境影响评价文件确定需要配套建设的固体废物污染环境防治设施,必须与主体工程同时设计、同时施工、同时投入使用。固体废物污染环境防治设施必须经原审批环境影响评价文件的环境保护行政主管部门验收合格后,该建设项目方可投入生产或者使用。对固体废物污染环境防治设施的验收应当与对主体工程的验收同时进行。"环境影响报告书经批准后,审批建设项目的主管部门方可批准该建设项目的可行性研究报告或者设计任务书。"

固体废物污染防治设施的"三同时"制度——《中华人民共和国环境保护法》第四十一条规定:"建设项目中防治污染的设施,应当与主体工程同时设计、同时施工、同时投产使用。防治污染的设施应当符合经批准的环境影响评价文件的要求,不得擅自拆除或者闲置。"因此,建设项目的防治污染设施必须与主体工程同时设计、同时施工和同时投产使用,即"三同时"制度。为此《固体法》的第十四条也明确规定:"建设项目的环境影响评价文件确定需要配套建设的固体废物污染环境防治设施,必须与主体工程同时设计、同时施工、同时投入使用。固体废物污染环境防治设施必须经原审批环境影响评价文件的环境保护行政主管部门验收合格后,该建设项目方可投入生产或者使用。对固体废物污染环境防治设施的验收应当与对主体工程的验收同时进行。"

固体废物环境污染限期治理制度——《固体法》第七十条规定:"违反本法规定,拒绝县级以上人民政府环境保护行政主管部门或者其他固体废物污染环境防治工作的监督管理部门现场检查的,由执行现场检查的部门责令限期改正;拒不改正或者在检查时弄虚作假的,处二千元以上二万元以下的罚款。"实行"固体废物环境污染限期治理制度"是为了解决重点污染源污染环境问题,是一种有效防治固体废物污染环境的措施。

(4)固体废物进口审批制度。

《固体法》第二十四、二十五和第六十六条规定:"禁止中华人民共和国境外的固体废物进境倾倒、堆放、处置""禁止进口不能用作原料或者不能以无害化方式利用的固体废物;对可以用作原料的固体废物实行限制进口和非限制进口分类管理。"我国 1996 年颁布了《废物进口环境保护管理暂行规定》《国家限制进口的可用作原料的废物名录》。《废物进口环境保护管理暂行规定》规定了废物进口的三级审批制度、风险评价制度和加工利用单位定点制度;在其补充规定中,又规定了废物进口的装运前检验制度。

"国务院环境保护行政主管部门会同国务院对外贸易主管部门、国务院经济综合宏观调控部门、海关总署、国务院质量监督检验检疫部门制定、调整并公布禁止进口、限制进口和非限制进口的固体废物目录;禁止进口列入禁止进口目录的固体废物。进口列入限制进口目录的固体废物,应当经国务院环境保护行政主管部门会同国务院对外贸易主管部门审查许可;进口的固体废物必须符合国家环境保护标准,并经质量监督检验检疫部门检验合格;进口固体废物的具体管理办法,由国务院环境保护行政主管部门会同国务院对外贸易主管部门、国务院经济综合宏观调控部门、海关总署、国务院质量监督检验检疫部门制定。"

(5)危险废物管理制度。

危险废物具有毒性、易燃性、爆炸性、腐蚀性、化学反应性或传染性,若不加以严格的控制和管理,将会对生态环境和人类健康构成严重危害。控制危险废物已成为当今世界各国共同面临的重大环境问题。

危险废物行政代执行制度——《固体法》第五十三条规定:"产生危险废物的单位,必须按照国家有关规定处置;不处置的,由所在地县以上地方人民政府环境保护行政主管部门责令限期改正;逾期不处置或者处置不符合国家有关规定的,由所在地县以上地方人民政府环境保护行政主管部门指定单位按照国家有关规定代为处置,处置费由产生危险废物的单位承担。"此处所指的"行政代执行制度"是一种行政强制执行措施,以确保危险废物能得到妥善和适当的处置,而处置所涉及的费用则由危险废物产生者承担,符合"谁污染,谁治理"的基本原则。

危险废物经营单位许可证制度——为提高我国危险废物管理和技术水平,保证危险废物的严格控制,避免危险废物污染环境的事故发生。《固体法》第五十七条规定:"从事收集、贮存、处置危险废物经营活动的单位,必须向县级以上人民政府环境保护行政主管部门申请领取经营许可证。"这一规定说明必须具备达到一定要求的设施、设备,又要有相应的专业技术能力等条件的单位,才能从事危险废物的收集、贮存、处理和处置活动。

危险废物从业人员培训与考核制度——由于危险废物的有害特性,需要对从事危险废物处理、处置的人员进行专业的培训和考核,以防止产生难以预料的环境污染和人身健康危害。

危险废物转移报告单制度——为保证危险废物的运输安全,防止危险废物的非法转移和非法处置,保证危险废物的安全监控,防止危险废物污染事故的发生,需要建立危险废物转移报告单制度,为此,《固体法》第五十九条规定:"转移危险废物的,必须按照国家有关规定填写危险废物转移联单。跨省、自治区、直辖市转移危险废物的,应当向危险废物移出地省、自治区、直辖市人民政府环境保护行政主管部门申请。移出地省、自治区、直辖市人民政府环境保护行政主管部门应当经接受地省、自治区、直辖市人民政府环境保护行政主管部门同意后,方可批准转移该危险废物。未经批准的,不得转移;转移危险废物途经移出地、接受地以外行政区域的,危险废物移出地设区的市级以上地方人民政府环境保护行政主管部门应当及时通知沿途经过的设区的市级以上地方人民政府环境保护行政主管部门。"第六十条规定:"运输危险废物,必须采取防止污染环境的措施,并遵守国家有关危险货物运输管理的规定""禁止将危险废物与旅客在同一运输工具上载运。"

7.1.2 我国固体废物管理系统

固体废物管理是运用环境管理的理论和方法,通过法律、经济、技术、教育和行政等手段,鼓励废物资源化利用和控制固体废物污染环境,促进经济与环境的可持续发展。我国固体废物管理体系是以环境保护主管部门为主,结合有关的工业主管部门以及城市建设主管部门,共同对固体废物实行全过程管理。《固体法》对各个主管部门的分工有着明确的规定。

1.国务院和县级以上人民政府有关部门

国务院和县级以上人民政府有关部门是指国务院、各地人们政府下属有关部门,如工业、农业和交通等部门,《固体法》第十条规定:"国务院有关部门、县级以上地方人民政府有关部门在各自的职责范围内负责固体废物污染环境防治的监督管理工作。"

其主要工作包括:对造成固体废物严重污染环境的企事业单位进行限期治理;对所管辖范围内的有关单位的固体废物污染环境防治工作进行监督管理;制定防治工业固体废物污染环境的技术政策,组织推广先进的防治工业固体废物污染环境的生产工艺和设备;组织、研究、开发和推广减少工业固体废物产生量的生产工艺和设备,限期淘汰产生严重污染环境的工业固体废物的落后生产工艺、落后设备;组织建设工业固体废物和危险废物贮存、处置设施;制定工业固体废物污染环境防治工作规划。

2.县级以上环境保护主管部门

《固体法》第十条规定:"县级以上地方人民政府环境保护行政主管部门对全国固体废物污染环境的防治工作实施统一监督管理。"

其主要工作包括:验收、监督和审批固体废物污染环境防治设施的"三同时"及其关闭、拆除;指定有关固体废物管理的规定、规则和标准;建立固体废物污染环境的监测制度;审批产生固体废物的项目以及建设贮存、处置固体废物的项目的环境影响评价;对与固体废物污染环境防治有关的单位进行现场检查;进口可用作原料的废物的审批;对固体废物的转移、处置进行审批、监督;制定防治工业固体废物污染环境的技术政策,组织推广先进的防治工业固体废物污染环境的生产工艺和设备;制定工业固体废物污染环境防治工作规划;对所产生的危险废物不处置或处置不符合国家有关规定的单位实行行政代执行审批、颁发危险废物经营许可证;组织工业固体废物和危险废物的申报登记;对固体废物污染事故进行监督、调查和处理。

3.国务院建设行政主管部门和县级以上地方人民政府环境卫生行政主管部门

其主要工作包括:组织制定有关城市生活垃圾管理的规定和环境卫生标准;组织建设城市生活垃圾的清扫、贮存、运输和处置设施,并对其运转进行监督管理;对城市生活垃圾的清扫、贮存、运输和处置经营单位进行统一管理。

7.2　固体废物管理的技术经济政策

遵循环境保护的基本国策、可持续发展战略和循环经济理论,以加快发展为主题,以结构调整为主线,以现代科学技术和社会文明为支撑,以改善生态环境、提高人们生活水平、实现可持续发展为目标,按照废物源头控制、综合利用、妥善处理处置从高到低三个层次,实现固体废物的综合管理,提高资源的循环利用率,培育和发展废物再生利用产业,不断优化固体废物的综合管理。

7.2.1　固体废物管理的技术政策

当前,各发达国家已经将再生资源的开发利用视为"第二矿业",给予其高度重视,形成了一个新兴工业体系。我国于 20 世纪 80 年代中期提出了以"资源化""无害化""减量化"作为控制固体废物污染的技术政策。进入 20 世纪 90 年代以后,我国把回收利用可再生资源作为重要的发展战略,实施废物最小量化,为废物最小量化、资源化和无害化提供技术支持,分别建成废物最小量化、资源化和无害化示范工程。

1. 无害化

固体废物无害化处理是将已产生又无法或目前尚不能综合利用的固体废物通过工程处理,达到不损害人体健康,不污染周围的自然环境。

在对固废进行无害化处理时,必须认识到各种无害化处理工程技术的通用性是有限的,它们的优劣程度往往不是由技术、设备条件本身所决定的。以生活垃圾处理为例,焚烧处理确实不失为一种先进的无害化处理方法,但它必须以垃圾含有高热值和可能的经济投入为条件,否则便没有引用的意义。根据我国大多数城市生活垃圾的特点,在近期内,着重发展卫生填埋和高温堆肥处理技术是最适宜的。卫生填埋,处理量大,投资少,见效坏;将高温堆肥进行深加工成为垃圾复混肥则有更为广阔的发展前景。这两种处理方式可以迅速提高生活垃圾处理率,可以解决当前带"爆炸性"的垃圾出路问题,但是它们通常会产生二次污染。如填埋会产生渗滤液,污染地下水;焚烧会产生二噁英(dioxin)等致癌物质,因此,必须做好后续处理才能真正达到无害化处理。

2. 减量化

固体废物减量化是通过适宜的手段减少和减小固体废物的数量和容积。通过采用适当的技术实现两个层次:一是固体废物的综合利用,即单纯通过处理和利用对已经生成的固体废物进行减量;二是要通过产品设计和销售过程的规范,将"减量化"延伸到固体废物产生源的控制与管理,从而实现固体废物的根本减量化。

实现固体废物减量化,必须从固体废物资源化延伸到资源综合利用上来,可通过四个途径实现,即选用合适的生产原料、采用无废或低废工艺、提高产品质量和使用寿命和废物综合利用,其工作重点包括采用经济合理的综合利用工艺和技术,制定科学的资源消耗定额等。

3. 资源化

没有绝对的废物,只有尚未被利用的资源,也是人类拥有的有限资源的一部分,不能随意抛弃,固体废物资源化的基本任务是采取工艺措施从固体废物中回收有用的物质和能源,确立废弃物资源化的方针,资源化应该贯穿固体废物的产生、收集、运输和处理处置的每一个环节,使其充分发挥经济效益,达到变废为宝。

如欧洲各国投入巨资开发解决固废污染和能源紧张的新途径,甚至将其列入国民经济政策的一部分;日本将固废资源化列为国家的重要政策和课题研究;我国20世纪90年代已经将八大固废资源列为国家的重大技术经济政策。

我国是一个发展中国家,面对经济建设的巨大需求和能源、资源严重不足的严峻冲突,推行固体废物资源化,不仅可以为国家节约投资、降低成本,还能治理环境,维持生态系统的良性循环,同时具有环境效益高、生产成本低、生产效率高、能耗低等特点。因此固体废物的资源化应遵循的原则是技术可行性、经济可行性和资源化的环境效益,但同时还要考虑市场因素,盲目建设只会造成投资的浪费。

7.2.2　固体废物管理的经济政策

固体废物管理的经济政策有多种,由于我国正处于由过去的计划经济向社会主义经济转变的时期,因此,在用经济手段管理固体废物方面的力度不大,但未来将向这方面发展。这里介绍几项比较普遍的经济政策,其中部分经济政策已经在我国实施。

1.“生产者责任制”政策

“生产者责任制”政策是指产品的生产者(或销售者)对其产品被消费后所产生的废弃物的管理负有责任。其次,生产者必须对包装材料进行回收和再生利用。例如对包装废物,规定生产者必须对其商品所用包装的数量或质量进行限制,尽量减少包装材料的用量,这样可以大大减少废弃包装物的产生和节约资源。

2.“排污收费”政策

“排污收费”政策,即根据固体废物的特点,征收总量排污费和超标排污费。固体废物产生者除了需承担正常的排污费外,如超标排放废物,还需额外负担超标排污费。我国从2002年开始实行垃圾收费制度,它一方面可解决我国城市垃圾服务系统的运行费用问题,另一方面也有利于促使每个家庭和有关企业减少垃圾产生量,是一项促使垃圾“减量化”的重要经济政策。

3.“押金返还”政策

“押金返还”政策是指消费者在购买物品时,除了需要支付产品本身的价格外,还需要支付一定数量的押金,产品被消费后,其产生的废弃物回收到指定的地点时,可赎回已经支付的押金。例如美国加州要求顾客在购买易拉罐可口可乐时,需额外支付每罐5美分的押金,顾客消费后把易拉罐返回到回收中心时,可以把这5美分押金收回。

4.“税收、信贷优惠”政策

“税收、信贷优惠”政策是指通过税收的减免、信贷的优惠,鼓励和支持从事固体废物管理的企业,促进环保产业的长期稳定的发展。如建筑垃圾资源化是无利或微利的经济活动,政府要建立政策支持鼓励体系,一方面对从事垃圾资源化的投资和产业活动免除一切税项,以增强垃圾资源化企业的自我生存能力;另一方面,政府对从事垃圾资源化投资经营活动的企业给予贷款贴息的优惠。

5. "垃圾填埋费"政策

"垃圾填埋费"政策,又称为"垃圾填埋税",指对进入填埋场最终处置的垃圾进行再次收费,其目的在于鼓励废物的回收利用,提高废物的综合利用率,以减少废物的最终处置量。

7.3 我国固体废物环境管理标准体系

7.3.1 固体废物分类标准

这类标准主要包括《国际危险废物名录》(以下简称《名录》)和《危险废物鉴别标准》(GB 5085.1—2007)。建设部颁布的《生活垃圾产生源分类及排放》(CJ/T 368—2011)中关于城市垃圾产生源分类及其产生源的部分也是此类标准。另外,《进口废物环境保护控制标准(试行)》(GB 16487.1~12—1996)也应归入这一类。

《国家危险废物名录》(2016)修订将危险废物调整为 46 大类别 479 种(362 种来自原名录,新增 117 种)。其中,将原名录中 HW06 有机溶剂废物、HW41 废卤化有机溶剂和 HW42 废有机溶剂合并成 HW06 废有机溶剂与含有机溶剂废物,将原名录中 HW43 含多氯苯并呋喃类废物和原名录中 HW44 含多氯苯并二噁英类废物删除(见表 7.1)。

《固体法》《废物进口环境保护管理暂行规定》以及为遏制"洋垃圾"入境而紧急制定的《进口废物环境保护控制标准(试行)》(GB 16487.1~12—1996),这类标准的制定在国际上尚属首次,具有鲜明的中国特色,该标准根据《国家限制进口的可用作原料的废物名录》分为 12 个分标准,即骨废料、冶炼渣、木及木制品废料、废纸或纸板、纺织品废物、废钢铁、废有色金属、废电机、废电线电缆、废五金电器、供拆卸的船舶及其他浮动结构体、废塑料。根据《进口废物环境保护管理暂行规定》,国家商检部门依据这一标准对进口的可用作原料的废物进行商检,海关根据国家环保总局出具的进口废物审批证书和国家商检部门出具的检验合格证书放行,堵住了"洋垃圾"的入境通道。

《生活垃圾产生源分类及排放》(CJ/T 368—2011)规定了城市垃圾的分类原则和产生源的分类,即居民垃圾产生场所、清扫垃圾产生场所、商业单位、行政事业单位、医疗卫生单位、交通运输垃圾产生场所、建筑装修场所、工业企业单位和其他垃圾产生场所共九类。

7.3.2 固体废物监测标准

这类标准包括已经制定颁布的《固体废物浸出毒性测定方法》《固体废物浸出毒性浸出方法》《工业固体废物采样制样技术规范》(HJ/T 20—1998)。另外建设部制定颁布的《城市生活垃圾采样和物理分析方法》(CJ/T 313—2009)和《生活垃圾填埋场环境监测技术标准》(CJ/T 3037—1995)也属于这类标准。这类标准主要包括固体废物的样品采制、样品处理以及样品分析方法的标准。

《固体废物浸出毒性测定方法》规定了固体废物浸出液中总汞、铜、锌、铅、镉、砷、六价铬、总铬、镍、氟化物以及浸出液腐蚀性的测定方法;《固体废物浸出毒性浸出方法》规定了固体废物浸出液的制取方法。这一标准规定,固体废物浸出液采用 100g 固体废物样品在 1L 蒸馏水中震荡 8 h、静置 16 h 的方法制取。

《危险废物鉴别标准急性毒性初筛》(GB 5085.2—2007)中附录 A《危险废物急性毒性

初筛试验方法》中规定了危险废物急性毒性初筛的样品制备以及试验方法;《工业固体废物采样制样技术规范》(HJ/T 20—1998)规定了工业固体废物采样制样方案设计、采样技术、制样技术、样品保存和质量控制;《生活垃圾填埋场环境监测技术标准》(CJ/T 3037—1995)规定了生活垃圾填埋场在填埋前和填埋后的水、气和土壤的监测内容和监测方法;《城市生活垃圾采样和物理分析方法》(CJ/T 3039—2009)规定了城市生活垃圾样品的采集、制备和物理成分、物理性质的分析方法。

固体废物对环境的污染主要是通过渗滤液和散发气体等释放物进行,因此对这些释放物的监测仍然应该遵照废水、废气的监测方法进行。

7.3.3　固体废物污染控制标准

这类标准是固体废物管理标准中最重要的标准,是环境影响评价、三同时、限期治理、排污收费等一系列管理制度的基础。

固体废物污染控制标准分为两大类,一类是废物处置控制标准,另一类是设施控制标准。

废物处置控制标准即对某种特定废物的处置标准及要求。目前这类标准有《含多氯联苯废物污染控制标准》(GB 13015—2017)。这一标准规定了不同水平的含多氯联苯废物的允许采用的处置方法。另外《生活垃圾产生源分类及排放》(CJ/T 368—2011)中有关城市垃圾排放的内容应属于这一类。

设施控制标准的范围较广,如《生活垃圾填埋污染控制标准》(GB 16889—2008)《生活垃圾焚烧污染控制标准》(GB 18485—2014)《危险废物安全填埋污染控制标准》(GB 18598—2001)《一般工业固体废物贮存、处置场污染控制标准》(GB 18599—2001)《危险废物焚烧污染控制标准》(GB18484—2001)《危险废物贮存污染控制标准》(GB 18597—2001)。这些标准中都规定了各种处置设施的选址、设计与施工、入场、运行、封场的技术要求和释放物的排放标准以及监测要求。这些标准在制定完成并颁布后将成为固体废物管理的最基本的强制性标准。在这之后建成的处置设施如果达不到这些要求将不能运行,或被视为非法排放;在这之前建成的处置设施如果达不到这些要求将被要求限期整改,并收取排污费。除此之外,国家环境保护总局和建设部制定并颁布的一些设备、设施的行业性技术标准亦应归入这一类,如《锤式垃圾破碎机》(CJ/T 3051—1995)《垃圾分选机垃圾滚筒筛》(CJ/T 5013.1—1995)等。

7.3.4　固体废物综合利用标准

1996 年 4 月 1 日实施的《中华人民共和国固体废物污染环境防治法》,确立了废物污染防治的"三化"原则和"全过程"管理原则,并于 2016 年进行了修订。

根据《固体法》的"三化"原则,固体废物的资源化非常重要。为大力推行固体废物的综合利用技术并避免在综合利用过程中产生二次污染,国家环保总局还应制定一系列有关固体废物综合利用的规范和标准。首批应该制定的综合利用标准包括有关电镀污泥、含铬废渣、磷石膏等废物综合利用的规范和技术规定,此后还要根据技术的成熟程度陆续制定有关各种废物综合利用的标准。

1."三化"原则

我国于 20 世纪 80 年代中期提出了以"无害化""减量化""资源化"作为控制固体废物

污染的"三化"技术政策。"无害化"技术政策是指将固体废物通过工程处理,达到不损害人体健康、不污染周围的自然环境。"减量化"是从减少固体废物的产生和对固体废物进行处理和利用方面着手,通过适宜的手段减少固体废物的数量和容积。固体废物"资源化"是指从固体废物中回收有用的物质和能源,加快物质循环,创造经济价值的广泛的技术和方法。它包括物质回收,物质转换和能量转换。其遵循的原则是技术上可行,经济效益好,就地利用产品,不产生二次污染,符合国家相应产品的质量标准。

目前,工业发达国家出于资源危机和环境治理的考虑,已把固体废物"资源化"纳入资源和能源开发利用之中,逐步形成了一个新兴的工业体系——资源再生工程。如欧洲各国把固体废物资源化作为解决固体废物污染和能源紧张的方式之一,并将其列入国民经济政策的一部分,投入巨资进行开发。美国把固体废物列入资源范畴,将固体废物资源化当作固体废物处理的替代方案。日本由于资源缺乏,将固体废物"资源化"列为国家的重要政策,并将其当作紧迫课题进行研究。我国在 20 世纪 90 年代把八大固体废物"资源化"列为国家的重大技术经济政策。

固体废物的"资源化"具有环境效益高、生产成本低、生产效率高、能耗低等特点。如用废铁炼钢代替铁矿石炼钢可减少矿山垃圾 97%,减少空气污染 85%,节约能耗 74%。用铁矿石炼 1 t 钢需 8 个工时,而废铁炼钢仅需 2~3 个工时。在"资源化"的同时除去某些潜在的毒性物质,减少废物堆埋场地和废物贮放量。

我国固体废物处理利用的发展趋势必然是从"无害化"走向"资源化","资源化"是以"无害化"为前提的,"无害化"和"减量化"应以"资源化"为条件。

2."全过程"管理原则

由于固体废物本身往往是污染的"源头",故需对其产生—收集—运输—综合利用—处理—贮存—处置实行全过程管理,在每一环节都将其作为污染源进行严格控制。因此,解决固体废物污染控制问题的基本对策是避免产生(clean)、综合利用(cycle)、妥善处置(control)的所谓"3C 原则"。

依据"3C 原则",将固体废物从产生到处置的过程分为五个连续或不连续的环节进行。

第一阶段:是各种产业活动中的清洁生产阶段,在这一阶段,通过改变原材料、改进生产工艺和更换产品等来减少或避免固体废物的产生;第二阶段:对生产过程中产生的固体废物,尽量进行系统内的回收利用;第三阶段:对于已产生的固体废物,则进行系统外的回收利用;第四阶段:无害化、稳定化处理;第五阶段:固体废物的最终处置。

7.4　危险废物管理

7.4.1　危险废物的分类及鉴别

1.危险废物的定义、来源及分类

危险废物是指列入《国家危险废物名录》或者根据国家规定的危险废物鉴别标准和鉴别方法认定的具有危险特性的废物。危险废物具有毒性、腐蚀性、易燃性、反应性和感染性等一种或几种危害特性,对生态环境和人类健康构成严重危害,已成为世界各国共同面临的重大环境问题。

　　联合国环境规划署于 1989 年 3 月通过了控制危险废物越境转移及其处置的《巴塞尔公约》,并于 1992 年生效,我国是该公约最早缔约国之一。控制危险废物已成为当今世界各国共同面临的重大环境问题。危险废物管理和放射性固体废物是以具体的废物为管理对象,运用法律、行政、经济、技术等手段防止危险废物污染环境。

　　我国危险废物分布于各行各业,从工业生产到居民生活,都有危险废物产生,且物种类多,危险废物名录(表 7.1)中的危险废物我国都有产生。全国各省、市均有危险废物产生,但在各地区和城市之间,危险废物种类和数量有较大差别。

表 7.1 《国家危险废物名录》

编号	废物类别	废物来源	常见危害组分或废物名称
HW01	医院临床废物	从医院、医疗中心和诊所的医疗废物服务中产生的临床废物 ——手术、包扎残余物 ——生物培养、动物实验残余物 ——化验检查残余物 ——传染性废物 ——废水处理污泥	手术残物、化验废物、敷料、传染性废物、动物实验废物
HW02	医药废物	从医用药品的生产制作过程中产生的废物,包括兽药产品(不含中药类废物) ——蒸馏及反应残余物 ——高浓度母液及反应基或培养基废物 ——脱色过滤(包括载体)物 ——用过废气的吸附剂、催化剂、溶剂 ——生产中产生的报废药品及过期原料	废抗菌药、甾类药、抗组织胺类药、镇痛药、心血管药、杂药、神经系统药、基因类废物
HW03	废药物、药品	过期、报废的无标签及多种混杂的药物、药品(不包括 HW01、HW02 类中的废药品) ——生产中产生的报废药品(包括药品废原料和中间体反应物) ——使用单位(科研、监测、学校、医疗单位、化验室等)积压或报废的药品(物) ——经营部门过期的报废药品(物)	废化学试剂、废药品、废药物

续表 7.1

编号	废物类别	废物来源	常见危害组分或废物名称
HW04	农药废物	来自杀虫、灭菌、除草、灭鼠和植物生长调节剂的生产、经销、配制和使用过程中产生的废物 ——蒸馏及反应残余物 ——生产过程母液及(反应罐及容器)清洗液 ——吸附过滤物(包括载体、吸附剂、催化剂) ——废水处理污泥 ——生产、配制过程中的过期原料 ——生产、销售、使用过程中的过期及淘汰产品 ——沾有农药及除草性的包装物及容器	有机磷杀虫剂、有机氯杀虫剂、有机氮杀虫剂、有机磷杀菌剂、氨基甲酸酯类杀虫剂、拟除虫菊酯类杀虫剂、杀螨剂、有机氯杀菌剂、有机硫杀菌剂、有机锡杀菌剂、有机氮杀菌剂、醌类杀菌剂、无机杀菌剂 氨基甲酸酯类除草剂、酸类除草剂、酚类除草剂、酰胺类除草剂、苯氧羧酸类除草剂、取代脲类除草剂、均三氮苯类除草剂、无机除草剂
HW05	木材防腐剂废物	从木材防腐化学品的生产、配制和使用中产生的废物(不包括与 HW04 类重复的废物) ——生产单位生产中产生的废水处理污泥、工艺反应残余物、吸附过滤无及载体 ——使用单位积压、报废或配制过剩的木材防腐化学品 ——销售经营部门报废的木材防腐化学品	含五氯酚、苯酚、2-氯酚、甲酚、对氯间甲酚、三氯酚、屈萘、四氯酚、杂酚油、2,4-二甲酚、荧蒽、苯并 α 芘、2,4-二硝基酚,苯并(b)荧蒽、苯并(α)蒽、二苯并(α)蒽的废物
HW06	有机溶剂废物	从有机溶剂生产、配制和使用过程中产生的废物(不包括 HW42 类的废有机溶剂) ——有机溶剂的合成、裂解、分离、脱色、催化、沉淀、精馏等过程中产生的反应残余物,吸附过滤物及载体 ——配制和使用过程中产生的有机溶剂的清洗杂物	废催化剂,反应残渣及滤渣,清洗剥离物,吸附物与载体废物

续表7.1

编号	废物类别	废物来源	常见危害组分或废物名称
HW07	热处理含氰废物	从含氰化合物热处理和退火作业中产生的废物 ——金属含氰热处理 ——含氰热处理回火池冷却 ——含氰热处理炉维修 ——热处理渗碳炉	含氰热处理钡渣,含氰热处理炉内衬,含氰污泥及冷却液,热处理渗碳氰渣
HW08	废矿物油	不适合原来用途的废矿物油 ——来自于石油开采和炼制产生的油泥和油脚 ——矿物油类仓储过程中产生的沉积物 ——机械、动力、运输等设备的更换油及清洗油(泥) ——金属轧制、机械加工过程中产生的废油(渣) ——含油废水处理过程中产生的废油及油泥 ——油加工和油再生过程中产生的油渣及过滤介质	废机油、原油、液压油、汽油、真空泵油、柴油、重油、热处理油、樟脑油、润滑油(脂)、冷却油
HW09	废乳化液	从机械加工、设备清洗等过程中产生的废乳化液、废油水混合物 ——生产、配制、使用过程中产生的过剩乳化液(膏) ——机械加工、金属切削和冷拔过程产生的废乳化剂 ——清洗油罐及其零件过程中产生的油水、烃水混合物 ——来自于(乳化液)水压机定期更换的乳化废液	废皂液、乳化油/水,烃/水混合物、切削剂、冷却剂、润滑剂、乳化液(膏)、拔丝剂

续表7.1

编号	废物类别	废物来源	常见危害组分或废物名称
HW10	含多氯联苯废物	含油或沾染多氯联苯(PCBs),多虑三联苯(PCTs)、多溴联苯(PBBs)的废物质和废物品 ——过剩的、废弃的、封存的、待替换的含有 PCBs、PCTs 和 PBBs 的电力设备(电容器、变压器) ——从含有 PCBs、PCTs 或 PBBs 的电力设备中倾倒出的介质油、绝缘油、冷却油及传热油 ——来自含有 PCBs、PCTs 和 PBBs 或被这些物质污染的电力设备的拆装过程中的清洗液 ——被 PCBs、PCTs 和 PBBs 污染的土壤及包装物	含多氯联苯 PCBs)、多溴联苯(PBBs)、多虑三联苯(PCTs)的废物
HW11	精(蒸)馏残渣	从精炼、蒸馏和任何热解处理中产生的废焦油状残留物 ——煤气生产过程中产生的焦油渣 ——原油蒸馏过程中产生的焦油残余物 ——原油精制过程中产生的沥青状焦油及酸焦油 ——化学品生产过程中产生的蒸馏残渣和蒸馏釜底物 ——化学品原来生产的热解过程中产生的焦油状残余物 ——被工业生产过程中产生的焦油或蒸馏残余物所污染的土壤 ——盛装过焦油状残余物的包装盒容器	沥青渣、焦油渣、蒸馏釜残物、废酸焦油、酚渣、甲苯渣、废液化石油气残液(含苯并 α 芘、屈萘、荧蒽、多环芳烃类废物)

续表7.1

编号	废物类别	废物来源	常见危害组分或废物名称
HW12	燃料、涂料废物	从油墨、燃料、颜料、油漆、真漆、罩光漆的生产配制和使用过程中产生的废物 ——生产过程中产生的废弃的颜料、燃料、涂料和不合格产品 ——染料、颜料生产硝化、氧化、还原、磺化、重氮化、卤化等化学反应中产生的废母液、残渣、中间体废物 ——油漆、油墨生产、配制和使用过程中产生的含颜料、油墨的有机溶剂废物 ——使用酸、碱或有机溶剂清洗溶剂设备产生的污泥状剥离物 ——含有染料、颜料、油墨、油漆残余物的废弃包装物 ——废水处理污泥	废酸性染料、碱性染料、煤染料、偶氮染料、硫化染料、活性染料、聚氨酯树脂涂料、聚乙烯树脂涂料、醇酸树脂涂料、丙烯酸树脂涂料、环氧树脂涂料、双组分涂料、油墨、重金属颜料
HW13	有机树脂类废物	从树脂、胶乳、增塑剂、胶水/胶合剂的生产、配制和使用过程中产生的废物 ——生产、配制、使用过程中产生的不合格产品、废副产物 ——在合成、酯化、缩合等反应中产生的废催化剂、高浓度废液 ——精馏、分离、精制过程中产生的釜残液、过滤介质和残渣 ——使用溶剂或酸、碱清洗容器设备剥离下的树脂状、黏稠杂物 ——废水处理污泥	含邻苯二甲酸酯类、磷酸酯类、环氧化合物类、脂肪酸二元酸酯类、偏苯三甲酸酯类、聚酯类、氯化石蜡、二元醇和多元醇酯类、磺酸衍生物的废物
HW14	新化学品废物	从研究和开发或教学活动中产的尚未鉴定的和(或)新的并对人类和(或)环境的影响未明的化学废物	新化学品研制中产生的废物

续表7.1

编号	废物类别	废物来源	常见危害组分或废物名称
HW15	爆炸性废物	在生产、销售、使用爆炸物品过程中产生的次品、废品及具有爆炸性质的废物 ——不稳定,在无爆震时容易发生剧烈变化的废物 ——能和水形成爆炸性混合物 ——经过发热、吸湿、自发的化学变化具有着火倾向的废物 ——在有引发源或加热时能爆震或爆炸的废物	含叠氯乙酸、硝酸乙酰酯、叠氮铵、氯酸铵、六硝基高钴酸铵、硝酸铵、氮化铵、四过氧铬酸铵、叠氮钡、氯化重氮苯、硝化甘油、四硝基戊四醇、三硝基氮苯、叠氮化银、聚乙烯硝酸酯、硝酸钾、氮化银、三硝基苯间二酚银、四氮烯银、无烟火药、叠氮化钠、苦味酸钠、四硝基甲烷、四氮化四硒、四氮化四硫、四氮烯、二氮化三铅、二氮化三汞、雷银、三硝基苯、氯酸钾、雷汞、三硝基甲苯、三硝基间苯二酚的废物
HW16	感光材料废物	从摄影化学品、感光材料的生产、配制、使用产生的废物 ——生产过程中产生的不合格产品和过期产品 ——生产过程中产生的残渣及废水污泥 ——出版社、报社、印刷厂、电影厂在使用和经营活动中产生的废显(定)影液、胶片机废相纸 ——社会照相部、冲洗部在使用和经营活动中产生的废显(定)影液、胶片机废相纸 ——医疗院所的 X 光和CT 检查中产生的废显(定)影液及胶片	废显影液、定影液、像纸、正负胶片、感光原料及药品

续表 7.1

编号	废物类别	废物来源	常见危害组分或废物名称
HW17	表面处理废物	从金属盒塑料表面处理过程中产生的废物 ——电镀行业的电镀槽渣、槽液及水处理污泥 ——金属和塑料表面酸（碱）洗、除油、除锈、洗涤工艺产生的腐蚀液、洗涤液和污泥 ——金属和塑料表面磷化、出光、化抛过程中产生的残渣（液）及污泥 ——镀层剥除过程中产生的废液及残渣	废电镀溶液、电镀水处理污泥、表面处理酸碱渣、磷化渣、镀槽淤渣、亚硝酸盐废渣
HW18	焚烧处置残渣	从工业废物处置作业中产生的残余物	焚烧处置残渣及灰尘
HW19	含金属羰基化合物废物	在金属羰基化合物制造以及使用过程中产生的含有羰基化合物成分的废物 ——精细化工产品生产 ——金属有机化合物的合成	金属羰基化合物（五羰基铁、八羰基二钴、三羰基钴、氢氧化四羰基钴）、羰基镍、废物
HW20	含铍废物	含铍及其化合物的废物 ——稀有金属冶炼 ——铍化合物生产	含铍、硼氢化铍、溴化铍、氢氧化铍、碘化铍、碳酸铍、硫酸铍、硝酸铍、氧化铍、氟化铍、氯化铍、硫化铍的废物
HW21	含铬废物	含有六价铬化合物的废物 ——化工（铬化合物）生产 ——皮革加工（鞣革）业 ——金属、塑料电镀 ——酸性媒介染料染色 ——颜料生产与使用 ——金属铬冶炼（修合金）	含铬酸酐、（重）铬酸钾、（重）铬酸钠、铬酸、重铬酸、铬酸钾、三氧化铬、铬酸锌、铬酸钙、铬酸银、铬酸铅、铬酸钡的废物
HW22	含铜废物	含有铜化合物的废物 ——有色金属采选和冶炼 ——金属、塑料电镀 ——铜化合物生产	含溴化（亚）铜、氢氧化铜、硫酸（亚）铜、磺化（亚）铜、碳酸铜、硝酸铜、硫化（亚）铜、硫酸铜、氟化铜、氯化（亚）铜、醋酸铜、氧化铜钾、磷酸铜、二水含氯化铜铵的废物

续表 7.1

编号	废物类别	废物来源	常见危害组分或废物名称
HW23	含锌废物	含有锌化合物的废物 ——有色金属采选及冶炼 ——金属、塑料电镀 ——颜料、油漆、橡胶加工 ——锌化合物生产 ——含锌电池制造业	含溴化锌、碘化锌、硝酸锌、硫酸锌、氟化锌、硫化锌、过氧化锌、高锰酸锌、铬酸锌、醋酸锌、草酸锌、溴酸锌、磷酸锌、焦磷酸锌、磷化锌的废物
HW24	含砷废物	含砷及砷化合物的废物 ——有色金属采选及冶炼 ——砷及其化合物的生产 ——石油化工 ——农药生产 ——燃料和制革业	含砷、三氧化二砷、亚砷酐、五氧化二砷、硫化亚砷、砷化锌、乙酰基砷铜、砷化钙、砷化铁、砷化铜、砷化铅、砷化银、乙基二氯化砷、(亚)砷酸、三氟化砷、砷酸铁、砷酸锌、砷酸铵、砷酸钙、砷酸钠、砷酸汞、砷酸铅、砷酸镁、三氯化砷、二硫化砷、砷酸钾、砷化(三)氢的废物
HW25	含硒废物	含硒及硒化合物的废物 ——有色金属冶炼及电解 ——硒化合物生产 ——颜料、橡胶、玻璃生产	含硒、二氧化硒、三氧化硒、四氟化硒、四氯化硒、六氟化硒、二氯化二硒、亚硒酸、硒化氢、硒化钠、(亚)硒酸钠、二硫化硒、硒化亚铁、亚硒酸钡、硒酸、二甲基硒的废物
HW26	含镉废物	含镉及其化合物的废物 ——有色金属采选及冶炼 ——镉化合物生产 ——电池制造业 ——电镀行业	含镉、溴化镉、碘化镉、氢氧化镉、碳酸镉、硝酸镉、硫酸镉、氟化亚镉、硫化镉、二甲基镉的废物
HW27	含锑废物	含锑及其化合物的废物 ——有色金属冶炼 ——锑化合物生产和使用	含锑、三氧化二锑、亚锑酐、五氧化二锑、硫化亚锑、硫化锑、氟化亚锑、氟化锑、三氢化锑、氯化(亚)锑、锑酸钠、锑酸铅、乳酸锑、亚锑酸钠的废物
HW28	含碲废物	含碲及其化合物的废物 ——有色金属冶炼及电解 ——碲化合物生产和使用	含碲、四溴化碲、四碘化碲、三氧化碲、六氟化碲、碲化氢、四氯化碲、亚碲酸、碲酸、二乙基碲、二甲基碲的废物

续表 7.1

编号	废物类别	废物来源	常见危害组分或废物名称
HW29	含汞废物	含汞及其化合物的废物 ——化学工业含汞催化剂制造与使用 ——含汞电池制造业 ——汞冶炼及汞回收工业 ——有机汞和无机汞化合物生产 ——农药及制药业 ——荧光屏及汞灯制造机使用 ——含汞玻璃机器制造及使用 ——汞法烧碱生产产生的含汞盐泥	含汞、溴化(亚)汞、碘化(亚)汞、硝酸(亚)汞、氧化汞、硫酸(亚)汞、氯化(亚)汞、硫化汞、氯化乙基汞、氯化汞铵、氯化甲基汞、二甲基汞、醋酸(亚)汞、二乙基汞、氯化高汞的废物
HW30	含铊废物	含铊及其化合物的废物 ——有色金属冶炼及农药生产 ——铊化合物生产及使用	含铊、溴化亚铊、氢氧化(亚)铊、碘化亚铊、硝酸亚铊、碳酸亚铊、硫酸亚铊、三氧化二铊、氧化亚铊、硫化亚铊、三硫化二铊、氟化亚铊、氯化(亚)铊、铬酸铊、氯酸铊、醋酸铊的废物
HW31	含铅废物	含铅及其化合物的废物 ——铅冶炼及电解过程中的残渣及铅尘 ——铅(酸)蓄电池生产中产生的废铅渣 ——报废的铅蓄电池 ——铅铸造业及制品业的废铅渣及水处理污泥 ——铅化合物制造和使用过程中产生的废物	含铅、乙酸铅、溴化铅、氢氧化铅、碘化铅、碳酸铅、氧化铅、硫酸铅、氯化铅、氟化铅、硫化铅、铬酸铅、高氯酸铅、碱性硅酸铅、四烷基铅、四氧化铅、二氧化铅的废物
HW32	无机氟化物废物	含无机氟化物的废物(不包括氟化钙、氟化镁)	含氟化铊、氟硼酸、氟硅酸锌、氢氟酸、氟硅酸、六氟化硫、氟化钠、五氟化硫、二氟磷、氟硫酸、氟硼酸铵、氟硅酸铵、氟化铵、氟化钾、五氟化碘、氟氢化钾、氟化铬、氟氢化钠、氟硅酸钠的废物

续表7.1

编号	废物类别	废物来源	常见危害组分或废物名称
HW33	无机氰化物废物	从无机氰化物生产、使用过程中产生的含无机氰化物的废物（不包括HW07类热处理含氰废物） ——金属制品业的电解除油、表面硬化化学工艺中产生的含氰废物 ——电镀业和电子零件制造业中电镀工艺、镀层剥除工艺中产生的含氰废物 ——金矿开采与筛选过程中产生的含氰废物 ——首饰加工的化学抛光工艺产生的含氰废物 ——其化生产、实验、化学分析过程中产生的含氰废物及包装物	含氢氰酸、氰化钠、氰化钾、氰化锂、氰化汞、氰化钡、氰化铅、氰化铜、氰化锌、氰化钙、氰化亚铜、氰化银、氰溶体、汞氰化钾、氰化镍、铜氰化钠、铜氰化钾、溴化氰、氰化钴的废物
HW34	废酸	从工业生产、配制、使用过程中产生的废酸液、固态酸及酸渣（pH<2 的液态酸） ——工业化学品制造 ——化学分析及测试 ——金属及其他制品的酸蚀、出光、除锈（油）及清洗 ——废水处理 ——纺织印染前处理	废硫酸、硝酸、盐酸、磷酸、（次）氯酸、溴酸、氢氟酸、氢溴酸、砷酸、硼酸、硒酸、氰酸、氯磺酸、碘酸、王水
HW35	废碱	从工业生产、配制使用过程中产生的废碱液、固态碱及碱渣（pH>12.5 的液态碱） ——工业化学品制造 ——化学分析及测试 ——金属及其他制品的碱蚀、出光、除锈（油）及清洗 ——废水处理 ——纺织印染前处理 ——造纸废液	废氢氧化钠、氢氧化钾、氢氧化钙、氢氧化锂、碳酸（氢）钠、碳酸（氢）钾、硼砂、（次）氯酸钠、（次）氯酸钙、（次）氯酸钾、磷酸钠、石棉尘、石棉

续表 7.1

编号	废物类别	废物来源	常见危害组分或废物名称
HW36	石棉废物	从生产和使用过程中产生的石棉废物 ——石棉矿开采及其石棉产品加工 ——石棉建材生产 ——含石棉设施的保养(石棉隔膜、热绝缘体等) ——车辆制动器衬片的生产与更换	废纤维、废石棉绒、石棉隔热废料、石棉尾矿渣
HW37	有机磷化合物废物	从农药以外其他有机磷化合物生产、配制和使用过程中产生的含有机磷的废物 ——生产过程中产生的反应残余物 ——生产过程中过滤物、催化剂(包括载体)及废弃的吸附剂 ——废水处理污泥 ——配制、使用过程的过剩物、残渣及其包装物	含氯硫酸、磷酰胺、苯腈磷、丙基磷酸四乙酯、四磷酸六乙酯、硝基硫磷酯、磷酰酯类化合物、苯硫磷、异丙磷、三氯氧磷、磷酸三丁酯的废物
HW38	有机氰化物废物	从生产、配制和使用过程中产生的含有机氰化物的废物 ——在合成、缩合等反应中产生的高浓度废液及反应残余物 ——在催化、精馏、过滤过程中产生的废催化剂、釜残及过滤介质物 ——生产、配制过程中产生的不合格产品 ——废水处理污泥	含乙腈、丙烯腈、乙醇腈、己二腈、氨丙腈、氯丙烯腈、氰基乙酸、氰基氯戊烷、丙腈、四甲基琥珀腈、溴苯甲腈、苯腈、乳酸腈、丙酮腈、丁基腈、苯基异丙酸酯、氰酸酯类的废物
HW39	含酚废物	酚、酚化合物的废物(包括氯酚类的硝基酚类) ——生产过程中产生的高浓度废液及反应残余物 ——生产过程中产生的吸附过滤物、废催化剂、精馏釜残液(包括石油、化工、煤气生产中产生的含酚类化合物废物)	含氨基苯酚、溴酚、氯甲苯酚、煤焦油、二氟酚、二硝基苯酚、对苯二酚、三羟基苯、五氯酚(钠)、三氯酚、氯酚、甲酚、硝基苯酚、硝基苯甲酚、苦味酸、二硝基苯酚钠、苯酚胺的废物

续表 7.1

编号	废物类别	废物来源	常见危害组分或废物名称
HW40	含醚废物	从生产、配制和使用过程中产生的含醚废物 ——生产、配制过程中产生的醚类残液、反应残余物、水处理污泥及过滤渣 ——配制、使用过程中产生的含醚类有机混合溶剂	含苯甲醚、乙二醇单丁醚、甲乙醚、丙烯醚、二氯乙醚、苯乙基醚、二苯醚、二氧基二醇乙醚、乙二醇甲基醚、丙醚、乙二醇醚、异丙醚、二氯二甲醚、甲基氯甲醚、四氯丙醚、三硝基苯甲醚、乙二醇二乙醚、亚乙基二醇丁基醚、二甲醚、丙烯基苯基醚、甲基丙基醚、乙二醇异丙基醚、乙二醇苯醚、乙二醇戊基醚、氯甲基乙醚、丁醚、乙醚、乙二醇二甲基醚、二甘醇二乙基醚、乙二醇单乙醚的废物
HW41	废卤化有机溶剂	从卤化有机溶剂生产、配制、使用过程中产生的废溶剂 ——生产、配制过程中产生的高浓度残液、吸附过浊物、反应残渣、水处理污泥及废载体 ——生产、配制过程中产生的报废产品 ——生产、配制过程中产生的废物卤化有机溶剂。包括化学分析、塑料橡胶制品制造、电子零件清洗、化工产品制造、印染涂料调配、商业干洗、家庭装饰使用的废溶剂	含二氯甲烷、氯仿、四氯化碳、二氯乙烷、二氯乙烯、氯苯、二氯二氟甲烷、溴仿、二氯丁烷、三氯苯、四氯乙烷、二氯丙烷、二溴乙烷、三氯乙烷、三氯乙烯、三氯三氟乙烷、四氯乙烯、五氯乙烷、溴乙烷、溴苯、三氯氟甲烷的废物
HW42	废有机溶剂	从有机溶剂的生产、配制和使用中产生的其他废有机溶剂（不包括 HW41 类的卤化有机溶剂） ——生产、配制和使用过程中产生的废溶剂和残余物。包括化学分析，塑料橡胶制品制造、电子零件清洗、化工产品制造、印染燃料调配、商业干洗和家庭装饰使用过的废溶剂	含糠醛、环己烷、石脑油、苯、甲苯、二甲苯、四氢呋喃、乙酸丁酯、乙酸甲酯。硝基苯、甲基异丁基酮、环己酮、二乙基酮、乙酸异丁酯、丙烯醛二聚物、异丁醇、异戊烷、乙二醇、甲醇、苯乙酮、环戊酮、环戊醇、丙醛、二丙基酮、苯甲酸乙酯、丁酸、丁酸丁酯、丁酸乙酯、丁酸甲酯、异丙醇、N，N-二甲基乙酰胺、甲醛、二乙基酮、丙烯醛、乙醛、乙酸乙酯、丙酮、甲基丁醇、甲基乙基酮、甲基丁酮、苯甲醇的废物

续表 7.1

编号	废物类别	废物来源	常见危害组分或废物名称
HW43	含多氯苯并呋喃类废物	含任何多氯苯同系物的并呋喃类废物	多氯苯并呋喃同系物废物
HW44	含多氯苯并二噁英废物	含任何多氯苯并二噁英同系物的废物	多氯苯并二噁英同系物废物
HW45	含有机卤化物废物	从其他有机卤化物的生产、配制、使用过程中产生的废物（不包括上述 HW39、HW41、HW42、HW43 HW44 类别的废物） ——生产、配制过程中产生的高浓度残液、吸附过滤物、反应残渣、水处理污泥及废催化剂、废产品 ——生产、配制过程中产生的报废产品 ——化学分析、塑料橡胶制品制造、电子零件清洗、化工产品制造、印染燃料调配、商业、家庭使用产生的卤化有机废物	含苄基氯、苯甲酰氯、1-氯辛烷、三氯乙醛、氯代二硝基苯、氯乙酸、氯硝基苯、2-氯丙酸、3-氯丙烯酸、氯甲苯胺、乙酰溴、乙酰氯、二溴甲烷、苄基溴、1-溴-2-氯乙烷、二氯乙酰甲酯、氟乙酰胺、二氯萘醌、二氯醋酸、二溴氯丙烷、溴萘酚、碘代甲烷、2,4,5-三氯苯酚、三氯酚、1,4-二氯丁烷、二氯丁胺、2,4,6-三溴苯酚、1-氨基-4-溴蒽醌-2-磺酸的废物
HW46	含镍废物	含镍化合物的废物 ——镍化合物生产过程中产生的反应残余物及废品 ——使用报废的镍催化剂 ——电镀工艺中产生的镍残渣及槽液 ——分析、化验、测试过程中产生的含镍废物	含溴化镍、硝酸镍、硫酸镍、氯化镍、一硫化镍、氢氧化镍、一氧化镍、氧化镍、氢氧化高镍的废物
HW47	含钡废物	含钡化合物的废物（不包括硫酸钡） ——钡化合物生产过程中产生的反应残余物及其废品 ——热处理工艺中的盐浴渣 ——分析、化验、测试中产生的含钡废物	含溴酸钡、氢氧化钡、硝酸钡、碳酸钡、氯化钡、硫化钡、氧化钡、氟化钡、氟硅酸钡、氯酸钡、醋酸钡、过氧化钡、碘酸钡、叠氮钡、多硫化钡的废物

　　从行业分布来看，危险废物来自国民经济的几乎所有 99 个行业。其中化学原料及化学制品制造业产生的危险废物占危险废物总产生量的 40.05%；有色金属冶炼及压延加工业、有色金属矿采选业、造纸及纸制品业、电器机械及器材制造业等四个行业产生的危险废物占

危险废物总产生量的 35.44%。

2.危险废物的危害及鉴别方法

我国于 1996 年 8 月 1 日开始实施《危险废物鉴别标准》。于 2007 年 10 月 1 日实施《危险废物鉴别标准》（GB 5085.1—2007）目前仅有浸出毒性鉴别、急性毒性初筛、腐蚀性鉴别三项，其他特性可参考以前的有关测试方法。

（1）浸出毒性。

浸出毒性是指固体废物在固定的浸出方法下浸出的浸出液中，其中有害的物质迁移转化，污染环境，浸出的有害物质的毒性称为浸出毒性。浸出液中任何一种危害成分的浓度超过表 7.2 所列的浓度值，则可将该物定义为具有浸出毒性的危险废物。

表 7.2　浸出毒性鉴别标准值

序号	项目	浸出液最高允许浓度/(mg/L)	序号	项目	浸出液最高允许浓度/(mg/L)
1	有机汞	不得检出	8	锌及其化合物(以总锌计)	50
2	汞及其化合物(以总汞计)	0.05	9	铍及其化合物(以总铍计)	0.1
3	铅(以总铅计)	3	10	钡及其化合物(以总钡计)	100
4	镉(以总镉计)	0.3	11	镍及其化合物(以总镍计)	10
5	总铬	10	12	砷及其化合物(以总砷计)	1.5
6	六价铬	1.5	13	无机氟化物(不包括氟化钙)	50
7	铜及其化合物(以总铜计)	50	14	氰化物(以 CN^- 计)	1.0

（2）急性毒性。

急性毒性是指一次投给试验动物的毒性物质，经过 48 h，死亡超过半数者，则该废物是具有急性毒性的危险废物。判断急性毒性的实验方法如下。

①浸出液制备：将样品 100 g 置于三角瓶中，加入 100 mL 蒸馏水（固液比 1∶1），在常温下静止浸泡 24h，用滤纸过滤，滤液留待灌胃实验用。

②动物试验：以体重 18 ~24g 的小白鼠（或体重 200 ~300 g 的大白鼠）作为实验对象。

③灌胃：按 GB 7919—1987 中 5.2 规定的急性毒性经口的灌胃方法，对 10 只小鼠（或大鼠）进行一次灌胃。

④灌胃量：小鼠不超过 0.4 mL/20g（体重），大鼠不超过 1.0 mL/100 g（体重）。

⑤实验结果判定：对灌胃后的小鼠（或大鼠）进行中毒症状的观察，记录 48h 内实验动物的死亡数。根据实验结果，对该废物的综合毒性做出初步评价，如出现半数以上的小鼠（或大鼠）死亡，则可判定该废物是具有急性毒性的危险废物。

（3）腐蚀性。

当 pH 值大于或等于 12.5 或者小于或等于 2.0 时，则该废物是具有腐蚀性的危险废物。测定方法是以玻璃电极作为指示电极，饱和甘汞电极作为参比电极，对固体废物的液体或浸出液进行测定。

（4）反应性。

反应性是指在通常情况下废物不稳定，极易发生剧烈的化学反应，与水或空气反应激烈，或形成可爆炸性的混合物，或产生有毒气体。常见的反应性废物见表 7.3。

表 7.3　常见的反应性废物

	废物名称	废物来源	反应性污染物
	含氰电镀废液	电镀过程产生的含氰化物的电镀槽废液	氰化物
非特殊源	含氰电镀污泥	使用氰化物的电镀过程,由镀槽底部产生	氰化物
	含氰清洗槽废液	使用氰化物的电镀过程起模与清洗槽的废液	氰化物

7.4.2　危险废物的管理与控制

1. 危险废物的减量化、资源化

近年来,与大量的危险废物的产生相关的人类和环境的风险成为一个令人关注的问题,因此,开发和改进那些消减必须要处理和处置的危险废物变得越来越重要。危险废物的减量化、资源化适用于任何产生危险废物的工艺过程。各级政府应通过经济和其他政策措施促进企业清洁生产,防止和减少危险废物的产生。企业应积极采用低废、少废、无废工艺,禁止采用淘汰落后的生产方法、工艺和设备。

最有效的废物减量化技术是把普通常识与好的工程手段相结合,实施一个全面的减量化计划需要全公司的努力,适当的经济、技术资源,来自决策者的承诺,此外还涉及各级生产过程:采购和库存管理、设计、运行以及废物管理等。如果整个组织结构都能意识到,废物的产生对公司和对环境都有很大危害,而且积极开发和推行废物减量化措施,废物的减量化就能获得最大的成功。

废物减量化可以分阶段进行,下面给出了一个合理的、分阶段的废物减量化方法。

常识性的废物削减(如避免把危险废物和非危险废物混合在一起)→资源改变形成的废物削减(如实现原材料的替代)→需要一定资金投入以及可能会发生流程改变的正式审计(如结合废物回收)→建立在研究开发基础上的削减,在项目实施之前需要进行广泛的研究(如采用一种新的制造技术)。

生产过程中产生的危险废物,应积极推行生产系统内回收利用和循环利用。对无法回收利用的危险废物,通过系统外的危险废物交换、物质转化、再加工、能量转化等措施实现回收利用。

对于已经产生的危险废物,必须按照国家有关规定申报登记,建设符合标准的专门设施和场所,妥善保存并设立危险废物标示牌,按有关规定自行处理处置或交由持有危险废物经营许可证的单位收集、运输、贮存和处理处置。

在处理处置过程中,应采取措施减少危险废物的体积、重量和危险程度。各级政府应通过设立专项基金、政府补贴等经济政策和其他政策措施鼓励企业对已经产生的危险废物进行回收利用,实现危险废物的资源化,危险废物资源化循环利用可以从环境中去除某些毒物,减少危险废物的存储量。循环过程的能耗和产品成本低;生产效率高,但在资源化循环利用必须遵循以下原则:资源化循环利用的技术必须是可行的,效果比较好、有较强的生命力的;资源化循环利用所处理的危险废物应尽可能在排放源附近处理利用,以节省危险废物在存储运输等方面的投资;资源化循环的产品应当符合国家相应产品的质量标准,因而具有与之竞争的能力。

2. 危险废物的收集、运输和储存

任何产生危险废物的单位必须主动向当地环境保护行政主管部门登记成为危险废物产生者。危险废物收集主体必须是获得危险废物收集经营许可证的单位，并且只能对危险废物产生者实行收集活动。在中华人民共和国境内从事危险废物收集、储存、处置经营活动的单位，应依照《危险废物经营许可证管理办法》的规定领取危险废物经营许可证。

危险废物要根据其成分，用符合国家标准的专门容器分类收集。装运危险废物的容器应根据不同成分和特性而设计，不易破损、变形、老化，能有效防止渗漏、扩散。

危险废物产生者在将危险废物运往处理、处置场所进行处理处置之前必须进行适当的包装并贴有危险废物标签。装有危险废物的容器必须贴有标签，在标签上详细说明危险废物的名称、重量、组分、特性及发生泄漏、扩散污染事故时的应急措施和补救办法。包装容器必须完好无损，没有腐蚀、污染、损毁或其他可能导致其包装效能减弱的缺陷。同一包装容器、包装袋不能同时装盛两种以上不同性质或类别的危险废物，标签尺寸应符合表 7.4 所示要求。

表 7.4　危险废物盛装容器标签尺寸

容器容量	标签尺寸
小于 50 kg	不小于 90 mm×100 mm
50～450 kg	不小于 120 mm×150 mm
大于 450 kg	不小于 180 mm×200 mm

需要密封包装的废物主要有与水或空气接触会产生剧烈反应的废物、与水或空气接触会产生有毒气体或烟雾的废物、氰酸盐和硫化物的含量超过 1% 的化合物、腐蚀性废物（pH 低于 2 或超过 12.5）、含有高浓度刺激性气味的化合物（如硫醇、硫醚、其他硫化物）或挥发性有机物（如醛类、醚类及胺类等）、杀虫剂及除虫剂等农药、含有可聚合性单体废物（如丁二烯）、强烈氧化剂等。这些废物必须按照法律规定或下列方式分类包装：易燃性液体、易燃性固体物、可燃性液体、腐蚀性物质、特殊性物质、氧化物、有机过氧化物。

对已产生的危险废物，若暂时不能回收利用或进行处理处置的，其产生单位须建设专门的危险废物贮存设施进行贮存，并设立危险废物标志，或委托具有专门危险废物贮存设施的单位进行贮存，贮存期限不得超过国家规定的期限。贮存单位及部门必须拥有相应的许可证，禁止将危险废物以任何形式转移给无证单位，或转移到非危险废物贮存设施中。危险废物贮存设施应有相应的配套设施并按有关规定进行管理。

危险废物产生者和危险废物经营者应建造专用的危险废物贮存设施，也可将原有构筑物改建成危险废物贮存设施。危险废物应根据废物的形状、物性、相容性及热值将其分类贮存，要避免无法相容或混合后会发生化学反应的物质贮存于同一容器中，或进行同时处理。

在常温常压下易爆、易燃及排出有毒气体的危险废物必须进行预处理，使之稳定后贮存，否则，按易爆、易燃危险废物贮存。在常温常压下不水解、不挥发的固体危险废物可在贮存设施内分别堆放。遇火、遇热、遇潮可能引起燃烧、爆炸或发生化学反应或产生有毒气体的危险废物不得在露天或潮湿、积水的建筑物中贮存。受日光照射能发生化学反应引起燃烧、爆炸、分解、化合或能产生有毒气体的危险废物应贮存在一级建筑物中，其包装应采取避光措施。

　　严禁爆炸物品和其他类物品同贮，必须单独隔离限量贮存，严禁将仓库建在城镇。压缩气体和液化气体必须与爆炸物品、氧化剂、易燃物品、自燃物品、腐蚀性物品隔离贮存。易燃气体不得与助燃气体、剧毒气体同贮；氧气不得与油脂混合贮存，盛装液化气体的容器属压力容器的，必须有压力表、安全阀、紧急切断装置，并定期检查，不得超装。

　　有毒危险废物应贮存在荫凉、通风、干燥的场所，不得露天存放，不得接近酸类物质。腐蚀性物品，包装必须严密，不允许泄漏，严禁与液化气体和其他物品共存。盛装液体、半固体危险废物的容器内须留足够空间，容器顶部与液体表面之间保留 100 mm 以上的空间。

　　盛装危险废物的容器上必须粘贴相应危险废物标志。危险废物贮存设施建设前应进行环境影响评价。贮存设施应设有基础防渗层，建有堵截泄漏的裙脚，地面与裙脚要用坚固防渗的材料建造；须有液体泄漏装置及气体导出口和气体净化装置；应有隔离设施、报警装置和防风、防晒、防雨设施；不相容的危险废物堆放区必须有隔离间隔断；贮存设施需建有渗滤液收集清除系统、径流疏导系统、雨水收集池；贮存易燃易爆危险废物的场所应配备消防设备、贮存剧毒危险废物的场所必须有专人 24 h 看管。

　　危险废物贮存设施的选址与设计、运行与管理、安全防护、环境监测及应急措施以及关闭等须遵循《危险废物贮存污染控制标准》。

　　危险废物运输应严格执行《危险废物转移联单管理办法》。放置在场内的容器或袋装危险废物，可由产生者直接运往场外的收集中心或转运站，也可由专用运输车辆按指定地点贮存或进一步处理。危险废物产生单位每转移一车、船（次）同类危险废物，应当填写一份联单。每车、船（次）有多类危险废物的，应按每一类危险废物填写一份联单。运输单位应持联单第一联正联及其余各联转移危险废物。

　　公路运输是危险废物的主要运输方式之一，因而载重汽车的装卸作业是造成废物污染环境的重要环节。装运危险废物的罐（槽）应与所装废物的性能相适应，并具有足够的强度；罐（槽）外部的附件应有可靠的防护设施，应保证所装废物不发生"跑、冒、滴、漏"，并在阀门口装置积漏器。运输危险废物的车辆应严格遵守交通、消防、治安等法规，并应控制车速，保持与前车的距离，严禁违章超车，确保行车安全。驾驶人员一次连续驾驶 4 h 应休息20 min 以上，24 h 之内实际驾驶时间累计不超过 8 h，每辆车应配备两名以上司机，每开车4 h 应换班休息。

　　除了公路运输之外，危险废物还可以通过水路运输、铁路运输等方式进行运输。今后必须发展安全高效的危险废物运输系统，鼓励发展各种形式的专用车辆，对危险废物的运输要求安全可靠，要严格按照危险废物运输管理的规定进行运输，减少和避免运输过程产生的二次污染和可能造成的环境风险。

　　运输的车辆必须经过主管单位的检查，并持有关单位签发的许可证，负责运输的司机应通过培训，持有证明文件，对运输车辆须有特别的标志或适当的危险废物符号。

　　鼓励成立专业化的危险废物运输公司，对危险废物实行专业化运输。

3. 危险废物的焚烧

　　危险废物焚烧可实现危险废物的减量化和无害化，并可回收利用其余热。焚烧处理适用于不宜回收利用其有用组分、具有一定热值的危险废物。易爆和具有放射性废物不宜进行焚烧处置。焚烧设施的建设、运营和污染控制管理应遵循《危险废物焚烧污染控制标准》

及其他有关规定。

各类焚烧装置不允许建设在自然保护区、风景名胜区和其他需要特殊保护地区。集中式危险废物焚烧厂不允许建设在人口密集的居住区、商业区和文化区。各类焚烧厂不允许建设在居民区主导风向的上风向地区。

危险废物焚烧处理应满足如下要求。

(1)危险废物在焚烧处置前必须进行预处理或特殊处理,以达到进炉的要求,危险废物在炉内应燃烧均匀、完全。

(2)焚烧设施必须具有预处理系统、尾气净化脱臭系统、报警系统和应急处理装置。

(3)危险废物焚烧产生的残渣、烟气处理过程产生的飞灰,须按危险废物进行安全填埋处置。

焚烧炉必须达到如下技术性能要求。

(1)危险废物焚烧时焚烧炉温度应达到1 100 ℃以上,烟气停留时间应在2.0 s以上,燃烧效率大于99.9%,焚毁去除率大于99.99%,焚烧残渣的热灼减率小于5%。

(2)多氯联苯及医疗废物等焚烧时焚烧炉温度应达到1 200 ℃以上,烟气停留时间应在2.0 s以上,燃烧效率大于99.9%,焚毁去除率大于99.9999%,焚烧残渣的热灼减率小于5%。

(3)焚烧设施必须有前处理系统、尾气净化系统、报警系统和应急处理装置。焚烧炉出口烟气中的氧气含量应为6% ~10%(干气)。

(4)危险废物焚烧产生的残渣、烟气处理过程中产生的飞灰,须按危险废物进行安全填埋处置。

(5)鼓励危险废物焚烧余热利用。对规模较大的危险废物焚烧设施,可实施热电联产。医院临床废物中含多氯联苯废物等一些传染性的、或毒性大、或含持久性有机污染成分的特殊危险废物宜在专门焚烧设施中焚烧。

4. 危险废物的安全填埋处置

危险废物安全填埋处置适用于不能回收利用其组分和能量的危险废物。危险废物经过焚烧处理和资源化利用产生的废渣以及固化/稳定化处理后的废渣,都要进行安全填埋。同时填埋场还要接纳由某些重点企业等分散处理后不能送往城市垃圾卫生填埋场的废渣,安全填埋是危险废物减量、稳定化后的最终处理方式。

填埋场选址应符合国家及地方城乡建设总体规划要求。安全填埋场场址应选在交通方便,运输距离较短,建造和运行费用低,不会因自然或人为的因素而受到破坏,保证填埋场正常运行的一个相对稳定的区域。场址不应选在城市工农业规划区、农业保护区、自然保护区、风景名胜区、文物(考古)保护区、生活饮用水源保护区、供水远景规划区、矿产资源储备区和其他特别需要保护的区域内。填埋场场址要求距飞机场、军事基地的距离不小于3 000 m,场界应位于居民区800 m以外,距地表水域的距离应大于150 m,保证在当地气象条件下对附近居民区大气环境不产生影响。

入填埋场的危险废物必须符合填埋物入场要求,或须进行预处理达到填埋场入场要求。填埋场运行中应进行每日覆盖,避免在填埋场边缘倾倒废物,散状废物入场后要进行分层碾压,每层厚度视填埋容量和场地情况而定。废物堆填表面要维护最小坡度,一般为1∶3(垂直：水平）。填埋工作面应尽可能小,使其能够得到及时覆盖。在不同季节气候条件下,应保证填埋场进出口道路通畅,并且通向填埋场的道路应设栏杆和大门加以控制。填埋场内必须设有醒目的标志牌,应满足《环境保护图形标志——固体废物贮存(处置)场》(GB 15562.2—1995)的要求,以指示正确的交通路线。运行机械的功能要适应废物压实的要求,必须有备用机械。每个工作日都应有填埋场运行情况的记录,内容包括设备工艺控制参数、入场废物来源、种类、数量,废物填埋位置及环境监测数据等。填埋场运行管理人员应参加环保管理部门的岗位培训,合格后上岗。

危险废物安全填埋场必须满足以下要求。

填埋场必须有满足要求的防渗层,不得产生二次污染。天然基础层饱和渗透系数小于1.0×10^{-7} cm/s,且厚度大于 5 m 时,可直接采用天然基础层作为防渗层;天然基础层饱和渗透系数为 $1.0 \times 10^{-7} \sim 1.0 \times 10^{-6}$ cm/s 时,高密度聚乙烯的厚度不得低于 1.5 mm,可选用复合衬层作为防渗层;天然基础层饱和渗透系数大于 1.0×10^{-6} cm/s 时,须采用双人工合成衬层(高密度聚乙烯)作为防渗层,上层厚度在 2.0 mm 以上,下层厚度在 1.0 mm 以上。

填埋场应设有预处理站,预处理站包括废物临时堆放、分拣破碎、减容减量处理、稳定化养护等设施。对不相容性的废物设置不同的填埋区,每区之间应设有隔离设施。但对面积过小、难以分区的填埋场,不相容性废物可分类用容器盛放后填塌,容器材料应与所有可能接触的物质相容,且不被腐蚀。

填埋场要做到清污水分流,减少渗沥水产生量,设置渗沥水导排设施和处理设施。对易产生气体的危险废物填埋场,应设置一定数量的排气孔、气体收集系统、净化系统和报警系统。

填埋场运行管理单位应自行或委托其他单位对填埋场地下水、地表水、大气进行定期监测;填埋场终场后,要进行封场处理,进行有效的覆盖和生态环境的恢复。填埋场封场后,经监测、论证和有关部门审查,才可以对土地进行适宜的非农业开发和利用。

7.5 我国危险废物管理现状及发展趋势

我国是一个发展中国家,也是一个危险废物产生大国。改革开放以来,随着城市化和工业化进程加快,固体废物和危险废物的产生量也迅速增长。

与废水、废气管理相比,我国危险废物管理工作起步较晚,直到 1985 年才开始对固体废物(包括危险废物)进行管理工作。而且,我国还没有一部关于危险废物管理的专门性行政法规,缺少一系列危险废物污染控制标准。因此,主要问题表现在对危险废物的综合利用水平不高,处理处置技术水平也较低。但我国危险废物管理工作进展较快,在管理法规体系和管理机构建设、进出口废物管理等方面,已形成基本的法律框架和组织机构;在危险废物的界定和鉴别方面,基本使用国际标准;在危险废物综合利用、处理处置技术研究、技术培训、宣传教育、国际合作等方面也有很大进展。随着管理的加强、研究的深入、体制的健全、相关管理及技术标准的制定、颁布和实施,我国危险废物管理工作将进一步走向专业化和法制化轨道。下图 7.1 是我国危险废物立法的情况。

到目前为止,我国接近合乎标准的危险废物集中处理极少,大部分危险废物在较低水平

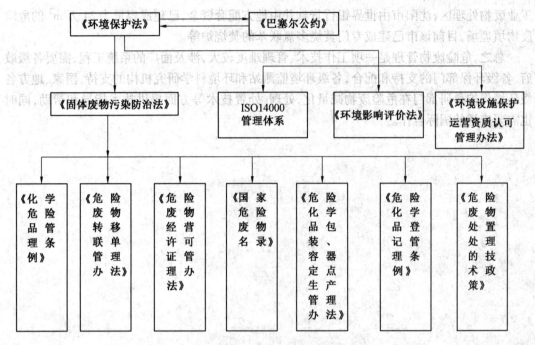

图 7.1　我国危险废物相关法规

下得到处置,如没有防渗设施的填埋和没有尾气处理的焚烧,极易产生二次污染。另外,还有一些工厂只顾生产产品,对危险废物的残渣(如铬渣等)堆积如山,不加处理和处置,使我国危险废物的防治缺乏可操作性,给危险废物的管理带来很大难度。

我国危险废物的处置率仅为13.51%,到目前为止,我国尚未有一个合乎标准的综合性危险废物集中处置场,专业性处置设施和企业附属的设施也屈指可数。许多工厂将废药品、试剂、废油漆等混入煤灰、炉渣或垃圾等。在城市生活垃圾中也混有大量危险废物,如废日光灯管、废电池、废杀虫剂、废油漆罐、医疗临床废物等。

针对以上不足,我国应尽快健全法律法规建设,加大执法力度,强化全过程管理。我国在危险废物的环境管理方面,已经制定了《建筑材料用工业废渣放射性物质限值标准(GB6763—1986)》《农用污泥中污染物控制标准(GB4284—1984)》《含氰废物污染控制标准》《农用粉煤灰中污染物控制标准》《含多氯联苯废物控制标准》等,但为了有效控制危险废物,还应该尽快把《中华人民共和国固体废物污染环境防治法》中有关危险废物的部门细化,有利于执行;同时出台《危险废物经营许可证管理办法》,以便对相关企业和法人进行管理等。除了尽快出台相应的法律法规之外,国家还应加强危险废物管理技术政策的制定与处理处置技术的研究开发;强化环境意识,加强危险废物管理和处理、处置技术培训;加强国际合作,积极争取利用世界银行西部开发贷款,进行危险废物处理处置设施和环境战略规划建设。

深圳市率先建设了危险废物安全填埋和工业废物处理站,此后北京、上海、沈阳等地相继先后完成了各自的危险废物处置工程项目的可行性研究和建设。北京市建设 10 000 t/a 的焚烧厂和 1 500 t/a 的焚烧残渣填埋场。上海市建设年处理 19 000 t 危险废物的旋转窑焚烧处理场及配套工程,并建设一个危险废物安全填埋场。杭州市已征地 1.3 km²,也拟建设工业废物处理区;沈阳市由世界银行贷款并由地方配套资金,已建成容量为 24 万 m^3 的危险废物填埋场,目前该市已建成专门焚烧多氯联苯的焚烧炉等。

总之,危险废物管理是一项工作技术、管理难度较大,涉及面广的系统工程,需要各级政府、各级环保部门的支持和配合,各级环境监测站和环境科学研究机构的支持,国家、地方各级环境保护科研部门在危险废物减量化,处理、处置技术等方面提供技术指导和帮助,同时也需要广泛的国际合作。

第8章　农业环境管理

8.1　农村环境

8.1.1　农村环境问题

1. 农村与农村环境

农村是与城市相对应的一种地域概念,它包括自然、社会、经济等各个方面,是进行农业生产、发展乡镇工业的基地。国家统计部门在进行人口统计时习惯把城市和县城以外的行政区域统称为农村。随着各国经济的快速发展,人们不断认识到农村不仅是粮食生产的空间,更是人们休憩的空间,是自然生态维护的场所,因此农业生产、农村生活与自然生态的密切配合,是农村应有的基本功能。

农村环境相对于城市环境,是以农民居民为中心的乡村区范。农村环境是指以农村居民为中心的乡村区范围的各种天然的和经过改造的自然因素的总和。农村环境是农村经济乃至城市经济发展的物质基础,经济发展要以环境为条件。农村环境是农村居民生活和发展的基本条件,具有村野、乡居兼有的景观特色。大、中城市近处的城镇,不少都是城市污染工业的扩散地,环境污染问题更突出。

农村环境包括农业生产环境、农村生态环境和农民生活环境。其主要功能包括:农村环境是农业生产的基础,农业环境是农村居民进行生产的自然根基;农村环境是整个生态环境的重要构成部分,农业环境是自然环境的重要构成部分,并且农村环境和农业环境还具有消纳污染物的功能;农村环境是农民生活的基础,也是农民进行社会活动的主要基地。发达国家处于城市化后期或逆城市化时期,城市突出的居住与环境问题导致越来越多的居民重返生态环境优美的乡村,对乡村生态及文化的保护成为发达国家乡村建设的重点。而发展中国家处于快速城市化阶段,农村人口的流失、耕地的抛荒成为主要问题,因此,改善农村生活环境和发展农村产业成为发展中国乡村建设的重点。我国农村地区出现了农村工业化、农业副业化、村镇发展无序化、离农人口"两栖化"等现象。农村居民点也存在空置、闲置多,利用率低;扩张无序、布局散乱,缺乏有效管理;村貌"旧、脏、乱、差",缺乏配套设施等众多问题。庞大的农村人口、缺乏规划管理的村貌以及日益扩大的城乡差距,使得农村问题成为我国现代化最基本的瓶颈,也是我国国情最为关键的方面。

2. 农村环境问题

农村环境问题是指农村居民在从事农业、工业等生产过程中以及在日常生产中所造成的破坏农村生态环境或者污染农村环境的现象。农村环境保护机构匮乏,环境保护基础设施缺乏,治理模式不当,治理技术落后,资金来源不足,从而导致治理效率低下或治理不力。

此外,农村居民环境意识淡薄是造成我国农村环境污染的原因。各种农村环境污染不仅威胁数亿农村人口的健康,而且最终通过水源污染、大气污染和食品污染等渠道又会影响城市环境。因此,农村地区作为公众食品源的主要提供基地,农村污染加重,会危及我们所有人的生命安全。

(1)我国农村地区主要突出的环境问题表现。

农村饮用水仍存在安全隐患。全国尚有 3.23 亿农村人口存在饮水不安全问题,其中各类饮水水质不安全的有 2.27 亿人,水量不足、取水不方便及供水保证率低的近 9 600 万人。有相当比例的农村饮用水源地没有得到有效保护,污染治理不力,监测监管能力薄弱。

小城镇与农村聚居点产生大量生活污染。据测算,全国农村每年产生生活垃圾接近 3 亿 t,生活污水 90 多亿 t,人粪尿年产生量为 2.6 亿 t,绝大多数没有处理,生活污水和垃圾随意倾倒、随地丢弃、随意排放。

面源污染日益突出。我国是世界上化肥、农药使用量最大的国家。虽然 2017 年我国水稻、玉米、小麦三大粮食作物化肥利用率为 37.8%,比 2015 年提高 2.6 个百分点;农药利用率为 38.8%,比 2015 年提高 2.2 个百分点,但流失的化肥和农药仍然是造成地下水富营养化和污染的主要因素。

畜禽养殖污染日益加重。畜禽粪便年产生量达 27 亿 t,是工业固体废弃物产生量的 2 ~ 3 倍,80% 的规模化畜禽养殖场没有污染治理设施。

农村工矿污染突出。乡镇企业布局分散,工艺落后,绝大部分没有污染治理设施,造成严重的环境污染。城市工业污染转移加剧,许多大中城市郊区与农村成为城市生活垃圾及工业废渣的存放地。

农村生态破坏严重。目前我国农村还存在大量掠夺式的采石开矿、挖河取沙、毁田取土、陡坡垦殖、围湖造田、毁林开荒等行为,很多生态系统功能遭到严重损害。

(2)农业生产活动对农村环境的影响。

①荒漠化。

荒漠化是指由于受气候变异和人为活动等因素影响,干旱、半干旱或亚湿润地区土地退化的现象。根据地表形态特征和物质构成,荒漠化分为风蚀荒漠化(沙漠化)、石漠化、盐渍化及冻融。全国荒漠化土地面积超过 263.6 万 km^2,约 41.6% 的荒漠化土地分布在人口密集的地区。其中沙化土地面积为 183.9 万 km^2,占总面积的 69.8%,石漠化面积为 25.9 万 km^2,占总面积的 9.8%,盐渍化面积占总面积的 6.6%,冻融荒漠化面积占总面积的 13.8%。荒漠化的发展不仅使土地利用价值降低,而且由于沙化导致气候恶化等影响,严重威胁着邻近地区的农业生产,并对更大范围的环境产生不利影响。

②水土流失。

由于地表植被遭到破坏,经过降雨使地表土壤遭到侵蚀,营养成分大量流失,导致土壤肥力下降的现象。水土流失多发生在山区。在自然条件下,土壤流失的速度非常缓慢,在过度砍伐或过度放牧引起植被破坏的地方,水土流失便逐渐加重。而人为的植被破坏是加速水土流失的根本原因。

全球目前有 65% 的土地面积存在不同程度的土地退化。我国现有水土流失面积占国土总面积的 37.2%。其中水力侵蚀面积占国土总面积的 16.8%;风力侵蚀面积占国土总面积的 20.4%。沙化土地以平均每年 3 436 km² 的速度扩展。土壤的大量流失导致了大量营养物质的流失,对水体的污染日趋严重。我国经过近 50 年水土保持建设,建成数百万座水利水保工程。治理水土流失面积 80 万 km²,累计保土 462 亿 t,实现增产粮食 24 933 亿 kg。

③盐碱化和潜育化。

土壤盐碱化是指土壤含盐量太高(超过 0.3%),而使农作物低产或不能生长。土地潜育化的稻田水稻产量很低。我国盐碱化土地主要分布在华北平原,东北平原,西北内陆地区及滨海地区。盐碱化会造成土壤板结与肥力下降;不利于农作物吸收养分,阻碍作物生长的不利影响。土地潜育化主要发生在南方双季稻种植区,是由于土地长期被浸泡引起的。目前,我国已有超过 4.2 万 km² 稻田发生了次生潜育化。

④现代化农业生产带来的各类污染。

我国人多地少,化肥、农药的施用成为提高土地产出水平的重要途径。按耕地面积计算,化肥使用量达 40 t/km²,远远超过发达国家为防止化肥对土壤和水体造成危害而设置的单位面积施用量安全上限。化肥利用率低、流失率高,不仅导致农田土壤污染,还通过农田径流造成了对水体的有机污染、富营养化污染甚至地下水污染和空气污染。

因为大棚农业的普及,地膜污染也在加剧。我国的地膜用量和覆盖面积已居世界首位。2005 年地膜用量超过 120 万 t,在发达地区尤其严重。据浙江省环保局的调查,被调查区地膜平均残留量为 3.78 t/km²,造成减产损失是产值的 20% 左右。随着中西部农业现代化的进展,这类污染也在中西部粮食主产区普遍存在。

(3)乡镇企业污染对农村环境的影响。

随着乡镇工业的发展,我国乡镇企业污染呈现上升的趋势,所造成的环境问题比重越来越大。乡镇企业数量多、规模小、布点分散、行业复杂。随着城市工业向农村的淘汰,农村环境问题将日益严重,必须给予足够的重视。

①乡镇企业布局不当、治理不够产生的工业污染。

由于乡镇工业布局分散、生产工艺落后、生产设备简陋、资源浪费严重,加之乡镇环境管理力量薄弱、环境执法力度不够,从客观上加速了乡镇环境问题的产生与发展。

②城市工业污染向农村转移趋势加剧。

2017 年我国首个《全国国土规划纲要(2016—2030 年)》(以下简称《纲要》)涉及人居生态方面,国土资源部副部长强调指出:首先是农村人居生态环境的保护,重点要严防城市污染和工业污染向农村转移;其次是要加强农村的自然生态保护,重点是划定并严守生态保护红线,生态保护红线一旦划定,严格禁止不符合主体功能的产业和项目落地。

乡镇企业本身环境管理难度大。由于排污地点分散,单一生产单位排污量较小,转产频繁使得乡镇企业较难监管。而八项环境管理制度的执行成本相对都较高,对单个规模较大的乡镇企业管理的相对"投入产出比"较小。

③乡镇企业污染对农业的危害。

乡镇企业生产排放的污染物和污染因素,如废气、废水、废渣、尘、噪声等,对农业生产有影响。大量的含硫废气排入环境,造成农作物大量减产,给农业生态环境造成了持久的影响。有的炼硫区已停产多年,但农业生态环境还迟迟不能恢复生机。此外,水泥厂、玻璃厂、陶瓷厂生产过程中逸出的粉尘对农作物和林木也有严重危害。乡镇工业以及各类矿产资源开发企业排放的废水造成的农业水环境污染。废水危害较严重的有小化肥、小化工、酿造、屠宰、冶炼、铸造、造纸、印染、电镀、化工和食品加工业等行业。乡镇工业占地导致耕地减少。由于采掘方法落后,矿石、废石、尾矿大量产生,有的向湖泊、江河、洼地倾倒,有的占用了大量农田。

3. 我国农村环境现状

（1）我国农村环境危急。

传统的养殖业可以说是典型的初级循环农业模式。随着社会的发展,农村的养殖业模式发生了很大变化,农业生产方式也有了很大改变,养殖业逐步集中,农民也很少使用农家肥,养殖业已经成为农村环境污染重要的污染源。据估计,目前全国每年畜禽粪便排放总量达 25 亿 t,基本未经有效处理就排放到环境之中。

随着农业的发展,先进的农业生产技术在促进种植业效益提高的同时,也带来了众多的负面影响。我国化肥利用率平均只有 30% ~ 50%,农药生产量仅次于美国,但利用率只有 30% 左右,余下的直接进入土壤和空气,成为农村环境的重要污染源。农业生产中使用塑料薄膜也给农村带来了"白色污染"。种植业成为污染水体的重要源头。

全国农村每年产生生活污水 80 多亿 t,大部分未经有效处理而任意排放。建设部调查显示,40% 的村庄没有集中供水,60% 的村庄没有排水沟渠和污水处理设施。89% 的村庄将垃圾堆放在房前屋后、坑边路旁甚至水源地、泄洪道、村内外池塘,无人负责垃圾收集与处理。

农村安全用水的保障程度较低,约有 3.2 亿农村人口饮水不安全,其中 1.9 亿人的饮用水有害物质含量超标,6 300 多万人饮用高含氟水,有关部门曾对京、津、唐地区 69 个乡镇地下水和饮用水取样,硝酸盐含量超过饮用水标准的占一半以上。不少地区的农民饮用高氟水、高砷水和苦咸水,北方部分地区水源性缺水和东部部分发达地区水质性缺水现象并存。

农村成为城市的垃圾场,特别是许多城市的郊区,被垃圾场包围,垃圾到处乱飞,产生的垃圾液对水源产生了不同程度的影响。由于水资源短缺,城市未经有效处理的污水,成为灌溉的水源,不仅污染了土地,也不同程度地给食物安全带来隐患。

（2）中国农村环境治理现状。

①自然生态环境保护的进展。

开展了三北防护林体系、长江中上游防护林体系、沿海防护林体系、平原农田防护林体系、太行山绿化的五大生态工程。还有灭荒工程、治沙工程、生物多样性保护、划定基本农田保护区、草地建设、小流域治理建设。在自然生态环境保护方面,使得森林覆盖率提高,水土流失面积减少,环境和经济效益稳步提高。

②生态农业的发展。

生态农业以土地节约、劳动力密集为基本特征。发展生态农业,以经济效益为着眼点,寓环境保护于经济增长之中,依靠低能级资源替代高能级资源和物质与能量多级循环的配置模式,通过常规实用技术的系统组装、资源挖潜、体制改革和能力建设等,从农田（土壤生态、作物生态、害虫综合防治、节水集水、间作轮作、有机质还田）、农业（农、林、牧、副、渔产业耦合、资源再生）、农村（肥料、饲料、燃料工程、庭院生态、社区建设、小小流域治理）和农镇（工业、能源、交通、景观、人居环境、废弃物的生态规划、建设与管理、生态建设与城乡关系)四个层次促进资源的综合利用,进行环境的综合整治。

③环境保护制度的安排。

2008 年建设部出台的《村庄整治技术规范》,是指导社会主义新农村建设村庄整治工作的国家标准,是村镇建设技术法规的基础成果;以解决农民最关心、最急需的环境治理问题为出发点,以利用现有各类设施、条件为基础,以改善公共设施、公共环境为主要内容展开;主要涵盖减灾防灾、供水、排水、垃圾处理、粪便处理、道路桥梁、公共环境面貌、文化遗产保护及生活用能改善等多方面内容,具有专业性和综合性的特点。

8.2 农村环境管理发展与目标

8.2.1 农村环境管理发展

农村环境污染具有主体分散,位置、途径、数量随机性大,分布范围广,防治难度大,排污不确定性强、不易环境监测等特点。这使得农村环境污染的管理具有难度大、成本高的特点,另外区域单位面积上的污染负荷相对小,但污染积累到临界点,会使农村环境甚至整个生态环境发生突如其来的"病变"。

保护农村环境,对农村环境进行管理,就是指运用行政、法律、经济、教育和科学技术手段来约束和规范农村居民点的生产和生活方式,在保证农村环境的基础上,通过全面规划使经济发展与环境相协调,最大可能地实现环境保护和经济发展的双赢。我国对开展农村环境综合整治的村庄实行"以奖促治";对通过生态环境建设达到生态示范建设标准的村镇实行"以奖代补"。这一政策实施以来,农村环境综合整治取得了明显成效。2008～2009 年中央财政投入农村环境保护专项资金达 15 亿元,支持 2 160 多个村镇开展环境综合整治和生态建设示范,带动地方投资达 25 亿元,直接受益农民达 1 300 多万人。一批群众反映强烈的突出环境问题得到解决,许多村庄的村容村貌明显改善,一些项目实现了生态、社会和经济效益的统一。

1. 农村环境管理现状

发达国家农村环境管理工作起步较早,大都成立了环境管理机构,形成以政府为主导的农村环保投入机制,建立了较为完善的农村环境管理体系。我国一直偏重于城市环境管理工作,农村环境保护相关相对较少。国内农村环境管理的主要行动如下。

2009 年 2 月,国务院办公厅转发《关于实行"以奖促治"加快解决突出的农村环境问题实施方案的通知》,2009 年 4 月,财政部、环境保护部印发了《中央农村环境保护专项资金管理暂行办法》和《中央农村环境保护专项资金综合整治项目管理暂行办法》,根据《农村饮水安全工程水质卫生监测工作方案》,组织开展了农村集中式饮水安全工程水质卫生监测工作。

党的十九大明确要求开展农村人居环境整治行动。习近平总书记强调,农村环境整治这个事,不管是发达地区还是欠发达地区,标准可以有高有低,但最起码要给农民一个干净整洁的生活环境。中共中央办公厅、国务院办公厅正式印发《农村人居环境整治三年行动方案》(以下简称《方案》),对 2018～2020 年开展农村人居环境整治行动做出专门部署。

各地明确了"以奖促治"政策的具体实施要求;规定对开展农村环境综合整治的村庄实行"以奖促治",对通过生态环境建设达到生态示范建设标准的村镇实行"以奖代补";推行专项资金全过程管理;2009年,农村饮水安全工程水质监测项目纳入深化医改国家重大公共卫生服务项目。

各地设立了农村改厕项目、农村沼气项目、水土流失综合防治、大型灌区续建配套与节水改造项目、实施农村清洁工程试点示范等。

农村改厕项目被列入深化医改国家重大公共卫生服务项目,2009年,建设411万座无害化卫生户厕,全国农村卫生厕所普及率为63.1%,无害化卫生厕所普及率为40.4%;2003～2015年,在中央投资带动下,经过各地共同努力,农村沼气发展进入了大发展、快发展的新阶段。截至2015年底,全国户用沼气达到4 193.3万户,受益人口达2亿人;由中央和地方投资支持建成各类型沼气工程达到110 975处,其中,中小型沼气工程103 898处,大型沼气工程6 737处,特大型沼气工程34处,工业废弃物沼气工程306处。以秸秆为主要原料的沼气工程有458处,以畜禽粪污为主要原料的沼气工程有110 517处。全国农村沼气工程总池容达到1 892.58万 m^3,年产沼气22.25亿 m^3,供气户数达到209.18万户。2015年,中央安排预算内投资20亿元,重点支持建设了25个规模化生物天然气工程试点项目与386个规模化大型沼气工程项目,其中,25个生物天然气项目和3个特大型沼气工程日处理14 888.2 t畜禽粪便(含部分冲洗水)、1 411.1 t秸秆、620 t能源草、512.7 t酒糟、40 t餐厨垃圾、22.6 t果蔬或其他有机废弃物,可生产沼气102.66万 m^3,提纯后生物天然气55.713万 m^3,主要用作车用燃料、居民、工业用气,农村沼气转型升级工作取得了较为显著成效。中央重点支持湖南、湖北、安徽、四川和重庆等17个省(市)的112个村实施农村清洁工程试点示范。

国家和地方的环境管理体系,对农村污染重视力度不够,国家建设生态县虽然在个别区域取得了可观的环境效益,但从整体和长期上看,很难改变整个农村环境污染问题。农村环境保护本身是一项公共事业,没有投资回报或投资回报率较小,对社会资金缺乏吸引力。在此,政府必须承担主导作用,通过环境立法、增设农村环境管理机构、加大环境建设投入力度等措施全面建设社会主义新农村。农村环境管理中生态环境保护和建设是重要内容;应充分认识农村环境的价值;应把城市对农村的补偿落到实处。

2. 农业环境管理

农业环境问题产生的原因多种多样,一部分是在农业自身发展过程中产生的,另一部分是由乡镇工业和城市工业发展产生的。开展农业环境综合治理就要采取针对性的对策和措施,通过强化环境管理,有计划、有重点、分阶段地解决这些环境问题。

①制定农业环境保护规划。

以县为主体,以行政乡镇为环境区划实施单位,制定各乡镇的农业环境综合治理目标和措施。

②加强农业水源保护。

开展农业水环境综合治理是一项复杂的系统工程,需要工农业、林业等各个领域相互配合,采取多层次、综合性对策和措施加以解决。加强重点饮用水源地、农业地区地下水和生产水源的保护,实现工业废水达标排放,以确保达到按水环境保护功能分区所要求的工业用水、渔业用水、游乐用水和农业灌溉用水标准。

③加强土壤污染防治。

土壤污染问题是指工业污水、农药、化肥和固体废弃物所造成的污染。防治工业污水对土壤的污染,主要措施是控制污水灌溉。防治农药对土壤的污染,要严格按照国务院1997年5月制定并颁布的《农药管理条例》(2017年修订)。防治化肥对土壤和水体的污染,要推广科学施肥和秸秆还田技术,提倡和鼓励农民施用有机肥料,提高土壤肥力,加强对向基本农田作为肥料提供的城市垃圾堆肥、污泥的监测和监督管理,避免二次污染。运用行政、经济和教育手段控制农用地膜对土壤的污染。对固体废弃物的堆放和处理实施严格管理,对垃圾场和填埋场的征地与建设实行严格土地审批与环保审批。

④加强农田秸秆禁烧管理。

农民通过原始的燃烧方法处理农作物秸秆,造成局部的大气污染,对航空、公路和铁路交通运输安全构成了威胁。加强农田秸秆禁烧的环境监督管理,要设立本地区的秸秆禁烧区域。要大力推广机械化秸秆还田、秸秆气化、秸秆饲料开发、秸秆微生物高温快速沤肥和秸秆工业原料开发等多种形式的综合利用成果。

⑤农业的可持续发展。

现代化农业使我们在资源和环境方面都付出了重大代价,生态农业是一种持续发展的农业模式。生态农业可以推进区域农业可持续发展的综合管理;调整优化农业结构,在西北、西南、东北等地区开展大面积的农业生态工程建设;提高食物产量和保障食物安全;保护、合理利用与增殖自然资源,提高生物能的利用率和废物循环转化;防治污染,扭转生态恶化,建立农业环境自净体系。

⑥加强农业环境法制建设。

在农村地区,人们的环境意识和环境法制观念淡薄,往往不把环境污染和生态破坏的行为看成是一种经济违规行为。为了提高人们依法保护环境的自觉性,要加强农业环境保护立法,加大环境执法力度,加强环境法制教育。这样才能制定和出台地方性的农业环境保护法规和管理办法,有效遏制砍伐森林、浪费和破坏土地资源等违法行为,实现人们在环境保护问题上行为与动机的统一。

3. 乡镇企业环境管理

我国乡镇地区工业污染防治的基本目标是要以建设社会主义新农村为根本出发点,严格控制乡镇地区工业污染加剧的趋势,改善农村环境质量,使乡镇地区工业污染防治取得初步成效,环境监管能力得到加强,公众环保意识提高,农民生活与生产环境有所改善,为构建社会主义和谐社会提供环境安全保障。据统计,2000～2008年,我国农村工业固体废弃物排放占全国废弃物排放总量的比例由57%上升到61%,废水COD排放量占全国废水排放总量的比例由53%上升到58%,不同类型农村产业集聚带来的生活和工业复合污染问题对农村居民健康造成严重威胁。因污染引发的民事纠纷事件呈上升趋势,环保纠纷已成为继征地、拆迁之后又一影响社会稳定的新问题。为此,我国乡镇地区工业污染防治需解决如下问题。

①开展对乡镇地区工业污染的专项调查,集中治理一批环境违法行为和污染企业。

全面摸清我国乡镇工业污染现状与特点。对重点地区、重点行业乡镇工业污染行为进行清理整顿,关停严重污染企业,淘汰污染严重的生产项目、工艺和设备,逐步开展对乡镇工业污染源的综合整治工作。

②建立科学严谨的乡镇工业污染防控体系。

采取措施加强农村工业污染防治工作,建立全方位的污染防控体系。适时建立乡镇地区工业污染源调查和抽查机制。严格执行工业企业污染物达标排放和污染物排放总量控制制度。推进污染集中治理,引导企业向小城镇、工业小区适当集中,对污染实行集中控制。加强农村建设项目环境管理,严格执行环境影响评价和"三同时"制度,严格环境准入,防止城市污染向农村转移,坚决制止在农村地区建设"高耗能、高耗水、高污染"项目。严格执行产业政策和环保标准,防止城市污染严重的企业向农村地区转移。加强对农村地区工业企业的监督管理,建立完善乡镇工业污染源稳定达标排放的监督管理机制,严厉打击违法排污行为,促进乡镇工业污染源稳定达标排放。

③建立乡镇工业污染防治长效机制。

坚持主要领导负责制,建立健全农村环境保护目标责任制和责任追究制,将农村环保工作纳入各地环保目标考核和领导干部政绩考核的重要内容,作为干部选拔任用和奖惩的重要依据。进一步加大对乡镇地区环境保护的投入,逐步建立多渠道的环境保护投入机制。加快技术革新,开展农村环境污染防治技术研究与试点,探索农村治污的新途径和新方法,研究制定农村环境污染防治规划。加强乡镇地区环境保护能力建设。

8.2.2　农村环境保护目标

近年来,国家高度重视农村环境保护工作,先后出台了《国务院关于落实科学发展观加强环境保护的决定》《中共中央国务院关于推进社会主义新农村建设的若干意见》。2007 年环保总局等八部委联合发布了《关于加强农村环境保护工作的意见》,提出了 2015 年农村环境的主要目标:到 2010 年,农村环境污染加剧的趋势有所控制,农村饮用水水源地环境质量有所改善;摸清全国土壤污染与农业污染源状况,农业面源污染防治取得一定进展,测土配方施肥技术覆盖率与高效、低毒、低残留农药使用率提高 10% 以上,农村畜禽粪便、农作物秸秆的资源化利用率以及生活垃圾和污水的处理率均提高 10% 以上;农村改水、改厕工作顺利推进,农村卫生厕所普及率达到 65% ,严重的农村环境健康危害得到有效控制;农村地区工业污染和生活污染防治取得初步成效,生态示范创建活动深入开展,农村环境监管能力得到加强,公众环保意识提高,农民生活与生产环境有所改善。到 2015 年,农村人居环境和生态状况明显改善,农业和农村面源污染加剧的势头得到遏制,农村环境监管能力和公众环保意识明显提高,农村环境与经济、社会协调发展。

到 2020 年,实现我国农村改革发展基本目标:资源节约型、环境友好型农业生产体系基本形成,农村人居和生态环境明显改善,可持续发展能力不断增强。

8.3　农村环境管理的主要途径与方法

8.3.1　加强农村环境管理机构建设

基层环保机构队伍的建设,对加强日常环境监测,配合基层治理污染起到很重要的作用。由于环保机构设到县(市、区),农村环境保护能力严重不足,与农村环境保护所面临的任务严重不相适应。派出农村环保基层机构在履行环境保护的行政管理和执法、专项整治、环境投诉调处、环境宣传等工作中,设立农村基层环保派出机构,发挥的主要作用如下。

(1)进一步健全了环保监管体系,是环境保护工作重心下移、向农村延伸的有效途径,适应了社会主义新农村建设的需要。

(2)强化了乡镇环境保护监控和对环境违法行为的查处力度。对以前未纳入环保监管范围的污染源实施面对面监管,增加了监管频次,弥补了监管空白,有效打击了环境违法行为。

(3)有效地提升了对基层环境事故和环保纠纷的调处能力。一些因环境问题引起的社会矛盾在基层得到了及时调解,促进了社会和谐稳定。

(4)提高了工作效率和环保部门为民服务的形象。基层环保队伍分担了县(市、区)环保局环境污染投诉等基础性工作,为广大群众和企业提供了工作便利,提高了环保部门的服务和公众形象。

(5)设立农村基层环保派出机构,扩大了环保宣传面,切实提高了全社会的环保法制观念和环保意识。

8.3.2　制定农村及乡镇环境规划

将农村环境保护规划纳入到农业发展规划之中,明确政府及各部门环境保护的职责和权限,在地方政府的统一领导下开展管理。农村环境保护规划要以县为主体,乡镇为环境区划实施单位,要对乡镇环境和生态系统的现状进行全面的调查和评价,依据社会经济发展规划、界域发展规划、城镇建设总体规划以及国土规划等,对规划范围内的环境与生态系统的发展趋势以及可能出现的环境问题做出分析和预测,明确农业环境综合治理目标以及农、林、土地、水利、工业等部门的具体职责。

8.3.3　加强乡镇工业环境管理

乡镇企业对农村环境的污染与日俱增,要通过监督管理使其污染与危害得到有效控制。解决好乡镇企业的环境保护问题主要有以下六项措施。

(1)制定乡镇工业环境保护计划。各类污染性工业都应根据当地环境保护的战略目标和任务,制定相应的环境保护计划。

(2)组建工业园区,实行规模经营,协调乡镇企业用地扩大与农业用地矛盾。

(3)建立适合于乡镇企业环境管理的法规、制度和措施体系,健全县、乡两级环境管理机构、县级环境监测站等科技服务支持体系。

（4）充分发挥市场经济体制的功能,利用经济杠杆的作用,调动乡镇企业治理污染、保护环境的积极性。

（5）开发并推广适合乡镇企业的污染防治技术。

（6）推行清洁生产,将污染消灭在生产之中。

8.3.4　发展生态农业和绿色食品

生态农业是一种持续发展的农业模式,是一条保护生态环境的有效途径。中国的生态农业是在经济与环境协调发展的思想指导下,在总结和吸取了各种农业实践成功经验的基础上,根据生态学原理,应用现代科学技术方法所建立和发展起来的一种多层次、多结构、多功能的集约经营管理的综合农业生产体系。绿色食品是遵循可持续发展原则,按照特定生产方式生产,经专门机构认定,许可使用绿色食品标志商标的无污染的安全、优质、营养类食品。

1. 生态农业模式

我国自然资源类型及地理特征的多样性决定了生态农业模式的多样性。如根据各生物类群的生物学、生态学特性和生物之间的互利共生关系而合理组合的生物立体共生的生态农业系统;按照生态系统内能量流动和物质循环规律而设计的物质循环利用的生态农业系统;利用生物相克关系,人为地对生物种群进行调节的生物相克避害的生态农业系统;通过植树造林、改良土壤、兴修水利、农田基本建设等措施对沙漠化、水土流失、土地碱化等主要环境问题进行治理的主要因子调控的生态农业系统;运用生态规律把工、农、商联成一体,取得较高的经济效益和生态效益的区域整体规划的生态农业系统。

2. 绿色食品

绿色食品产品或产品原料产地必须符合绿色食品生态环境质量标准;农作物种植、畜禽饲养、水产养殖及食品加工必须符合绿色食品的生产操作规程;产品必须符合绿色食品质量和卫生标准;产品外包装必须符合规定。

8.3.5　创建环境优美乡镇

全国环境优美乡镇创建工作是建设国家生态市的重要基础,是推动农村环境保护工作的重要载体。《全国环境优美乡镇考核标准(试行)》已执行七年,共批准629个环境优美乡镇。2010年生态环境部(原环境保护部)出台印发了《国家级生态乡镇申报及管理规定(试行)》,明确指出"全国环境优美乡镇"统一更名为"国家级生态乡镇"。新标准调整了一些经济类指标,更加注重和强化生态保护方面的要求,并对生态乡镇申报程序和监督管理做了详细规定。自2012年1月1日起,申报国家级生态乡镇要求必须达到本省生态乡镇(环境优美乡镇)建设指标一年以上,且80%以上的行政村达到市(地)级以上生态村建设标准,乡镇环境保护规划,经县人大或政府批准后实施两年以上。新标准更注重生态保护,突出生态示范建设。在审查与复核程序中,增加了各省提出复核申请前必须对申报乡镇进行公示的环节,增加了生态环境部对各省环保厅申报的乡镇不低于15%比例进行抽查,并对履职不到位的各省环保厅进行处罚的规定。生态环境部对国家级生态乡镇实行动态管理。每三年组织一次复查,要求加强国家级生态乡镇环境监管。

8.4　农村环境管理的对策

8.4.1　农村环境综合整治

农村环境综合整治是一项涉及面广、任务重的系统工程,在综合整治中,应统筹兼顾,突出重点,从思想道德教育的开展、农民文明意识的养成、管理制度的健全和村规民约的完善等方面着手,逐步建立农村环境综合整治长效机制,全面改善农村生态环境。农村环境综合整治的主要对策如下。

(1)科学规划,加大对农村环境综合整治的指导力度。编制农村环境综合整治规划,通过落实项目、资金,推进环境整治,解决农村突出环境问题。

(2)清洁水源,突出抓好饮用水水源保护。开展县、乡、村集中式饮用水水源地的污染整治工作,逐步建立农村生活污水处理系统。采用氧化塘、人工湿地、地埋式生活污水净化池、生物技术、土地利用、沼气工程等适宜处理技术。

(3)清洁村庄,强化农村生活污染治理。农村垃圾集中收集处理实现全覆盖。开展生态示范区、环境优美乡镇和生态村创建活动,通过开展农村环保创建推进农村环境综合整治,改善农村面貌。

(4)清洁生产,科学开展农业面源污染防治。科学使用化肥、农药、饲料、兽(渔)药等;推动无公害农产品、绿色食品和有机食品的规模化生产;在重点流域区域及饮用水水源地等生态敏感区划定畜禽禁养区,确保畜禽养殖场的选址、布局达到环境保护的要求。

(5)优化布局,着力提高乡镇工业污染防治水平。

(6)统筹协调,切实加强农村环保管理能力建设。正确处理集中性整治与经常性管理的关系,逐步建立和形成农村环境整治管理长效机制。加强对整治工作的考核,健全管理目标责任制。组织引导农村干部群众参与管理,为全面改善农村生态环境提供有力保证。

8.4.2　社会主义新农村建设

党的十八大以来,习近平总书记对建设生态文明和加强环境保护提出了一系列新思想、新论断、新要求,对农村环境保护十分关心。他强调:"中国要美,农村必须美,美丽中国要靠美丽乡村打基础,要继续推进社会主义新农村建设,为农民建设幸福家园。"

1. 我国新农村建设中农村环境污染的主要原因

在我国新农村建设中,由于重视程度不够,对如何建立健全完整的法律法规以防治农村环境污染还没有具体的计划;农村现代化以及农村环境污染的特点导致目前的环境管理体系及农业技术推广体系难以对付新的污染问题;农村环境污染防治的财政渠道的资金来源不够,导致农村环境污染防治力度受限;农村环境污染防治没有像城市的那样制定优惠政策,导致农村环境污染治理的市场化机制难以建立;当前污染防治没有根据农村环境污染的特点设计治理模式,导致农村环境污染治理效率不高。农村环境问题如果得不到彻底解决,必将影响到新农村建设的总体进程和目标的如期实现。

2. 加强农村环境卫生管理，努力推动新农村"清洁家园"

由于环卫设施滞后，农民环卫意识淡薄，缺乏监管机构和统一规划，用于乡镇环境建设和整治的资金少，使得农村环境卫生问题突出。抓紧研究制定农村环境卫生建设总体规划；建立起村负责收集，乡、镇（街道）负责运输，区负责处理的农村垃圾管理体系；提出农村垃圾的最优化处理方式和技术方案，经主管部门审定后组织实施；市、区两级财政应加大对农村垃圾治理专项资金的投入，尤其是对山区等经济欠发达、环境治理任务重的农村要重点扶持。

8.4.3　农村环境治理示范区建设

从解决区域性农村突出环境问题入手，把位于重点流域和区域、国家重大政策实施区、社会影响比较大的存在环境问题的村庄连片地区作为主要整治示范对象；选择有工作基础、具备实施条件，通过连片综合整治，可以真正起到示范效果、提供经验的地区，率先开展示范。配合社会主义新农村建设，为改善农村生活环境，针对分散的农村生活污染控制开展研究示范。

1. 农村环境连片综合整治示范

农村连片治理单位投资少，对区域环境贡献大，可实施统一监管；且成本低，可发挥规模效益；统筹城乡环境设施，治理效果易于保持；适用于解决大尺度、区域性农村环境问题。全国村庄环境连片综合整治示范时限为 2010～2012 年，三年示范成效评估基准年为 2009 年。各示范省成效评估基准年为启动示范工作的上一年，按照 2010 年、2011 年、2012 年 3 个阶段逐步推进，1 年进行项目成效小评估，3 年进行全省成效大评估。2009 年设定连片整治方案的试点有辽宁大伙房水库周边，湖北大东湖、洪湖水网，湖南湘江流域的长株潭地区，宁夏生态移民新村，云南洱海周边。通过示范项目的实施，在改善农村环境状况的同时，为农民增加收入和降低生产生活成本创造了条件，提高了农村环境综合整治对区域环境质量改善的贡献能力。

2. 农村生活污染控制示范

农村生活污染包括人类粪便，厨房、卫生间、洗浴、洗衣的杂排水、生活垃圾等。借鉴国外先进的"分离分散式处理系统"的理念，对于污染负荷较高的粪便（污水体积的 30%、80% 的 PO_4^-P、70% 的 TS）采用该系统予以处理，示范利用农业废弃物，如秸秆等进行现场快速无害化堆肥新技术；对于除粪便以外的其他生活废水，借鉴日本先进成熟的技术，通过现场处理，达标后排放，以期彻底改善农村水环境。堆肥型生态厕所技术对脱磷除氮也有较好的效果，得到十五太湖"863"面源污染研究课题和江苏省自然科学基金的资助。

第9章 中国环境管理

9.1 中国环境管理的发展历程

9.1.1 中国环境管理的形成

环境问题的产生是中国环境管理的形成和发展的驱动力。在中国历史上,各历史朝代中无不闪耀着古人环境管理思想的火花和古人运用这种思想所体现出来的智慧。

中国历史上早期的环境问题主要是人类活动,特别是农牧业生产活动引起的对森林、水源及动植物等自然资源和自然环境的破坏。《史记·殷本纪》里讲述了商汤爱鸟"网开三面"的故事。一次汤在野外看见有人张网四面捕鸟,并且祈祷说:"天下四方的鸟啊,都入我的网吧!"汤说:"鸟会被捕尽了!"就把三面的网撤了,他说:"不要命的鸟,入我的网吧!"这个故事表明当时已经注意到不要进行破坏性的捕猎,这可以说是环境保护思想的萌芽。

从远古时期起,我们的祖先就开始有了保护自然生态环境的思想。这种思想,常常是不自觉的,甚至带有浓厚的迷信色彩。

上古时代,人们一同祭拜山川与百神,主要是因为山川乃资源的产处。从周代开始,人们在利用自然的同时,已开始有意识地保护自然界的生物资源,反对过度地利用或肆意破坏它们。

西周时期颁布的《伐崇令》规定:"毋坏屋,毋填进,毋伐树木,毋动六畜,有不如令者,死无赦。"这是我国古代较早的保护水源、森林和动物的法令,该法令极为严厉。西周政府把对人口居住环境的考察和保护列入了西周的朝政范围,《周札·地官》规定大司徒的职责除掌管天下舆图与户籍外,还要"以土宜之法,辩十有二土之名物,以相民宅而知其利害,以阜人民,以蕃鸟兽,以毓草木,以任土事"。就是说,大司徒的工作职责包括考察动植物的生态状况,分析其同当地居民的关系,并对山林川泽和鸟兽等动物加以保护,使之正常繁衍,保持良好状态,最终使人们生活在良好的生态环境之中。

先秦时期,人们对生物资源的保护由不自觉的、模糊的阶段逐渐发展到自觉的、比较清楚的阶段。到春秋战国时代,对生物资源的保护已具有明确的目的、具体的规定,范围也相当广泛,并始终同经济发展相联系,达到了前所未有的高水平。以春秋时齐国人管仲和战国孟子的观点最具代表性和影响力。

管仲在齐国为相,他从发展经济、富国强兵的目标出发,十分注意山林川泽的管理及生物资源的保护,形成了一整套保护思想。他认为山林川泽是"天财之所出",是自然财富的产地。政府应当把山林川泽监管起来,"为人君不能谨守其山林菹泽草莱,不可以立为天下王。"就是说,不能很好地保护山林川泽的人,不配当国家的领导人。管仲在总结前代帝王处置山林川泽的经验教训的基础上,明确提出并实行了保护生物资源的政策。他主张采用法律手段保护生物资源,建立管理山林川泽的机构。他认为保护生物资源,并不是把山林川泽封禁起来,不让人们利用,而是按照规定的季节开放,有计划地利用。他说"春政不禁则百长不生,夏政不禁则五谷不成",体现了保护和合理利用生物资源使之正常增殖的思想认识。他把对生物资源的保护同经济发展和国计民生结合起来,成为富国强兵政策的一个重要组成部分。他采取的许多措施都是保障农业生产发展的。此外,管仲还十分注意环境卫生,甚至具体到水井的清洁。《中匡篇》说:"公与管仲父而将饮之,掘新井而柴焉。"这也说明,当时人们已经知道用柴木盖井,保护饮用水源的清洁卫生。

先秦丰富的思想文化中充满着对人与自然关系的智慧之思。孟子的思想言论中亦蕴含了丰富的生态环境观念和意识。战国时孟子(公元前 372~289 年)的生态环境保护思想是孟子思想中的一个重要方面,他主张要保持人与自然的和谐发展。"仁民而爱物"即有仁爱之心的民众才会去爱护万物,这是孟子的生态伦理定律。"仁民而爱物"命题还揭示了"功至于百姓"(仁民)要与"恩足以及禽兽"(爱物)相统一的生态伦理思想。孟子主张实施仁政、以德治国,反对发动战争,这对保护生态资源有积极的生态伦理学意义。孟子"使民养生丧死无憾"的生态伦理责任观揭示了人类取之于自然,靠天(自然)吃饭的重要性,提倡树立永葆自然资源造福于民的生态责任意识,这对保持人与自然的和谐、维护生态平衡和促进社会的可持续性发展具有十分重要的意义。

先秦关于保护生物资源的思想对后世产生了巨大的影响,并在以后的历史进程中得到了一定的发展。到了秦汉时期,保护生物资源的行动已由自发阶段进入了相当自觉的阶段,在理论上也达到了相当高的水平。西汉淮南王刘安的《淮南子》对先秦环境保护政策进行了系统总结,其中关于保护生物资源的一系列具体规定,体现了合理利用和保护生物资源与农业生产密切结合的特点,是古代生物资源保护政策的最完善的论述。《淮南子·主术训》提出了一些具体的环保要求:"教民养育六畜,以时种树,务修田畴,滋植桑麻。肥硗高下,各因其宜。丘陵阪险不生五谷者,以树竹木,春伐枯槁,夏取果,秋畜疏食,冬伐薪蒸,以为民资。是为民资。是故生无乏用,死无转尸。"还规定:"草木未落,斤斧不得入山林,孕育不得杀,鱼不得终尺不得取,彘不期年不得食,"不然就会"草木之若蒸气,禽兽之归若泉流,飞鸟之归若烟云,有所以致之也。"

唐代和宋代对环境管理和生物资源的保护同样给予一定程度的重视。唐代不仅把山林川泽、苑囿、打猎作为政府管理的范围,还把城市绿化、郊祠神坛、五岳名山纳入政府管理的职责范畴,同时还把京兆、河南二都四郊三百里划为禁伐区或禁猎区,这就从管理范围上超过了先秦时期。宋代,特别是北宋,也相当重视生物资源的保护,并注重立法保护,甚至以皇帝下诏令的方式,一再重申保护禁令;同时,还命令州县官吏以至乡长里长之类的基层官吏侦察捕拿违犯禁令的人,可见其认真程度及执法之严。从宋代起,人们对围湖造田导致蓄泄两误、乱砍滥伐导致水土流失的问题已经有所觉察,表明当时的有识之士对新出现的环境问题相当敏感。

明代对山林川泽的保护一直到仁宗(公元 1425~1426 年)前都承袭前代的有关规定进行管制,而且范围相当广泛。到仁宗时,为了缓和"工役繁兴,征取稍急"的困难局面,减轻人民负担,开始放弃或部分放弃了管制措施:"山场、园林、湖池、坑冶、果树、蜂蜜官设守禁者,悉予民。"由于弛禁湖泊,使许多湖泊被盗为田,破坏了生态平衡,造成了一些人为的自然灾害。据《民史·河渠志》记载,明英宗时巡抚周忱曾指出围湖造田的恶果:"故山溪水涨,有所宣泄,近者富豪筑圩田,遏湖水,每遏泛滥,害即及民。"明代弛禁山林河泊虽有其不得已的原因,但却是保护方面的倒退,对环境损害也很大。

清代人口猛增,又开放了东北、西北及江南许多草原或山地,垦为农田,造成草原退化、沙漠扩展及林木破坏与水土流失,环境遭到进一步破坏。当时的一些有识之士已经看到了问题的所在,并提出了切中时弊的警告。清代散文家梅曾亮记述并分析了安徽宣城水土流失的状况及原因,指出开垦山地造成了水土流失并殃及平地农田。但是,所有这些警告并未引起清王朝的重视,不合理的垦殖仍在继续进行,为中国的环境带来了巨大的灾难。

在对生态环境进行保护的同时,我国历史上,许多朝代都建立过管理山林川泽政令的机构,如虞、虞衡、虞衡清吏司等,还配备一定级别的官员,如虞部下大夫、虞部郎中、虞部员外郎、虞部承务郎等。这些机构和官员的职责还常常包括打猎、伐木、打渔、管理苑囿、负责某些物资的供应等。据《史记》和《尚书》记载,我国最早的虞官产生于帝舜时期。

历代人们都保持了这些思想,在行政制度上加以肯定(如设有虞衡等官员机构),并鼓励植树造林、保护森林、修建苑囿、成立保护地等,也都体现了古代人过度垦殖、掠夺式开采、战乱破坏、造成环境恶化的严酷事实和教训。在对待环境问题上,古人就已经意识到了环境保护的重要性,并自觉约束自己的行为,作为后代的我们更应该引以为戒。

9.1.2 中国环境管理的发展

中国作为一个发展中国家,环境保护起步较晚,从时间上中国环境管理发展历程大致可分为三个阶段。

1. 中国环境管理事业的起步阶段(1973~1978 年)

1972 年 6 月 5 日,联合国在瑞典首都斯德哥尔摩召开的第一次人类环境会议揭开了中国环境保护的序幕。这次会议,中国代表团成员比较深刻地了解到环境问题对经济社会发展的重大影响。在这样的历史背景下,1973 年 8 月 5 日至 20 日,国务院在北京召开了第一次全国环境保护会议。

(1)环境管理事业的奠基。

①第一次全国环境保护会议。这次会议标志着中国环境保护事业的开端,为中国的环保事业做出了应有的历史贡献。大会审议通过了"全面规划、合理布局,综合利用、化害为利,依靠群众、大家动手,保护环境、造福人民"的 32 字环境保护方针和中国第一个全国性环境保护文件《关于保护和改善环境的若干规定(试行)》,后经国务院以"国发〔1973〕158号"文批转全国。《关于保护和改善环境的若干规定(试行)》是中国历史上第一个由国务院批转的具有法规性质的文件。它共 10 条,第一条和第二条提出了"做好全面规划,工业合理布局";第三条"逐步改善老城市的环境"要求保护水源,消烟除尘,治理城市"四害",消除污染;第四条"综合利用,除害兴利"规定预防为主治理工业污染,要求努力改革工艺,开展综合利用,并明确规定"一切新建、扩建和改建企业,防治污染项目,必须和主体工程同时设计,同时施工,同时投产",即("三同时")。其余各条对于加强土壤和植被的保护,加强水系和海域的管理,植树造林、绿化祖国,以及开展环保科研和宣传教育,环境监测工作,环保投资、设备和材料的落实也都做了规定。向全国人民,也向全世界表明了中国不仅认识到存在

环境污染,而且有决心去治理污染。

②环境管理相关文件的颁布。1977年4月,由国家计委、建委和国务院环境保护领导小组联合下发了《关于治理工业"三废"开展综合利用的几项规定》的通知,标志着中国以"三废"治理和综合利用为主要内容的污染防治工作进入全面实施阶段。1978年2月,第五届全国人民代表大会第一次会议通过的《中华人民共和国宪法》规定:"国家保护环境和自然资源,防止污染和其他公害。"这是新中国历史上第一次在宪法中对环境保护工作做出明确规定,为国家的环境法制建设和环境管理事业奠定了基础。

③环境保护机构的设立。在"国发〔1973〕158号"文国务院的批示中提出:"各地区、各部门要设立精干的环境保护机构,给他们以监督、检查的职权。"根据文件的规定,在全国范围内各地区、各部门陆续建立起环境保护机构。1974年10月,经国务院批准正式成立了国务院环境保护领导小组,由原国家计委、工业、农业、交通、水利、卫生等有关部委领导人组成,余秋里任组长,谷牧任副组长,下设办公室负责处理日常工作。

(2)起步阶段的环境管理工作。

这一时期的环境保护工作主要包括以下几个方面。

①研究全国重点区域的污染源调查、环境质量评价及污染防治途径。其主要研究成果包括:北京西北郊污染源调查及环境质量评价研究和北京东南郊污染源调查、环境质量评价及污染防治途径的研究,这是在总结西北郊工作经验基础上进行的,强调了污染防治途径研究的重要性。此外,沈阳市、南京市等也开展了类似的研究工作。在水域、海域方面开展了蓟运河、白洋淀、鸭儿湖污染源调查,以及渤海、黄海的污染源调查。

②开展了以水、气污染治理和"三废"综合利用为重点的环保工作。其主要内容是保护城市饮用水源和消烟除尘,并大力开展工业"三废"的综合利用。

③制定了一些环境保护规划和计划。自1974年国务院环境保护领导小组成立之日起,为了尽快控制环境恶化,改善环境质量,1974~1976年国务院连续下发了三个制定环境保护规划的通知,并提出了"5年控制、10年解决"的长远规划目标。

④逐步形成一些环境管理制度并制定了"三废"排放标准。如1973年,"三同时"制度逐步形成并要求企事业单位执行;1973年8月,原国家计委在上报国务院的《关于全国环境保护会议情况的报告》中明确提出:对污染严重的城镇、工业企业、江河湖泊和海湾,要一个一个地提出具体措施,限期治好。1978年,由原国家计委、原国家经委、国务院环境保护领导小组联合提出了一批限期治理的严重污染环境的企业名单,并于当年10月下达。

为了加强对工业企业污染管理,做到有章可循,1973年11月17日,由原国家计委、原国家建委、卫生部联合颁布了中国第一个环境标准——《工业"三废"排放试行标准》(GBJ 4—1973)。这是一种浓度控制标准,共四章19条。

2. 改革开放时期环境管理事业的发展(1979~1992年)

1978年12月18日,党的十一届三中全会的召开,实现了全党工作重点的历史性转变,开创了改革开放和集中力量进行社会主义现代化建设的历史局面,我国的环境保护事业也进入了一个改革创新的新时代。

同年12月31日,中共中央批准了国务院环境保护领导小组的《环境保护工作汇报要点》,指出:"消除污染,保护环境,是进行社会主义建设,实现四个现代化的一个重要组成部分……我们绝不能走先建设、后治理的弯路。我们要在建设的同时就解决环境污染的问题。"这是在中国共产党的历史上,第一次以党中央的名义对环境保护做出的指示,它引起了各级党组织的重视,推动了中国环境事业的发展。

1979 年 9 月,第五届全国人民代表大会第一次会议通过了《中华人民共和国环境保护法(试行)》。从此结束了中国的环境管理工作无法可依的局面。

(1)环境管理发展中的重要事件。

①第二次全国环境保护会议。1983 年 12 月 31 日至 1984 年 1 月 7 日,在北京召开了第二次全国环境保护会议,这次会议是中国环境保护工作的一个转折点,为中国的环境保护事业做出了重要的历史贡献。本次会议明确了环境保护是中国现代化建设中的一项战略任务,是一项基本国策。从而确定了环境保护在社会主义现代化建设中的重要地位。会议制定了"经济建设、城乡建设和环境建设同步规划、同步实施、同步发展"的政策,实现"经济效益、社会效益与环境效益的统一"的环境战略方针。与此同时,会议还确立了把强化环境管理作为当前环境保护的中心环节,提出了符合国情的三大基本环境政策,即"预防为主、防治结合、综合治理""谁污染谁治理""强化环境管理"。会议提出了到 20 世纪末的环保战略目标:到 2000 年,力争全国环境污染问题基本得到解决,自然生态基本达到良性循环,城乡生产生活环境优美、安静,全国环境状况基本上同国民经济和人民物质文化生活水平的提高相适应。虽然在此之后对这个战略目标做过调整,但奋斗目标的提出为环境保护工作指明了方向,有利于调动广大干部和人民群众的积极性。这次会议在中国环境保护发展史上具有重大意义,标志着中国环境保护管理工作已进入发展阶段。

②第三次全国环境保护会议。1989 年 4 月至 5 月初在北京召开了第三次全国环境保护会议,这是一次开拓创新的会议。本次会议总结第二次全国环境保护会议以来的强化环境管理经验,在已有的、行之有效的环境管理制度的基础上,确定了八项有中国特色的环境管理制度,并综合运用、逐步形成合理的运行机制;提出了深化环境管理的环保目标责任制、城市环境综合治理定量考核制度、排放污染物许可证制度、污染限期治理和污染集中控制等新的管理制度和措施,使中国环境管理走上规范化、制度化的轨道。

③一些具有重大影响的事件。1984 年 5 月,国务院做出《关于环境保护工作的决定》,并成立了国务院环境保护委员会,领导组织协调全国环境保护工作。1985 年 10 月,在洛阳召开了"全国城市环境保护工作会议",通过洛阳等城市的经验介绍,确立了城市环境综合整治工作的内容和做法。1988 年,在国务院机构改革中设立国家环境保护局,并确立其为国务院直属机构,国家环境保护机构得到加强。

(2)发展阶段的环境管理工作。

这一时期的环境保护与起步阶段相比有了全新的内容,并且有了重大发展。

这一阶段,确立了环境保护在国家经济、社会发展中的战略地位,从理论上解决了如何正确处理环境保护与经济建设和社会发展的关系问题,并从实践方面深入探索。环境保护机构建设得到加强,逐步建立了国家、省(自治区)、市、县四级独立的环境保护机构,为强化环境管理提供了组织保证。在这一阶段,中国管理政策体系已初步形成。三大环境政策的下一个层次包括:环境经济政策、生态保护政策、环境保护技术政策、工业污染控制政策,以及相关的能源政策、技术经济政策。在此阶段中国的环境管理法规已初步形成。

3. 可持续发展时代的中国环境管理(1992 年以后)

这是中国环境保护发展史上一个非常重要的时期。在这个时期,中国的环境保护从管理战略、管理体制、管理思想和管理目标上都进行了重大的改革调整,环境保护的管理工作进入到实质性阶段。

(1)联合国环境与发展大会对中国的影响。

1992 年,在里约热内卢召开了联合国环境与发展大会,实施可持续发展战略成为全世界各国的共识,世界已进入可持续发展时代,环境原则已成为经济活动中的重要原则。

①国际贸易中的环境原则。这项原则是指投放市场的商品(各类产品)必须达到国际规定的环境指标。发达国家的政府实行环境标志制度(联合国环境与发展大会后我国也已开始实行),对达到环境指标要求的产品颁发环境标志。在国际贸易中将采取限制数量、压低价格甚至禁止进入市场等方法控制无环境标志的产品出口。

②工业生产发展的环境原则。1989 年,联合国环境规划署决定在全世界范围内推广清洁生产。1991 年 10 月,在丹麦举行了生态可承受的(生态可持续性)工业发展部长级会议。因而,推行清洁生产、实现生态可持续工业生产成为工业生产发展的环境原则。生态可持续性工业发展,要求经济增长方式进行根本转变,由粗放型向集约型转变,这是控制工业污染的最佳途径。

③经济决策中的环境原则。实行可持续发展战略,就必须推行环境与发展综合决策(环境经济综合决策)。在整个经济决策的过程中都要考虑生态要求,控制开发建设强度不超出资源环境的承载力,使经济与环境协调发展。

世界进入可持续发展时代,环境原则不但已成为经济活动的重要原则,也已成为人类社会行为的重要原则。大会之后,中国制定了《环境与发展十大对策》,明确提出了转变传统发展模式,走可持续发展道路的指导思想。随后又制定了《中国 21 世纪议程》和《中国环境保护行动计划》等纲领性文件,确立了国家可持续发展战略。

(2)中国生态文明建设对国际的影响。

在解决国内环境问题的同时,我国积极参与全球环境治理,已批准加入 30 多项与生态环境有关的多边公约或议定书。在蒙特利尔议定书框架下,我国累计淘汰消耗臭氧层物质占发展中国家淘汰量的一半以上,率先发布《中国落实 2030 年可持续发展议程国别方案》,向联合国交存《巴黎协定》批准文书,推进绿色"一带一路"建设。2016 年,在第二届联合国环境大会上,联合国环境署发布《绿水青山就是金山银山:中国生态文明战略与行动》报告,全面介绍中国生态文明建设的行动与成效,认为"中国是全球可持续发展理念和行动的坚定支持者和积极实践者"。

(3)国内重要的环境管理相关事件。

①第四次全国环境保护会议。1996 年 7 月,在北京召开了第四次全国环境保护会议。这次会议对于部署落实跨世纪的环境保护目标和任务、实施可持续发展战略,具有十分重要的意义。

会议进一步明确了控制人口和环境保护是我国必须长期坚持的两项基本国策;在社会主义现代化建设中,要把实施科教兴国战略和可持续发展战略摆在重要位置。第四次全国环保会议提出了两项重大举措,对于实施可持续发展战略和实现跨世纪环境目标,具有十分重要的作用。其一,"九五"期间全国主要污染物排放总量控制计划。这项举措实质上是对12 种主要污染物(烟尘、粉尘、SO₂、COD、石油类、汞、镉、六价铬、铅、砷、氰化物及工业固体废物)的排放量进行总量控制,要求其 2000 年的排放总量控制在国家批准的水平。其二,中国跨世纪绿色工程规划。这项举措是《国家环境保护"九五"计划和 2010 年远景目标》的重要组成部分,也是《"九五"环保计划》的具体化。它有项目、有重点、有措施,在一定意义上可以说是对"六五""七五""八五"历次环保五年规划的创新和突破,也是同国际接轨的做法。

②《国务院关于环境保护若干问题的决定》。第四次全国环保会议后,国务院发布了《国务院关于环境保护若干问题的决定》(下称《决定》),其特点如下。

一是目标明确,重点突出。《决定》规定:到 2000 年,全国所有工业污染源排放污染物要达到国家或地方规定的标准;各省、自治区、直辖市要使本辖区主要污染物排放总量控制在国家规定的排放总量指标内,环境污染和生态破坏的趋势得到基本控制;直辖市及省会城市、经济特区城市、沿海开放城市和重点旅游城市的环境空气、地面水环境质量,按功能区分别达到国家规定的有关标准(概括为"一控双达标"的)。

污染防治的重点是控制工业污染;要重点保护好饮用水源,水域污染防治的重点是三湖(太湖、巢湖、滇池)和三河(淮河、海河、辽河);重点防治燃煤产生的大气污染,控制二氧化硫和酸雨加重的趋势(依法尽快划定算与控制去和二氧化硫污染控制区)。

二是要求高,可操作性强。国务院《决定》中明确规定的目标、任务和措施共 10 条,要求很高,政策性很强。但这 10 条内容都是经过有关部门反复讨论、协调形成的统一意见,可操作性强。

③中央人口资源环境工作座谈会。1999 年 3 月,在北京召开了"中央人口资源环境工作座谈会",这是一项贯彻可持续发展战略的新部署,表明了中央领导解决好中国环境与发展问题的决心。

④第五次全国环保会议。2002 年 1 月 8 日,国务院召开第五次全国环境保护会议,会议提出环境保护是政府的一项重要职能,要按照社会主义市场经济的要求,动员全社会的力量做好这项工作。

⑤第六次全国环保会议。第六次全国环境保护大会于 2006 年 4 月 17 日至 18 日在北京召开,强化环境保护工作的政府管理。

⑥中华人民共和国环境保护部成立。1998 年,国家环境保护局升格为国家环境保护总局(正部级)。2008 年,根据第十一届全国人民代表大会第一次会议批准的国务院机构改革方案和《国务院关于机构设置的通知》(国发〔2008〕11 号),设立环境保护部,为国务院组成部门。2018 年成立中国人民共和国生态环境部。

⑦2011 年 12 月 21 日,第七次全国环境保护大会是在加快转变经济发展方式的攻坚时期,为系统总结"十一五"环保工作,贯彻落实中央经济工作会议精神、《国务院关于加强环境保护重点工作的意见》和《国家环境保护"十二五"规划》,全面部署"十二五"环境保护工作任务召开的一次重要会议。

⑧2014 年 4 月 24 日,十二届全国人大常委会第八次会议修订了《中华人民共产国环境护保法》(以下简称《环保法》),并于 2015 年 1 月 1 日起正式施行。这是我国环保领域的

基本法自1979年试行以来的首次修订。新《环保法》史无前例地加大了对环境违法行为的处罚力度,被媒体评论为"史上最严环保法"。

⑨党的十八大以来,针对环境污染领域日益突出的大气、水和土壤污染问题,一组新的环境政策相继出台。2013年9月,国务院颁布了《大气污染防治行动计划》(简称"大气十条"),要求经过5年努力,实现全国空气质量"总体改善";2015年4月,国务院颁布的《水污染防治行动计划》(简称"水十条")明确规定了到2020年、2030年和21世纪中叶,全国水环境质量和生态系统的改善目标。与较早展开的空气和水污染治理相比,我国的土壤治污还处于起步阶段。2014年3月,环保部审议并通过了《土壤污染防治行动计划》(简称"土十条"),提出依法推进土壤环境保护,坚决切断各类土壤污染源,实施农用地分级管理和建设用地分类管控以及土壤修复工程。

⑩《"十三五"生态环境保护规划》旨在提高生态环境质量,补齐生态环境保护短板。

9.2　中国环境管理的体制和机构

9.2.1　中国环境管理的体制

1. 中国环境管理体制的类型

环境管理体制,又称环境与资源管理体制,或环境行政组织,是指有关环境行政管理的组织结构、责权结构及运行方式。《中华人民共和国环境保护法》中明确规定,县级以上人民政府的环境保护行政主管部门对本辖区的环境保护工作实施统一监督管理,从而正式形成了各级环境保护行政主管部门统一监督管理,各有关部门分工负责的环境行政管理体制。其主要内容包括各种环境资源行政管理机构的设置及相互关系,各种环境资源行政管理机构的职责及权限划分,各种职责和权限的相互关系及运行方式。实际上,环境管理体制所要解决的主要问题就是谁应当对环境保护负管理职责,以及管什么和如何管理。

环境管理体制的组成形式和结构,特别是职能划分和运作方式及机制极大地依赖于各国现有的政治经济体制、政府管理体制、市场运作机制以及社会文化特点等因素。所以,我国在进一步改革和完善环境管理体制的时候应该选择适合中国国情的公共管理模式。目前,中国环境管理体制主要有三种类型:区域管理模式、行业或部门管理模式和资源管理模式。

(1)区域管理模式。

区域管理模式也称"块块管理"模式,它是将同一区域内的环境问题,不分行业、不分领域、不分类别地纳入该区域环境管理范围的管理模式。这种模式是世界各国最早普遍采用的,以行政区划为特征的管理模式。该模式的确立,主要源于国家的区域行政管理体制和模式,源于环境保护组织机构的"块块管理"的人事制度和体制。《中华人民共和国环境保护法》中关于"地方政府对本辖区环境质量负责"的法律规定就是区域管理模式的基础和法律依据。

区域管理模式是环境管理模式中的主要模式,是其他模式的基础。在这一模式中,国家环境保护部是国家的职能部门,代表国家行使环境管理的职能;省、市、县等各级环境保护机构分别代表所在辖区人民政府行使环境管理的职能。

（2）行业或部门管理模式。

行业或部门管理模式也称"垂直管理"或"跳跳管理"模式，这是跨越行政区域范围，以行业或部门作为管理对象，以行业或部门环境问题作为管理内容的一种管理模式，是对区域管理模式的补充。行业或部门环境保护机构主要负责本系统、本部门的环境管理工作，他们还是环境管理体系中的重要方面，如轻工、化工、冶金等部门都设立了部门性的、行业性的环境保护机构，结合本部门的生产实践过程，控制污染和破坏，制定污染防治规划和环境管理条例，开展工业环境观和工业企业环境管理等。

（3）资源环境管理模式。

资源环境管理模式是指农业、林业、水利、海洋等的资源部门的环境管理机构对所管辖领域的环境保护进行管理，主要任务是保护自然环境，协调开发利用资源与环境保护的关系。值得指出的是，资源管理模式往往在区域上是跨区域管理，所以有时也称这种模式为跨区域环境管理模式。另外，我国对一些大的水系、自然保护区也设有行政管理机构，他们也负有环境保护职责，也属于资源管理模式或跨区域管理模式，有时也称为流域环境管理，如长江流域、淮河流域、大的自然保护区等的环境管理。这种管理往往由跨行政区的管理机构负责组织、协调，如长江水利委员会负责长江流域水资源的管理。当然这种跨区域资源环境管理要与区域环境管理有机结合才能发挥效力，例如长江流域的环境管理，需要依靠跨区域的管理机构的组织、协调，以流域内各省、市、县的管理为主，才能实现流域环境管理的目标。

2. 新时期中国环境管理体制的优化与发展

环境问题的综合性、广泛性和潜在性决定了环境管理必须是系统化、规范化的统一管理，而管理体制无疑在环境管理整体过程中具有导向全局的作用。中国环境管理的体制经过多年实践已基本达到与经济、社会发展的现状相适应的状态。然而进入21世纪以来，在实践"三个代表"重要思想、深化社会主义市场经济、政府行政管理体制改革和公众环境保护意识提高等政治、经济、体制和社会背景的影响之下，如何进一步修整、完善现有环境管理体制成为目前中国环境管理工作的首要任务。针对中国环境管理体制目前所存在的某些问题，在分析其形成原因的基础上，可知中国环境管理体制的优化发展要体现在以下几个方面。

（1）适应经济社会需要，建立多元化管理体制。

行政管理是世界上大多数国家环境事务管理的主要模式，中国亦不例外。我国的环境管理体制主要模式都是以行政管理为主，至今已基本形成。这一形成于计划经济时代并与之相适应的传统体制，在历史上曾对中国的环境管理产生过一定的积极影响，然而在市场经济体制逐步完善的过程中，这一体制存在的诸多弊端也在逐步显现，而这些弊端大部分是由于管理方式的过于单一所导致。对传统单一的行政管理体制进行变革，构建适应经济、社会发展需要的多元化环境管理体制，成为当前中国环境管理体制改革的首要问题。

现代中国社会已不再仅由行政管理一切，社会发展的多元化要求其管理方式和手段必须实现多元化，环境管理作为社会公共事务管理的重要内容也应当如此。

构建多元化的环境管理体制，首先，要求建立环境管理的市场体制。市场管理的缺位使一些本应属市场范畴的环境事务只能交由行政进行管理，这些事务往往因其在管理上没有遵循市场经济规律而未被管好。市场经济的高速发展迫切要求有一种高层次的环境管理体制与之相适应,而以市场为导向的体制则顺应以上要求,成为中国环境管理体制未来发展的必然趋势。其次,要求改革环境管理的行政体制。一方面,要明确它与其他管理方式,特别是市场管理在范围上的界限。市场经济深化和政府管理改革都要求在环境管理中,必须坚持市场优先原则,将行政管理严格限制在市场作用的区域之外。与此同时,要避免以行政管理替代其他管理手段,只有这样多元化的环境管理体制才有其构建的可能。另一方面,它要求深化行政管理的内部改革。一些管理上存在的深层次问题只有通过深化内部改革才能实现。最后构建多元化的环境管理体制,还要求健全环境管理的其他方面的体制,如法律、科技、教育等。

(2)打破行政区划限制,进行跨区垂直监管。

区域性是环境问题的重要特征之一,中国长期实行以行政区划为单位的环境管理体制,这一体制的弊端在地方利益不甚突出的计划时代尚不明显,但在市场经济高度发达的今天却暴露出来。

为解决以上问题,中国必须重新构建全新的环境管理体制,即跨区域垂直环境管理体制。自然条件固然是决定行政区划的因素之一,但它更多是基于政治和经济上的考虑。环境管理体制改革应当打破现有行政区域的限制,以生态特点为主要依据划分管理区域。应根据我国地域辽阔且差异较大的特点,以实现环境管理组织的“扁平化”为目标,遵循“扩省、缩市、强县”的思路进行环境管理机构改革,即增加省级机构数量、减少市级机构数量,加强基层机构建设。这些做法既有利于扩大管理幅度、缩减管理层次,也有利于降低管理成本、提高管理效率。与此同时,必须废除以往环境管理中的双重领导体制,实现国家对整体环境管理工作的垂直领导。

此外,由于我国现行环境管理中“统管”机构(即各级环境保护局)和“分管”机构(即依法对某类资源进行管理的各级部门)并立体制的存在,有时会出现环境管理与资源管理相互脱节的现象。为实现持续发展战略、保证资源的永续利用,各级环境管理机构应当在各级资源管理部门及大型资源开发企业设置相应级别的派驻机构,实施对其开发利用资源活动的监督管理,并负责协调处理重大环境问题。这种跨部门垂直派驻机构的设置,可被视为是对跨区域垂直环境管理体制的补充。

(3)贯彻公众参与原则,积极发展非政府组织。

环境危机的日益加重使人们逐渐认识到,传统的管理模式存在着某些不足。环境问题的形成,市场失灵固然是重要原因,但政府失灵的影响也同样不能小视。环境问题本身所具有的广泛性和社会性的特点,也决定了它的解决必须依靠政府与社会公众的共同参与。

公众参与环境管理的众多途径中,以社会团体为代表的非政府组织具有极其重要的地位。国家机关固然是行政管理的主体,“但是随着民主政治的发展,公民和公民组织,特别是一些非政府组织,往往也承担部分行政管理职能,这已成为当代行政管理的一个重要特征”。环境保护团体等非政府组织不仅是环境管理机关与社会公众之间沟通的有力媒介,而且对环境行政管理系统扩大效能、塑造本身以及决定行政运行程序与规则等方面具有重要影响。

在欧美国家,非政府环境保护组织比比皆是,环境保护群众运动和活动持久不衰,以各种绿色团体或绿党为代表的环境保护社会团体引发了一场"绿色革命"。中国有关环境保护的非政府组织虽兴起较晚,但近年来发展较为迅速。在我国,大部分绿色组织是由官方拨款支持的科技性、半官方的各类学会、协会组成,如中国科协所属的学会、中国环境与发展国际合作委员会等;按照西方标准的纯民间环境保护组织以"中国文化书院绿色文化分院"为典型代表。特别是后者,志愿者参与热情高、组织形式多样且与政府合作、面向普通公众,对政府环境管理工作起到了重要作用。当然,绿色组织目前也普遍存在着经费来源不足、专业程度不高以及活动范围狭隘等诸多问题。要在环境管理中贯彻公众参与原则,积极发展非政府组织特别是民间性非政府组织,除了需要采取加强政府对其活动的支持力度、完善其生存的法律环境等外部措施之外,其自身也必须采取积极开拓资金来源、强化组织内部管理、提高专业化程度等内部措施。

(4)注重运用法律手段,实现环境管理法制化。

法律是国家进行环境管理的重要手段。法制对国家环境管理具有极其重要的意义,它不仅要求广泛运用法律手段实施环境管理,而且还要求将行政、经济等所有环境管理手段的运用统统纳入法制的轨道。

中国的环境立法虽起步较晚但发展很快,早在20世纪90年代初就已经基本形成了具有特色的环境法律体系。进一步加强环境管理的法制化建设,首先要加强对现有环境管理法律法规的系统清理,重点是对其中部分存在着的立法时欠缺考虑的部分及时进行修订;其次,要进一步完善环境管理机构建设,特别是要以法律形式确认各级各类环境管理机构的管辖分工、职权范围和活动规范(尤其是实行环境管理机构中的"执罚分离"——环境执法与处罚机构分离的管理体制);再次要加快环境公益诉讼、失职责任追究等新型法律制度建设,调动公民维护自身及国家环境权益的积极性,以司法审判手段完善国家环境管理。

当然,环境管理的法制化也是当前环境法学研究领域的热点问题,许多环境法学学者也对此问题比较关注并提出了自己独到的观点。这些观点虽各有千秋,但有一点却较为公认,即必须完善现有的《中华人民共和国环境保护法》。这一观点对加强环境管理法制化的建设进程具有十分重要的理论价值。

(5)高度重视基层管理,加强县、乡级机构建设。

环境问题兼具整体性和区域性的双重特点,因此,环境管理应坚持宏观、微观并重的原则。

鉴于我国目前的环境状况,县级环境管理机构只能加强不能削弱。加强县级环境管理机构建设,将有利于环境监督管理的强化、环境保护法律法规的贯彻和遵守以及环境法制观念的增强。至于乡镇级环境管理机构,更是防治环境污染和生态破坏的主战场。尤其是乡镇企业的迅速发展更是对我国的基层环境管理工作提出了严峻的挑战和更高的要求。一些乡镇企业较多的经济发达地区根据自身特点,提出了一系列旨在加强乡镇环境管理机构建设的主张。一方面,根据实际需要和可能进行机构设置改革。在乡镇政府内设专职或兼职环境保护助理,负责环境监督管理;农工商总公司设专职或兼职环境保护员,负责公司内部污染防治;设立由分管乡镇领导兼主任、环境保护助理主持工作的环境保护办公室。另一方面,加强现场执法监督和检查,加强依法监督和服务职能。在环境保护任务重且具备条件的乡镇,建立相应的环境监测分站或环境监理所作为县(市)环境保护局的派出机构,担负监测和监督双重职责,以完善环境监测和环境监理网络建设。有关这些机构的各项事宜均由有关县(市)与乡(镇)充分商讨决定。它们属于乡镇并接受县(市)环境保护局的业务指导,在性质属于事业编制的单位并允许"以所(站)办厂、以厂养所(站)、实现经费'自收自支'"。以上这些主张已经在一些地区得以付诸实施并收到了较好的效果。

9.2.2　中国环境管理的机构

1.中国环境管理机构的沿革

1972 年联合国人类环境会议后,原国家计委牵头成立国务院环境保护领导小组办公室。

1974 年 10 月,国务院环境保护领导小组正式成立,下设办公室负责日常工作。与此同时,一些地方也比照中央政府的模式,相继成立了地方环境保护领导机构。

1979 年,国家颁布了《中华人民共和国环境保护法(试行)》。为我国政府环境保护组织体系的建设提供了法律依据。此后,很多地方政府相继成立了环境保护局并进入政府序列。

1982 年 5 月,国务院机构改革时成立了城乡建设环境保护部,内设环境保护局,同时撤销国务院环境保护领导小组及其办公室。1984 年 5 月,国务院环境保护委员会成立;同年 12 月,国务院设立国家环境保护局,由城乡建设环境保护部管理。同时明确国家环境保护局是国务院环境保护委员会的办事机构。此后,大部分地方政府相继成立了环境保护委员会。

1988 年 4 月,国务院机构改革时将国家环境保护局从城乡建设环境保护部中独立出来,成为国务院直属机构(副部级),标志着我国环境保护行政管理机构建设进入了新的发展阶段。

1993 年,国务院机构改革时继续保留国家环境保护局,为国务院直属机构(副部级)。在同年进行的地方机构改革,各省、自治区、直辖市均设置了省一级的政府环境保护局。

1998 年 4 月,国家环境保护局升格为国家环境保护总局(正部级),仍为国务院直属机构,同时撤销国务院环境保护委员会,有关组织协调的职能转由国家环境保护总局承担。1998 年,国务院机构改革后,国家环境保护总局以环境执法监督为其基本职能,加强了环境污染防治和自然生态保护两大管理领域的职能。

2008 年,根据第十一届全国人民代表大会第一次会议批准的国务院机构改革方案和《国务院关于机构设置的通知》(国发〔2008〕11 号),设立环境保护部,为国务院组成部门。

2018 年 3 月,根据第十三届全国人民代表大会第一次会议批准的国务院机构改革方案,将环境保护部的职责整合,组建中华人民共和国生态环境部。

2.中国环境管理机构的发展现状

(1)中华人民共和国环境保护部的成立与职能。

1998 年 3 月 29 日,根据第九届全国人民代表大会第一次会议批准的国务院机构改革方案和《国务院关于机构设置的通知》,国家环境保护总局(正部级)正式成立。2008 年 3 月,根据第十一届全国人民代表大会第一次会议批准的国务院机构改革方案和《国务院关于机构设置的通知》(国发[2008]11 号),设立环境保护部,国家环境保护部成为国务院的组成部门,这表明了国家对环保工作的重视及环保部也将更多地参与国家的有关重大决策。

其主要职责是环保部仍负责拟订并实施环境保护规划、政策和标准,组织编制环境功能区划,监督管理环境污染防治,协调解决重大环境保护问题,还有环境政策的制定和落实、法律的监督与执行、跨行政地区环境事务协调等任务。国家环境保护总局共有 13 条主要职责,其内设办公厅(宣传教育司)、规划与财务司、政策法规司、行政体制与人事司、科技标准司、污染物排放总量控制司、环境影响评价司、环境监测司、污染防治司、自然生态保护司、核安全管理司(辐射安全管理司)、环境监察局、国际合作司、宣传教育司 14 个职能司(厅)和机关党委,人员编制 311 名。截止到目前,我国已拥有环境监察机构 2954 个,环境监察人员5.7 万人。通过标准化建设,环境执法能力和水平正在不断提高。

(2)地方环保机构进入政府序列。

1979 年国家颁布《中华人民共和国环境保护法(试行)》后,各级地方政府相继成立了环境保护局和专卖的祝福环境管理机构,大部分环保局进入了政府序列。此后,我国地方环境保护机构建设稳步发展。目前,我国地方环境保护机构主要分为省级、地方级和县级 3 个层次,个别发达市、县的乡级政府设有专门的环保机构或执法人员。在即将进行的地方政府机构改革中,中央有关文件已明确各级地方环境保护部门属于加强的执法监督部门,并将全国环保部门领导管理体制调整为以地方政府为主的双重领导体制。

(3)省级机构。

全国 31 个省、自治区、直辖市中,有 26 个是一级局建制的环境保护局,吉林、江西、宁夏、青海等 4 省(区)的环保机构为二级局建制的环境保护局,西藏自治区的环保机构还未独立,为城乡建设保护厅管理的环境保护局。

(4)地市级机构。

全国 94%的地级行政区建立了环境保护机构,其中 88%的地级行政区建立了独立的环境保护机构。全国地级以上城市(含副省级城市)都建立了独立的环境保护局,56%的地区(盟)(不包括城市)建立了环境保护机构。

(5)县级机构。

我国有 84%的县级行政区建立了环境保护机构,其中约 70%的县级行政区设立了独立的环境保护机构。

3. 环境管理机构的设置

我国环境管理机构是涉及科研、监测、统计、监理、宣教、信息等多个领域的管理单位,国家环境保护部设 14 个内设机构,主要包括以下几个部分。

办公厅,负责文电、会务、机要、档案等机关日常运转工作;承担信息、安全、保密、信访、政务公开等工作。

规划财务司,组织编制环境功能区划、环境保护规划;协调、审核环境保护专项规划;承担机关、直属单位财务、国有资产管理、内部审计工作。

政策法规司,拟订环境保护政策;承担涉及环境保护的其他政策的制定工作;起草法律法规草案和规章;承担机关有关规范性文件的合法性审核工作;承担机关行政复议、行政应诉等工作。

行政体制与人事司,承担机关和派出机构、直属单位的人事、机构编制工作;承担环境保护系统领导干部双重管理的有关工作;承担环境保护行政体制改革的有关工作。

科技标准司,承担环境保护科技工作;承担国家环境标准、环境基准和技术规范的拟订工作;参与指导和推动循环经济与环保产业的发展。

污染物排放总量控制司,拟订主要污染物排放总量控制和排污许可证制度并组织实施;提出总量控制计划;考核总量减排情况;承担环境统计和污染源普查工作。

环境影响评价司,承担规划环境影响评价、政策环境影响评价、项目环境影响评价工作;监督管理环境影响评价机构资质和相关职业资格;对超过污染物总量控制指标、生态破坏严重或者尚未完成生态恢复任务的地区,承担暂停审批除污染减排和生态恢复项目外所有建设项目的环境影响评价文件的工作。

环境监测司,组织开展环境监测;调查评估全国环境质量状况并进行预测预警;承担国家环境监测网和全国环境信息网的有关工作。

污染防治司,拟订和组织实施水体、大气、土壤、噪声、光、恶臭、固体废物、化学品、机动车的污染防治法规和规章;组织实施排污申报登记、跨省界河流断面水质考核等环境管理制度;组织拟订有关污染防治规划并对实施情况进行监督。

自然生态保护司(生物多样性保护办公室、国家生物安全管理办公室),组织编制生态保护规划;提出新建的各类国家级自然保护区审批建议,对国家级自然保护区的保护工作进行监督;组织开展生物多样性保护、生物遗传资源、农村生态环境保护工作;开展全国生态状况评估;指导生态示范创建与生态农业建设;承担国家生物安全管理办公室的工作。

核安全管理司(辐射安全管理司),承担核安全、辐射安全、放射性废物管理工作,承担法律法规草案的起草工作,拟订有关政策;承担核事故、辐射环境事故应急工作;对核设施安全、放射源安全和电磁辐射、核技术应用、伴有放射性矿产资源开发利用中的污染防治实行监督管理;对核材料的管制和民用核安全设备的设计、制造、安装和无损检验活动实施监督管理;承担有关国际条约实施工作。

环境监察局,监督环境保护规划、政策、法规、标准的执行;组织拟订重特大突发环境事件和生态破坏事件的应急预案,指导、协调调查处理工作;协调解决有关跨区域环境污染纠纷;组织实施建设项目环境保护"三同时"制度。

国际合作司,研究提出国际环境合作中有关问题的建议;承办有关环境保护国际条约的履约工作;参与处理涉外的环境保护事务;承担与环境保护国际组织联系事务;承担外事工作。

宣传教育司,研究拟订并组织实施环境保护宣传教育纲要;组织开展生态文明建设和环境友好型社会建设的宣传教育工作;承担部分新闻审核和发布。

机关党委,负责机关和在京派出机构、直属单位的党群工作。

4. 环保总局直属的主要事业单位

中国环境科学研究院,是综合性环境科学研究机构,主要任务是开展环境科学研究、环境规划及环境工程技术开发,研究解决跨地区、跨行业的重大环境问题,为国家环境管理提供决策依据和技术支持。

中国环境监测总站,是全国环境监测的技术中心、数据综合中心、监测网络中心和监测人员培训中心。它的主要任务是及时掌握全国环境质量状况及环境污染和生态破坏状况，为国家环境管理提供决策依据。

环境保护部核与辐射安全中心，环境保护部核与辐射安全中心于1989年3月成立，是环境保护部的直属事业单位。其主要从事有关核电厂、研究堆、核燃料循环设施、核技术应用、铀矿和伴生放射性矿安全的技术评价、验证、监测、科研以及核安全科技信息等工作，为我国民用核设施核安全与辐射安全监督管理工作提供技术支持与保障。

环境保护部环境应急与事故调查中心，负责重特大突发环境事件应急、信息通报及应急预警；受理12369电话投诉和网上投诉；承担重大环境污染与生态破坏及重大建设项目、环境违法案件与事故调查；协助科技标准司组织重特大突发环境事件损失评估；参与环监局组织的环境执法检查工作。

环境保护部环境规划院，主要承担全国环境保护中长期规划与年度计划、流域或区域环境保护规划、全国污染物排放总量控制计划及实施方案以及相关污染防治和生态保护专项规划的拟订工作，协助政府部门研究制定国家重大环境保护政策与管理措施，为地方政府和环保部门编制环境规划提供技术支持和服务，开展相关污染治理和生态保护项目的技术咨询。

中日友好环境保护中心，是实施中日环境技术合作与交流的窗口，是全国环境政策研究、环境分析测试技术研究、环境信息管理和宣传教育培训的综合机构。

中国环境报社，主要任务是编辑、出版、发行《中国环境报》，该报是以宣传环境保护为基本内容的全国性专业报纸。

中国环境科学出版社，是全国性专业出版社，主要从事编辑、出版、发行环境保护各个领域的书刊及音像制品。

环境保护部环境保护对外合作中心，管理环境保护领域利用国际金融组织资金和履约后续行动资金以及其他国际经济合作工作，承担环境保护对外合作交流具体事务性和服务性工作。

环境保护部环境工程评估中心，主要承担环境保护部实施环境影响评价法的技术支持工作。其具体负责组织对规划、重大开发和建设项目环境影响评价大纲和环境影响报告书的技术审查，研究制定环境影响评价方法与技术导则草案，组织环境影响评价领域专业技术培训，负责组织环评单位资质考核及人员资质登记管理工作，开展国家审批的建设项目"三同时"竣工验收调查和验收报告技术审查工作。

国家环境保护总局南京环境科学研究所，是生态环境与自然保护专业研究所，主要展开农村生态、自然保护、乡镇工业污染防治和农用化学品污染防治等方面的研究，为环境管理提供技术支持。

国家环境保护总局华南环境科学研究所，是区域综合环境科学研究机构，主要研究东南沿海经济开发区、经济特区、港澳地区与内陆毗邻区域的环境问题，为环境管理提供技术支持。

5. 其他单位

中国环境管理干部学院，是我国专门培训在职环境管理干部的成人高等教育院校，为国家培养中高级环境管理人才。

国家环境保护总局长沙环境保护学校,负责面向全国招生、为国家培养基层环境管理和专业技术人才的中等专业学校。

国家环境保护总局北京会议与培训基地,负责承接各种会议和为干部培训提供服务。

国家环境保护总局兴城环境管理研究中心,负责举办短期培训,接待各种会议,承担环境管理单项课题的研究任务。

国家环境保护总局北戴河环境技术交流中心,负责承接各种会议,接待各类研讨班和研修班,开展环境技术交流。

国家环境保护总局机关服务中心,负责总局机关后勤管理和后勤服务,为总局机关正常运转提供后勤保障。

国家环境保护总局环境保护对外合作中心,负责全国环境保护对外经济合作事务,主要负责组织利用外资的环境保护项目的实施工作。

中国环境科学学会,担负着推动环境科学进步,为环境管理和环境建设服务,为环境科技工作者服务的社会职能。

中国环境保护产业协会,负责协助政府部门做好环境保护产业的行为管理。

中华环境保护基金会,负责筹集资金,为环境保护事业提供奖励和资助。

9.3　中国环境管理的发展趋势

9.3.1　中国环境管理的回顾

1. 由末端治理向全过程控制转变

从 20 世纪 80 年代起,伴随着人们对环境保护规律认识的深化,为避免走西方发达国家走过的“先污染,后治理”的道路,我国的环境管理不能停留在末端管理阶段和状态,要尽快过渡到全过程管理阶段。末端控制是针对污染物产生的状态所采取的一种原始的、传统的污染控制方法,由于这种方法是对生产系统的输出进行开环控制的方法,无法对系统的输入进行再控制,进而不能对整个生产过程进行有效和主动的控制,因此属于较为被动的控制方法。因此,以清洁生产为主要内容的全过程污染控制方法,是针对污染物产生的技术路线采取的纯技术控制方法,通过对生产系统中的物质转化进行连续的、动态的闭环控制,以实现资源利用的最大化和废物排放的最小化。全过程控制具有显著的经济效益、环境效益和社会效益,相比之下是较为主动的控制方法。推行清洁生产、实行环境标志制度等促进了环境管理的纵深发展。

2. 从浓度控制向总量控制转变

中国环境管理正在进行以总量控制为代表的从浓度控制到总量控制的转变。浓度控制一直是中国污染控制和管理的核心,但即使所有污染源浓度全部达标,环境质量的恶化也不能得到有效控制。中国正在经历这种从浓度控制到总量控制的变革。

3. 以行政管理为主,向法制化、制度化、程序化管理的转变

随着中国经济体制的转变和中国法制化进程的加快,实现管理的法制化、制度化和程序

化成为环境管理发展的必然趋势,是环境管理手段由单一化向综合化转变的必然过程。

9.3.2　中国环境管理的发展趋势

生态学中有一个基本公式"环境影响＝人口×人均 GDP×(环境影响/GDP)"。在 2015 年,据相关预测,我国在未来的 20 年内,人口总数将增加 20%;按照"三步走"战略,我国的人均 GDP 还要实现"翻两番",也就是四倍于现在的目标;而这个指标涉及技术对环境改善的影响力。三者相乘,就能得出环境影响的结果。依此公式有关学者得出如下推论,如果忽略人口总数的增长,并且假设我国的科技发展对环境改善的贡献率达到 50%,那么,20 年后,我国的环境影响数值将是现在的两倍。国家环保总局副局长潘岳也曾指出"中国的污染事故已进入高发期,过去的一年已发生了 150 多起污染事件,平均两到三天就有一起。"

如果按照现在的发展模式继续走下去,20 年后,几乎每天都会有一起严重的污染事件发生,到时,每天国家都要启动应急预案。为了避免我国社会向所预测的情景发展,未来我国环境管理势必要做到在末端污染治理的同时,还要从源头上做到预防,而环境友好的技术创新、制度创新以及经济结构变化,都会对人的活动方式有所影响,从而改变环境压力。因此,此"模式创新与末端治理要双管齐下、齐头并进"为机制、以"实现'应急反应型'向'预防创新型'战略转变"为目标、以"实现'和谐社会''环境友好型社会''资源节约型社会''循环型社会'为任务""贯彻'节能减排'"将成为中国环境管理的总趋势,具体说来表现为如下几点。

1. 建立三大生态机制

生态补偿机制,应根据生态学原理和中国生态系统特点,划分我国的生态系统功能服务区,建立生态补偿机制。在中央、省和市级财政建立三级生态补偿基金,研究制定科学合理的生态补偿机制,确保各级保护区的当地居民,能够达到国家或所在省市的平均生活水平,并能与之同步提高,同时还要预防依赖心理的产生。

关键岗位环境责任制,对于关键岗位,人员上岗应签订关键岗位环境责任书,离岗应签署岗位环境审计书,关键岗位环境责任 20 年内有效。

关键项目环境风险等级评价制度,包括在环境影响评价的基础上,识别出具有较大环境风险的关键项目;定期对关键项目进行环境风险评价;组建三个政府机构进行审核。

2. 实现经济的"三化"

为实现我国经济的轻量化(非物化)、绿色化和生态化,积极协调我国经济"从农业经济向工业经济、从工业经济向知识经济、从物质经济向生态经济、从计划经济向市场经济、从国内经济向全球经济"的五大转变,必须实行相应的环境管理战略措施。

(1)继续实施新型工业化战略,走绿色工业化道路,降低新增环境压力。

(2)促进产权的工业流程再造,加速环保产业的发展,降低工业污染。

(3)继续实施污染治理工程,逐步清除重点地区和重点产业的污染遗留。

(4)继续推进循环经济,降低资源消耗,鼓励废物的资源化、再利用、再制造和再循环。

(5)实施绿色服务工程,加快服务经济发展,促进经济的"三化"转型。

3. 普及"环境友好"理念

我国现代化水平限制了社会保障水平和人民生活水平,大力发展国民经济提高人民生活质量的确是当务之急,但在工业化和现代化大步发展进程中保护人类生存的生态环境质量相比之下更是刻不容缓。因此,在我国广泛普及"环境友好"理念,使人民深入了解环境保护的必要性和重要性已成为我国环境管理工作的核心环节。

20 世纪 80 年代出现了"环境无害化技术",通称为"环境友好技术",主要是指预防污染与清洁能源的工艺、技术、产品。1992 年,在联合国里约环境与发展大会《21 世纪议程》中,正式提出了"环境友好"概念。90 年代中后期,"环境友好技术""环境友好产品与服务""环境友好企业"等概念相继出现。

环境友好型社会提倡经济和环境双赢,实现社会经济活动对环境的负荷最小化,将这种负荷和影响控制在资源供给能力和环境自净容量之内,形成良性循环。环境友好型社会是一种以环境资源承载力为基础、以自然规律为准则、以可持续社会经济文化政策为手段,致力于倡导人与自然、人与人和谐的社会形态。

就中国而言,环境友好型社会的基本目标就是建立一种低消耗的生产体系、适度消费的生活体系、持续循环的资源环境体系、稳定高效的经济体系、不断创新的技术体系、开放有序的贸易金融体系、注重社会公平的分配体系和开明进步的社会主义民主体系。具体措施如下。

(1)提高全民人口素质,加速人民生活观念向"环境友好"方向转变。

(2)加大环境保护教育投入,从小学开始普及"环境友好"生活理念。

(3)制定国民环境教育制度,即通过一整套环境友好理念传播机制,全面提高国民的环境意识、消费方式、道德素质,提高公共管理的科学水平,减少形象工程;发展循环经济,节约物质资源;防止污染的国内转移,控制环境不公平;转变"人定胜天"的传统观念,建立"人地和谐"的现代意识,建设环境友好型社会。

(4)建立环境信息公开制度,促进环境保护活动和非政府环境保护组织的健康发展。

(5)加大公众参与环境保护活动的程度,公众参与的主体不单单局限于人大、政协,而是扩大至基层社区、民间团体、企业、基金会;公众参与的方式也不单单局限于传统的立法、监督、信访,而是扩大以听证制度、公益诉讼、专家论证、传媒监督、志愿者服务等多种途径。

4. 探索全新发展道路

把环境因素纳入到国民经济与宏观决策之中。综合分析中国未来一段时期内奇缺的能源、淡水、耕地、矿产、生物五大资源以及现有环境资源的承载能力,对各类重大开发、生产力布局、资源配置,进行更为合理的战略安排,变过度开发为适度开发,变无序开发为有序开发,变短期开发为持久开发。

重新调整国土规划。打破行业垄断和行政区域,根据不同地区的人口、经济、资源总量与环境容量,制定不同区域和行业的发展目标;再据此制定土地、流域、区域以及工业、农业、能源、城建、交通、林业等不同的专项规划;再按照产业结构、产业方向进一步确定开发方式;最后,再根据土地利用结构,确定重点开发区域,提出地域开发计划。

确立新的经济发展模式。为实现环境与经济的双赢,根据发达国家的成功经验,环境友好型社会的经济发展模式,必须同时实现资源能源低消耗、污染低排放与经济高效益,这便是循环经济。在全球,走循环经济之路已经成为综合国力竞争和争夺国际发展制高点的一场竞赛。循环经济的发展政策不仅深刻影响国家经济的走向和抵御未来风险的潜在能力,而在通过各种国际绿色标准、资质、标志,日益延伸到国际贸易、国际投资及国际政治诸多领域。中国未来的可持续发展取决于循环经济能否成功。

迅速制定新能源战略。以核能、太阳能、风能、沼气为代表的新能源技术已经在发达国家大量开发并获得成功,而中国新能源的发展速度和水平尚有待提高。新能源战略是我们能否走出环境与经济"非此即彼"困境的唯一出路,我们要克服一切阻力发展新能源战略。

5. 内外同步扩大交流与合作

充分利用全球化的机遇,开发国际资源和市场。国际自然资源和环保市场,是全球化的重大机遇,是实现中国生态现代化的有利因素,可以和应该充分利用之。

落实《全国生态环境建设规划》,加速西部地区和生态现代化。继续推进西部的生态建设,并向经济增长与环境保护双赢的生态现代化转型,是西部的希望所在。

9.4　中国环境管理方针与基本政策

9.4.1　中国环境保护方针

1."三十二字"方针

中国环境保护起步于 20 世纪 70 年代,在此之前出现的环境问题,并未引起警觉,1972年的斯德哥尔摩人类环境会议促进了中国环境保护事业的发展,这次会议使中国意识到环境问题的严重性,开始着手制定国家的环境保护方针和政策。

环境保护的"三十二字"方针是我国环境保护工作和早起环境立法的基本指导思想,是我国环境保护工作的重点、方向和方法的高度概括。所谓"三十二字"方针,就是指"全面规划、合理布局、综合利用、化害为利、依靠群众、大家动手、保护环境、造福人民"。此方针最早是在 1972 年中国出席人类环境会议的代表发言中提出的,后于 1973 年第一次全国环境保护会议上正式确立为我国环境保护工作的基本方针,并在《关于环境保护和改善环境的若干规定(试行草案)》和《中华人民共和国环境保护法(试行)》中以法律形式确定下来。"三十二字"方针明确提出了保护环境的目的和基本措施,被认为是我国环境保护工作的指导方针,因为它前所未有地在环境保护实践中规定了总的原则和方向,抓住了一些环境保护的主要方面和问题,在相当长一段时期内对我国环境保护工作起到了积极的促进作用。

2."三同步,三统一"方针

该方针是在 1983 年第二次全国环境保护会议上提出来的,即经济建设、城乡建设和环境建设要同步规划、同步实施、同步发展,做到经济效益、社会效益和环境效益的统一。这一方针被确定为我国环境保护的基本战略方针。

面对新的历史条件,我国环境保护的特点和重点以及各方面对环境保护的要求发生了变化,"三同步,三统一"方针是对"三十二字"方针的重大发展,也是环境管理理论的新发展,它已成为现阶段我国环保工作的指导思想和环境立法的理论依据。

中国代表在联合国环境规划署理事会第十三届会议上做了阐明,并指出,中国政府在防治环境污染方面,实行"预防为主、防治结合、综合治理"的方针;在自然保护方面,实行"自然资源开发、利用与保护、增殖并重"的方针;在环境保护的责任方面,实行"谁污染谁治理,谁开发谁保护"的方针。这一方针是在总结了环境保护工作经验,结合我国当时的国情,研究环境保护工作的特点和重点及各方面对环境保护的要求的基础上提出来的,它指明了当时解决我国环境问题的正确途径。

"三同步"的基点在于"同步发展",它是制定环境保护规划、确定政策、提出措施以及组织实施的出发点和落脚点,它明确指出要把环境污染和生态破坏解决在经济建设和社会建设过程之中。

"三同步"的前提是"同步规划",实质是根据环境保护和经济发展之间相互制约的关系,以预防为主,搞好"合理规划、合理布局",在制定环境目标和实施标准时;要兼顾经济效益、社会效益和环境效益,要采取各种有效措施,运用价值规律和经济杠杆,从投资、物资和科学方面保证规划落实。

"三同步"的关键是"同步实施",就是要在制定具体的经济技术政策和进行具体经济建设项目的工作中,全面考虑上述三种效益的统一,采用一切有效手段保证"同步发展"的实现。

"三统一"的提出,主要在克服传统的只顾经济效益的发展点,强调整体综合的效益,它是贯穿于"三同步"始终的一条基本原则,也可以认为是各项工作的一条基本准则。"三统一"充分体现了当今可持续发展的思想。

9.4.2　中国环境保护政策

1. 环境保护基本国策

1983 年底召开的第二次全国环境保护会议明确提出了环境保护是现代化建设中的一项战略任务,是一项基本国策,确立了环境保护在经济和社会发展中的重要地位。基本国策属于政策的范畴,但其职能大大超出了一般政策的范围,是国家发展政策的组成部分,是立国之策、治国之策、兴国之策,是关系全局、涉及国家可持续发展的重大政策。国策是指定其他各种政策的前提和依据,当国策与具体政策发生矛盾时,各种政策服从于国策,我国把环境保护作为一项基本国策有其必然性。

(1)由中国的基本国情决定的。

中国是一个人口众多、人均资源相对紧缺的国家。由于我国的生产力水平低,科学技术不发达,生产手段落后,环境保护设施不完善等,从而决定了我国原材料的利用率低,排污量大且严重,此外由于人们缺乏环境保护的意识,如不抓紧环境保护工作,在未来一定时期,环境问题将继续突显,最终将影响人类的生存和国家的可持续发展。所以把环境保护作为基本国策,作为国家发展政策的重要组成部分是非常及时和正确的。

(2)由保护环境和维护生态平衡的客观要求决定的。

同世界各国的环境问题一样,中国的环境问题也有一个不断产生、积累与发展的过程。虽取得多项进展,但情势依然严峻。环境污染和生态破坏不断加重的趋势未得到有效控制,尤其是随着改革开放的进一步深入,生产活动给环境和生态带来的压力增大,如不从国家发展战略的角度重视环境问题,其后果可想而知。因此把环境保护作为一项基本国策,是国家可持续发展的需要,也是确保中华民族生存的需要。

(3)由促进社会经济和环境之间协调发展的需要决定的。

为了实现新时期社会、经济发展的总目标,必须把社会、经济与环境作为一个整体来进行规划,达到三者之间的协调发展。把环境保护作为基本国策,就是把环境与社会、经济发展放在了同等重要的地位,也进一步明确了三者之间的关系。

2. 中国环境保护的基本政策

中国环境保护的基本政策包括"预防为主、防治结合、综合治理"政策,"谁污染、谁治理"政策和"强化管理"政策,简称为环境保护的"三大政策"。这三大政策是以中国的基本国情为出发点,以解决环境问题为基本前提,在总结多年来中国环境保护实践经验和教训的基础上而制定的具有中国特色的环境保护政策。

(1)"预防为主"政策。

这一政策的基本思想是把消除环境污染和生态破坏的行为实施在经济开发和建设的过程之中,实施全过程控制,从源头解决环境问题,减少污染治理和生态保护所付出的沉重代价。环境保护与经济发展是一个对立统一的整体,环境问题的产生贯穿于经济建设的全过程,因此环境问题的解决必须贯穿于经济建设的全过程,这决定了"预防为主"政策是符合环境保护规律的。

"预防为主"政策的主要内容是把环境保护纳入到国民经济与社会发展计划中去,进行综合平衡。这要求我们要把环境保护纳入到城市总体发展计划中去,调整城市产业结构和布局,优化资源配置,改善城市能源结构,减少污染排放;实行建设项目环境影响评价制度;实行"三同时"制度。

(2)"谁污染、谁治理"政策。

这一政策的基本思想是治理污染,保护环境是生产者不可推卸的责任和义务,由污染产生的损害以及治理污染所需的费用,都必须由污染者承担和补偿,从而使"外部不经济性"内化到企业的生产中去,这项政策明确了环境责任。

该政策的主要内容要求企业把污染防治与技术改造结合起来,技术改造的资金要有适当比例用于环境保护措施;对工业污染实行限期治理;征收排污费。

(3)"强化管理"政策。

强化管理是在 1983 年第二次全国环境保护会议上提出的,符合中国国情的一项环境政策。它是"三大政策"的核心。通过强化管理可以完成一些不需要花很多资金就能解决的环境污染问题,并能为有限的环境保护资金创造良好的投资环境,提高投资效益。强化环境管理,主要内容如下。

①加强环境立法和执法。自 1979 年颁布了试行的《中华人民共和国环境保护法》以来,已先后出台了《海洋环境保护法》《大气污染防治法》《水污染防治法》《固体废物污染防治法》《噪声污染防治法》和《中华人民共和国防沙治沙法》等单项环境保护法律。同时又修改、完善以及相继出台了一些与环境保护密切相关的资源法规,如《森林法》《草原法》《土地管理法》《矿产资源法》《水法》和《野生动植物保护法》《渔业法》等,从资源保护的角度提出

了环境保护的要求。从而形成了比较完善的环境保护法规体系,确立环境保护的权威性,在实践中发挥了重要作用。

②建立健全环境管理机构和全国性的环境管理保护网络。开展环境管理必须有健全、高效的管理机构,中国的环境管理已建立起五级环境管理组织机构体系,同时建立了全国性的为环境保护提供支持手段的宣传、教育、科研、监测、管理等一系列机构,依法规定实施环境监督管理的环境管理体系。此外,我国还运用报刊、影视、网络等传播媒介广泛动员民众参与环境保护,并在教育体系中逐步加强了环境意识教育。

③建立健全环境管理制度。强化环境管理不仅要有环境保护的战略方针、政策、法律、法规和管理机构,还必须有可操作的管理制度。最早提出的"三同时"、环境影响评价制度和排污收费制度的"老三项"制度,以及后来的环境保护目标责任制、城市环境综合整治定量考核制度、排污许可证制度、污染集中控制制度、限期治理"新五项"制度,都为强化环境管理提供了强有力的保障。

3. 中国环境保护的单项政策

在环境保护基本政策的指导下,我国还建立了各个与环境保护和生态建设有关的单向环境保护政策,这些政策可概括为三个方面。

(1)环境经济政策。

环境经济政策指按照市场经济规律的要求,运用价格、税收、财政、信贷、收费、保险等经济手段,调节或影响市场主体的行为,以实现经济建设与环境保护协调发展的政策手段。

根据控制对象的不同,环境经济政策包括:控制污染的经济政策,如排污收费;用于环境基础设施的政策,如污水和垃圾处理收费;保护生态环境的政策,如生态补偿和区域公平。根据政策类型分,环境经济政策又包括:市场创建手段,如排污交易;环境税费政策,如环境税、排污收费、使用者付费;金融和资本市场手段,如绿色信贷、绿色保险;财政激励手段,如对环保技术开发和使用给予财政补贴;当然还有以生态补偿为目的的财政转移支付手段等。

解决环境问题必须实现"历史性转变",即"从主要用行政办法保护环境转变为综合运用法律、经济、技术和必要的行政办法解决环境问题"。"必要的行政办法"指的便是"区域限批"这类手段,而"经济手段"则指的是全新的环境经济政策体系。全新的环境经济政策体系包括以下七方面内容。

①绿色税收政策。环境税(绿色税)已被西方广泛采用。环境税包括专项环境税、与环境相关的资源能源税和税收优惠,以及消除不利于环保的补贴政策和收费政策。严格来讲,环境税主要是指对开发、保护、使用环境资源的单位和个人,按其对环境资源的开发利用、污染、破坏和保护的程度进行征收或减免。通常做法仍是"激励"与"惩罚"两类。一方面,对于环境友好行为给予"胡萝卜",实行税收优惠政策,如所得税、增值税、消费税的减免以及加速折旧等;另一方面,针对环境不友好行为挥舞"大棒",建立以污染排放量为依据的直接污染税,以间接污染为依据的产品环境税,以及针对水、气、固废等各种污染物为对象的环境税。实行环境税,就可以实现税收增加、环境保护、社会公平的"三赢"目标。实行环境税,环境经济政策等于成功了三分之一。但鉴于环境税收涉及面大、认识不一,还需一步步来。具体做法:首先清除那些不利于环保的相关补贴和税收优惠政策。比如,按照国务院关于限制"两高一资"(高能耗、高污染、资源性)产品出口的原则,取消或降低这类产品的出口退税

(率);其次是研究融入型环境税改革方案。比如,我们应重点研究适合征收进出口关税、降低或者取消高污染产品的出口退税名录,提出有利于环境保护的企业所得税、消费税和资源税改革建议方案,并在条件成熟时,择机出台燃油税;最后研究独立型的环境税方案。环保总局正在研究对产生重污染的产品征收环境污染税的问题。我们还要进一步研究开征污染排放税与一般环境税,条件成熟时还可设计不同的碳税政策。

②环境收费政策。研究新的,保留老的。对那些传统的环境收费政策仍应继续执行。国际经验表明,当污染者上缴给政府去治理的费用高于自己治理的费用时,污染者才会真正感到压力。而如今,中国的排污收费水平过低,不但不能对污染者产生压力,有时反而会起到鼓励排污的副作用。为此,我们要主动联合有关部门,运用价格和收费手段推动节能减排。一是推进资源价格改革;二是落实污染者收费的政策;三是促进资源回收利用。

③绿色资本市场。构建绿色资本市场可能是当前全国环保工作的一个突破口,是一个可以直接遏制"两高"企业资金扩张冲动的行之有效的政策手段。通过直接或间接"斩断"污染企业资金链条,等于对它们开征了间接污染税。

对间接融资渠道,我们推行"绿色贷款"或"绿色政策性贷款",对环境友好型企业或机构提供贷款扶持并实施优惠性低利率;而对污染企业的新建项目投资和流动资金进行贷款额度限制并实施惩罚性高利率。环保总局与银监会、央行共同发布了《关于落实环保政策法规防范信贷风险意见》,这应成为绿色信贷的基础文件。要联合证监会等部门,研究一套针对"两高"企业的,包括资本市场初始准入限制、后续资金限制和惩罚性退市等内容的审核监管制度。凡没有严格执行环评和"三同时"制度、环保设施不配套、不能稳定达标排放、环境事故多、环境影响风险大的企业,要在上市融资和上市后的再融资等环节进行严格限制,甚至可考虑以"一票否决制"截断其资金链条;而对环境友好型企业的上市融资应提供各种便利条件。

④资源与生态补偿政策。建立完善的资源与生态补偿制度是我国"十一五"的重要工作方面。这项政策不仅是环境与经济的需要,更是政治与战略的需要。它是以改善或恢复生态功能为目的,以调整保护或破坏环境的相关利益者的利益分配关系为对象,具有经济激励作用的一种制度。

目前中国资源与生态补偿政策主要包括矿产资源补偿、土地损失补偿、水资源补偿、森林资源补偿和生态农业补偿等。中国从生态补偿费征收入手,在生态环境补偿机制的建立方面做了初步工作,这项内容在1996年8月的《国务院关于环境保护若干问题的决定》中被指出。

⑤排污权交易政策。排污权交易是利用市场力量实现环境保护目标和优化环境容量资源配置的一种环境经济政策。从20世纪70年代开始,美国就尝试将排污权交易应用于大气及河流污染源的管理。其经验在全球具有代表性。排污权交易最大的好处就是既能降低污染控制的总成本,又能调动污染者治污的积极性。

从国外实践看,排污权交易的一般做法是由环境主管部门根据某区域的环境质量标准、污染排放状况、经济技术水平等因素综合考虑来确定一个排污总量。然后建立起排污权交易市场,具体可分为两步:第一步是排污权的初始分配,由政府以招标、拍卖、定价出售、无偿划拨等形式将排污权发放到排污者手中;第二步是排污者之间的交易,他们根据自身治污成本、排污需要以及排污权市场价格等因素,在市场上买卖排污权,这是实现排污权优化配置的关键环节。余下的,政府部门须做好对参与排污权交易企业的监测和执法,同时规范好交易秩序。

⑥绿色贸易政策。在西方国家开始普遍设立绿色贸易壁垒对中国贸易进行挤压的形势下,我国的贸易政策应做出相应调整。要改变单纯追求数量增长,而忽视资源约束和环境容量的发展模式,平衡好进出口贸易与国内外环保的利益关系。这首先得看好两道门。一个是出口。应严格限制能源产品、低附加值矿产品和野生生物资源的出口,并对此开征环境补偿费,逐步取消"两高一资"产品的出口退税政策,必要时开征出口关税。另一个是进口。应强化废物进口监管,征收大排气量汽车进口的环境税费。此外,我们一方面需构建防范环境风险法律法规体系;另一方面需建立跨部门的工作机制;再一方面,还需加强各部门联合执法,对走私野生动植物、木材与木制品、废旧物资、破坏臭氧层物质的违法行为进行严惩。

⑦绿色保险政策。绿色保险又叫生态保险,是在市场经济条件下进行环境风险管理的一项基本手段。其中环境污染责任保险最具代表性,就是由保险公司对污染受害者进行赔偿。

(2)环境技术政策。

环境保护的技术政策是指以特定的行业或领域为对象,在行业政策许可范围内引导企业采取有利于保护环境的生产和污染防治技术的政策。环境保护的技术、政策是企业制定污染防治对策的依据,也是开展环境监督管理的出发点。由于行业和领域不同,环境问题产生的途径和方式也不同,解决环境问题采用的污染治理技术和生产技术也不一样,这就决定了有不同的环境保护技术政策。

为了推进生态文明建设,实现"绿色发展、循环发展、低碳发展",我国环境政策的发展步伐也逐步加快,尤其是经过了酝酿论证,在 2014 年后,新环境政策出台频率大大加快,生态文明制度建设进入快速推进阶段。党的十八大后中央政府层面出台的环境政策有《大气污染防治行动计划》(2013)《大气污染防治行动计划实施情况考核办法(试行)》(2014)《水污染防治行动计划》(2015)《关于印发实行最严格水资源管理制度考核办法》(2013)《生态环境监测网络建设方案》(2015)《大气污染防治法》(2015)《中国逐步降低荧光灯含汞量路线图》(2013)《消耗臭氧层物质进出口管理办法》(2014)《粉煤灰综合利用管理办法》(2013)《燃煤发电机组环保电价及环保设施运行监管办法》(2014)和 2014 年 3 月环保部审议并通过的《土壤污染防治行动计划》等。

在行业的环境保护技术政策中对应采用的生产技术和污染防治技术均提出了具体规定和要求,明确规定了哪些是限制和淘汰的技术,哪些是适宜推广的生产技术,哪些是适宜推广应用的综合利用技术,哪些是适宜推广的污染治理技术,哪些是优先发展的生产技术等。

(3)环境产业政策。

环境保护的产业政策是指有利于产业结构调整和发展的专项环境政策,主要包括环境保护产业发展政策和产业结构调整的环境政策。

①环境保护产业发展政策。环保产业是国民经济结构中以防治环境污染、改善生态环境、保护自然资源为目的所进行的技术开发、产品生产、商业流通、资源利用、信息服务、技术咨询、工程承包等活动的总称。其主要包括环境保护机械制造、生态工程技术推广、环境工

程建设和服务等方面。

环境保护产业是国民经济的重要组成部分,也是防治环境污染、改善生态环境质量的物质基础,因此制定符合中国国情的环境保护产业政策,对加快发展中国的环境保护产业具有重要的战略意义。为了贯彻落实党的十八大关于全面深化改革的战略部署而在十八届中央委员会第三次全体会议上对全面深化改革的若干重大问题做出的研究决定,于 2013 年 11 月 15 日正式公布《中共中央关于全面深化改革若干重大问题的决定》;2015 年 3 月 24 日,中共中央政治局审议通过了《关于加快推进生态文明建设的意见》;为加快建立系统完整的生态文明制度体系,加快推进生态文明建设,增强生态文明体制改革的系统性、整体性、协同性,制定《生态文明体制改革总体方案》,于 2015 年 9 月 22 日发布;2015 年 1 月 14 日,国务院办公厅发布《关于推行环境污染第三方治理的意见》《关于加强环境监管执法的通知》(2014)《关于进一步推进排污权有偿使用和交易试点工作的指导意见》(2014)《关于加快新能源汽车推广应用的指导意见(2014)《关于加快发展节能环保产业的意见》(2013)等。

自从 2016 年 11 月 24 日国务院印发《“十三五”生态环境保护规划》以来,与环保产业有关的“十三五”规划陆续出台,为产业发展提供了方向指引。2016 年 12 月 31 日,国家发展改革委、住房城乡建设部共同印发《“十三五”全国城镇污水处理及再生利用设施建设规划》和《“十三五”全国城镇生活垃圾无害化处理设施建设规划》。2017 年 2 月 21 日,环境保护部、财政部联合印发《全国农村环境综合整治“十三五”规划》,提出到 2020 年新增完成 13 万个建制村环境综合整治的目标任务。2 月 22 日,环境保护部印发《国家环境保护“十三五”环境与健康工作规划》。2 月 28 日,国务院批复了环境保护部上报的《核安全与放射性污染防治“十三五”规划及 2025 年远景目标》。4 月 10 日,环保部印发《国家环境保护标准“十三五”发展规划》,预计未来环保产业将进一步扩大发展空间和提升发展质量。

2016 年 12 月 25 日,第十二届全国人民代表大会常务委员会第二十五次会议审议通过了《中华人民共和国环境保护税法》。这标志着原有的排污收费制度将退出历史舞台。《环境保护税法》从 2018 年 1 月 1 日起实施。2017 年 12 月 25 日,李克强总理签发国务院令,公布《中华人民共和国环境保护税法实施条例》。12 月 27 日,国务院发布《关于环境保护税收入归属问题的通知》表示,为促进各地保护和改善环境、增加环境保护投入,国务院决定将环境保护税全部作为地方收入。

到 2017 年底,国资委管理的 98 家央企中,涉足环保产业的比例已接近 50%。2017 年 11 月 16 日,财政部印发《关于国有资本加大对公益性行业投入的指导意见》,鼓励中央企业对包括节能环保在内的公益性行业加大投入,地方可鼓励地方国有企业对城市管理基础设施等公益性行业加大投入。

这些文件和规定是中国关于环境保护产业发展的若干指导性政策,通过税收、信贷等方面的政策支持,鼓励引进先进技术和装备,提高环境咨询、环境工程与施工等技术服务的能力和水平,积极促进跨地区、跨行业的大型环境保护产业集团的组建。加快环境保护产业的发展,既有利于发展民族经济,又有利于环境保护的可持续发展,并成为国家经济的新增长点。

②产业结构调整政策。2018 年 5 月 18 日至 19 日,全国生态环境保护大会上,中共中央总书记习近平指出,总体上看,我国生态环境质量持续好转,出现了稳中向好趋势,但成效并

不稳固。生态文明建设正处于压力叠加、负重前行的关键期,已进入提供更多优质生态产品以满足人民日益增长的优美生态环境需要的攻坚期,也到了有条件有能力解决生态环境突出问题的窗口期。我国经济已由高速增长阶段转向高质量发展阶段,需要跨越一些常规性和非常规性关口。产业结构的调整必须要推动绿色发展。

绿色发展是构建高质量现代化经济体系的必然要求,是解决污染问题的根本之策。重点是调整经济结构和能源结构,优化国土空间开发布局,调整区域流域产业布局,培育壮大节能环保产业、清洁生产产业、清洁能源产业,推进资源全面节约和循环利用,实现生产系统和生活系统循环链接,倡导简约适度、绿色低碳的生活方式,反对奢侈浪费和不合理消费。

党的十八大以来,开展了一系列根本性、开创性、长远性工作,加快推进生态文明顶层设计和制度体系建设,加强法治建设,建立并实施中央环境保护督察制度,大力推动绿色发展,深入实施大气、水、土壤污染防治三大行动计划,率先发布《中国落实 2030 年可持续发展议程国别方案》,实施《国家应对气候变化规划(2014—2020 年)》,推动生态环境保护产业发生历史性、转折性、全局性变化。

李克强总理针对环境产业结构的调整指出:着力构建生态文明体系,加强制度和法治建设,持之以恒抓紧抓好生态文明建设和生态环境保护,坚决打好污染防治攻坚战。要抓住重点区域重点领域,突出加强工业、燃煤、机动车"三大污染源"治理,坚决打赢蓝天保卫战。深入实施"水十条""土十条",加强治污设施建设,提高城镇污水收集处理能力。有针对性治理污染农用地。以农村垃圾、污水治理和村容村貌提升为主攻方向,推进乡村环境综合整治,国家对农村的投入要向这方面倾斜。要推动绿色发展,从源头上防治环境污染。深入推进供给侧结构性改革,实施创新驱动发展战略,培育壮大新产业、新业态、新模式等发展新动能。运用互联网、大数据、人工智能等新技术,促进传统产业智能化、清洁化改造。加快发展节能环保产业,提高能源清洁化利用水平,发展清洁能源。倡导简约适度、绿色低碳生活方式,推动形成内需扩大和生态环境改善的良性循环。要加强生态保护修复,构筑生态安全屏障。建立统一的空间规划体系和协调有序的国土开发保护格局,严守生态保护红线,坚持山水林田湖草整体保护、系统修复、区域统筹、综合治理,完善自然保护地管理体制机制。坚持统筹兼顾,协同推动经济高质量发展和生态环境高水平保护、协同发挥政府主导和企业主体作用、协同打好污染防治攻坚战和生态文明建设持久战。要依靠改革创新,提升环境治理能力。

9.5　可持续发展战略

9.5.1　可持续发展思想的形成

18 世纪工业革命以来,工业化的浪潮席卷全球,人类进入了工业文明时代。社会以及人的能力的迅速发展,确实使人类在控制自然方面取得了辉煌的成就,但是,自 20 世纪 60 年代和 70 年代以来,人类对自己的这些进步却产生了种种疑虑,人们越来越感到环境和资源危机。西方近代工业文明的发展模式和道路是不可持续的。我们迫切地需要对过去走过的发展道路重新进行评价和反思。我们面对的不仅仅是经济问题,而是需要在价值观、文化和文明的方式等方面进行更广泛、更深刻的变革,寻求一种可持续发展的道路。

　　人们之所以对自己的发展产生疑虑,主要是因为传统的发展模式给我们造成了日益严重的环境污染问题和资源危机,面对危机,人们深深地认识到传统的西方工业文明的发展道路,是一种以摧毁人类的基本生存条件为代价获得经济增长的道路。人类已走到十字路口,面临着生存还是死亡的选择。正是在这种背景下,人类选择了可持续发展的道路。

　　1980 年 3 月,联合国大会首次使用了"可持续发展"的概念。1987 年,世界环境与发展委员会公布了题为《我们共同的未来》的报告。该报告提出了可持续发展的战略,标志着一种新发展观的诞生。报告把可持续发展定义为"满足当代人需要的同时,不损害人类后代满足其自身需要的能力"。它明确提出了可持续发展战略,提出保护环境的根本目的在于确保人类的持续存在和持续发展。这份文件于 1987 年在联合国第四十二届大会通过。1992 年 6 月,在巴西的里约热内卢召开了"联合国环境与发展大会",183 个国家和 70 多个国际组织的代表出席了大会,其中包括 102 位国家元首或政府首脑。大会通过了《21 世纪议程》,阐述了可持续发展的 40 个领域的问题,提出了 120 个实施项目。这是可持续发展理论走向实践的一个转折点。

　　1993 年,中国政府为落实联合国大会决议,制定了《中国 21 世纪议程》,指出"走可持续发展之路,是中国在未来和下世纪发展的自身需要和必然选择"。1996 年 3 月,我国第八届全国人民代表大会第四次会议通过的《中华人民共和国国民经济和社会发展"九五"计划和2010 年远景目标纲要》,明确把"实施可持续发展,推进社会主义事业全面发展"作为我们的战略目标。1997 年,将 1986 年就着手实施的"社会发展综合实验区"更名为"可持续发展实验区",并决定在国内 16 个省、市、地区开展地方试点工作。至此,可持续发展不仅进入到地方政府,更深入到可持续发展的实验区建设层面。截至 2005 年底,共有国家级可持续发展实验区 52 个、省(市、区)级可持续发展实验区 100 多个。可持续发展战略的目的是要使社会具有可持续发展能力,使人类能够在地球上世世代代生活下去。人与环境的和谐共存,是可持续发展的基本模式。自然系统是一个生命保障系统。如果它失去稳定,一切生物(包括人类)都不能生存。自然资源的可持续利用,是实现可持续发展的基本条件。因此,对资源的节约,就成为可持续发展的一个基本要求。它要求在生产和经济活动中对非再生资源的开发和使用要有节制,对可再生资源的开发速度也应保持在它的再生速率的限度以内。应通过提高资源的利用效率来解决经济增长的问题。

9.5.2　可持续发展的概念和内涵

1. 可持续发展的概念

　　20 世纪 60 年代和 70 年代以后,随着公害问题的加剧和能源危机的出现,人们逐渐认识到把经济、社会和环境割裂开来谋求发展,只能给地球和人类社会带来毁灭性的灾难。源于这种危机感,可持续发展的思想在 80 年代逐步形成。1983 年 11 月,联合国成立了世界环境与发展委员会(WECD)。1987 年,受联合国委托,以挪威前首相布伦特兰夫人为首的WECD 的成员们,把经过四年研究和充分论证的报告——《我们共同的未来》提交联合国大会,正式提出了"可持续发展"(sustainable development)的概念和模式。

　　"可持续发展"一词在国际文件中最早出现于 1980 年由国际自然保护同盟制定的《世

界自然保护大纲》,其概念最初源于生态学,指的是对于资源的一种管理战略,其后被广泛应用于经济学和社会学范畴,并加入了一些新的内涵。

在《我们共同的未来》报告中,"可持续发展"被定义为"既满足当代人的需求又不危害后代人满足其需求的发展"。这一概念是一个涉及经济、社会、文化、技术和自然环境的综合的、动态的概念。该概念从理论上明确了发展经济同保护环境和资源是相互联系、互为因果的观点。由于可持续发展涉及自然、环境、社会、经济、科技、政治等诸多方面,所以,由于研究者所站的角度不同,对可持续发展所做的定义也就不同。

(1)侧重于自然方面的定义。

"持续性"一词首先是由生态学家提出来的,即所谓"生态持续性"(ecological sustainability),意在说明自然资源及其开发利用程序间的平衡。1991年11月,国际生态学联合会(INTECOL)和国际生物科学联合会(IUBS)联合举行了关于可持续发展问题的专题研讨会。该研讨会的成果 发展并深化了可持续发展概念的自然属性,将可持续发展定义为"保护和加强环境系统的生产和更新能力",其含义为可持续发展是不超越环境系统更新能力的发展。

(2)社会属性定义。

1991年,由世界自然保护同盟(INCN)、联合国环境规划署(UN-EP)和世界野生生物基金会(WWF)共同发表《保护地球——可持续生存战略》(*Caring for the Earth:A Strategy for Sustainable Living*),将可持续发展定义为"在生存于不超出维持生态系统涵容能力之情况下,改善人类的生活品质",并提出了人类可持续生存的九条基本原则,强调了人类的生产方式与生活方式要与地球承载能力保持平衡,保护地球的生命力和生物多样性。可持续发展的最终目标是人类社会进步,即改善人类生活质量,创造美好的生活环境。

(3)经济属性定义。

爱德华·B·巴比尔(Edvard B. Barbier)在其著作《经济、自然资源:不足和发展》中,把可持续发展定义为"在保持自然资源的质量及其所提供服务的前提下,使经济发展的净利益增加到最大限度"。皮尔斯(D-Pearce)认为,"可持续发展是今天的使用不应减少未来的实际收入""当发展能够保持当代人的福利增加时,也不会使后代的福利减少"。

(4)科技属性定义。

斯帕思(Jamm Gustare Spath)认为:"可持续发展就是转向更清洁、更有效的技术——尽可能接近'零排放'或'密封式',工艺方法——尽可能减少能源和其他自然资源的消耗。"认为污染并不是工业活动不可避免的结果,而是技术水平差、效率低的表现,主张发达国家与发展中国家之间进行技术合作,缩短技术差距,提高发展中国家的经济生产能力。

(5)综合性定义。

《我们共同的未来》中将"可持续发展"定义为:"既满足当代人的需求,又不对后代人满足其自身需求的能力构成危害的发展。"

1989年"联合国环境发展会议"(UNEP)专门为"可持续发展"的定义和战略通过了《关于可持续发展的声明》,认为可持续发展的定义和战略主要包括四个方面的含义:走向国家和国际平等;要有一种支援性的国际经济环境;维护、合理使用并提高自然资源基础;在发展计划和政策中纳入对环境的关注和考虑。

总之,可持续发展就是建立在社会、经济、人口、资源、环境相互协调和共同发展的基础上的一种发展,其宗旨是既能相对满足当代人的需求,又不能对后代人的发展构成危害。

2. 可持续发展的内涵

2002 年,中共十六大把"可持续发展能力不断增强"作为全面建设小康社会的目标之一。可持续发展是以保护自然资源环境为基础,以激励经济发展为条件,以改善和提高人类生活质量为目标的发展理论和战略。它是一种新的发展观、道德观和文明观。

可持续发展的内涵如下。

突出发展的主题。发展与经济增长有根本区别,发展是集社会、科技、文化、环境等多项因素于一体的完整现象,是人类共同的和普遍的权利,发达国家和发展中国家都享有平等的、不容剥夺的发展权利。

发展的可持续性。人类的经济和社会的发展不能超越资源和环境的承载能力。

人与人关系的公平性。当代人在发展与消费时应努力做到使后代人有同样的发展机会,同一代人中一部分人的发展不应当损害另一部分人的利益。

人与自然的协调共生。人类必须建立新的道德观念和价值标准,学会尊重自然、师法自然、保护自然,与之和谐相处。中共提出的科学发展观把社会的全面协调发展和可持续发展结合起来,以经济社会全面协调可持续发展为基本要求,指出要促进人与自然的和谐,实现经济发展和人口、资源、环境相协调,坚持走生产发展、生活富裕、生态良好的文明发展道路,保证一代接一代地永续发展。从忽略环境保护受到自然界惩罚,到最终选择可持续发展,是人类文明进化的一次历史性的重大转折。

9.5.3　可持续发展的基本原则

1. 公平性原则

公平性原则是指机会选择的平等性,具有三方面的含义:一是指代际公平性;二是指同代人之间的横向公平性,可持续发展不仅要实现当代人之间的公平,而且也要实现当代人与未来各代人之间的公平;三是指人与自然,与其他生物之间的公平性。这是与传统发展的根本区别之一。各代人之间的公平要求任何一代都不能处于支配地位,即各代人都有同样选择的机会空间。

2. 可持续性原则

可持续性原则是指生态系统受到某种干扰时能保持其生产率的能力。资源的持续利用和生态系统可持续性的保持是人类社会可持续发展的首要条件。可持续发展要求人们根据可持续性的条件调整自己的生活方式,在生态可能的范围内确定自己的消耗标准。因此,人类应做到合理开发和利用自然资源,保持适度的人口规模,处理好发展经济和保护环境的关系。

3. 和谐性原则

可持续发展的战略就是要促进人与人之间及人与自然之间的和谐,如果我们能真诚地按和谐性原则行事,那么人类与自然之间就能保持一种互惠共生的关系,也只有这样,可持续发展才能实现。

9.5.4　中国的可持续发展战略

中国在联合国环境与发展大会后发布的《环境与发展十大对策》中提出"实行可持续发展战略"。1994 年 3 月发布的《中国 21 世纪议程》是全球首部国家级《21 世纪议程》,共 20 章,78 个方案领域,主要内容包括可持续发展总体战略和政策、社会可持续发展、经济可持续发展和资源的合理利用与环境保护四大部分,其中提出了中国实施可持续战略的总体战略、对策以及行动方案。1996 年,《国民经济与社会发展"九五"计划和 2010 年远景目标纲领》首次将可持续发展和科教兴国并列为国家的两项基本战略,提出了实现经济体制和经济增长方式两个根本性转变,确定了"九五"期间和 2010 年环境保护目标。党的十五大报告明确提出实施可持续发展战略;党的十六大报告指出,走新型工业化道路,必须把可持续发展放在十分突出的地位,坚持计划生育、保护环境和保护资源的基本国策;十六届三中全会精神为坚持以人为本,树立全面、协调、可持续的发展观,按照稳定政策、适度调整、深化改革、扩大开放、把握全局、解决矛盾,统筹兼顾、协调发展的思路,做好各项工作;党的十七大报告中提出:必须坚持全面协调可持续发展,坚持生产发展、生活富裕、生态良好的文明发展道路,建设资源节约型、环境友好型社会,实现经济发展与人口、资源、环境相协调,使人民在良好的生态环境中生产生活,实现经济社会永续发展;党的十八大要求建设节约型社会,实现可持续发展。此外,国家还出台了一系列有利于环境保护的经济政策,如提高排污收费标准、建立治污筹资机制和恢复生态环境的经济补偿制度、环保信贷等。

保证必要的环保投入是实施可持续发展必不可少的条件,但我国长期环保投入不足,环境科技水平较低,表现在我国环境保护产业产值低、生产规模小、产品层次低、能源利用率低,与欧洲及东南亚的一些发达国家和地区相比差距很大。因此,我国急需发展以节水、节降耗为主要目标的清洁生产技术和适宜的污染防治技术,建立源头控制为主的全过程控制污染的机制。随着经济增长,应加大环保投入,并有组织地进行攻关,争取有所突破。此外,中国在积极实施可持续发展战略的同时,也在不断加强与可持续发展相关的法律法规体系的建设及管理体系的建设工作。

9.6　中国环境管理基本制度

自 1979 年以来,随着我国环境保护工作的深化而逐步形成了一套既符合我国基本国情,又能为强化环境管理提高保障的环境管理制度,在控制环境污染和保护自然生态方面发挥了重要的积极作用。根据国情先后总结出八项环境管理制度,分别是环境影响评价制度、"三同时"制度、排污收费制度、环境保护目标责任制、城市环境综合整治定量考核制度、排污许可证制度、污染集中控制制度和限期治理制度。其中的环境影响评价制度、"三同时"制度、排污收费制度三项制度,常称为"老三项"制度。在环境管理工作中推行这些制度起到了有效控制环境污染、阻止破坏生态环境的作用。同时这八项制度也成为环境保护部门依法行使管理职能的主要方法和手段。

9.6.1　中国环境管理制度体系

自 20 世纪 70 年代初以来,经过大胆的探索和实践,中国已形成了以新、老八项制度为核心的环境管理制度体系,这个体系(如图 9.1)的有效运行是使环境管理跨上新台阶的条件和保证。从图 9.1 中可以看出八项制度之间存在的几种十分重要的关系。

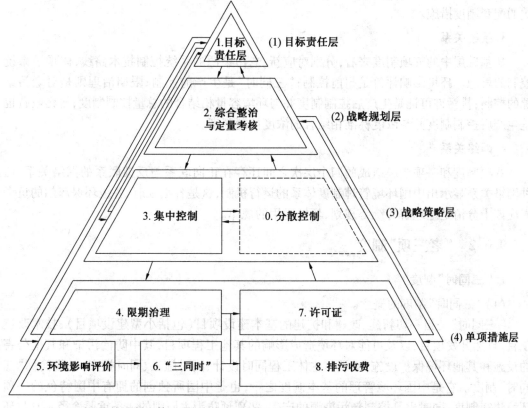

图 9.1　环境管理制度体系(摘自许宁,胡伟光主编,《环境管理》,化学工业出版社,2008)

1. 层次关系

从总体上看,现阶段中国环境管理制度体系构成了四个层次的金字塔形。

塔顶层:由目标责任制构成。这是制度体系的最高层,是各项管理制度的"龙头"。一方面,它是实施其他各项制度的保证;另一方面,其他制度的实施又为目标责任制创造了条件。

塔身层:又可分为上、下两层,分别有综合整治定量考核、集中控制制度与分散治理措施(未确立为制度)组成。这是因为这两项制度和一项措施体现了环境质量保护与改善的客观规律,必须从综合战略、集中战略与策略(该分散的要分散,以有效地利用环境容量)角度采取强有力的制度措施才能解决。

塔底层:分别由环境影响评价、"三同时"制度、限期治理制度、排污许可证制度及排污收费制度等五项环境管理制度组成,体现了污染源的系统控制关系,控制新、老污染源两条技术走路,并作为综合、集中、分散控制的管理手段。基础不配套、不完善,也不可能建起塔身和塔项，也组织不起来中国环境管理制度体系，所以必须切实打好基础。

2. 包含关系

从上述层次关系，可看出包含关系，如集中控制制度与分散控制措施中就包含了环境影响评价制度、"三同时"制度、限期治理制度、排污许可证制度及排污收费制度；而综合整治制度中包含了集中控制制度及分散控制措施。反过来说，下面层次的制度和措施，是上面层次的配套制度措施。

3. 系统关系

从基础层中的五项制度来看，分别对应新、老污染源的系统控制技术路线，体现了系统控制的思想。环境影响评价是超前控制；"三同时"是生产前控制；限期治理则是对老污染源的控制；排污许可证是生产后控制制度并与环境容量相结合的总量控制制度；排污收费也是生产后控制制度并与浓度标准相结合的浓度控制制度。

4. 网络关系

八项制度和一项措施组成的四个层次之间还存在正向联系与反馈联系的网络关系，这种网络关系显示出中国环境管理制度体系的运行机制，这是各级政府、各级环保部门的负责人应该十分清楚地理解与统筹规划、巧妙运用的规律。

9.6.2　"老三项"制度

1. "三同时"制度

（1）"三同时"制度的概念。

"三同时"是指一切新建、改建和扩建的基本建设项目（包括小型建设项目）、技术改造项目、自然开发项目，以及可能对环境造成影响的其他工程项目，其中防治污染和其他公害的设施和其他环境保护设施，必须与主体工程同时设计、同时施工、同时投产，一般简称"三同时"制度。它是中国环境管理的基本制度之一，也是中国所独创的拥有中国特色的一项环境法律制度，同时也是控制新污染源的产生，实现预防为主原则的一条重要途径。它与环境影响评价制度是我国防止新污染出现和破坏的两大法宝，是"预防为主"的环境保护方针的具体体现、制度化、规范化。

"三同时"的规定最早出现于1973年经国务院批准的《关于保护和改善环境的若干规定（试行）》中。后来，在1979年的《中华人民共和国环境保护法（试行）》中做出了进一步规定。此后的一系列环境法律法规也重申了"三同时"的规定，从而以法律的形式确立了这项环境管理的基本制度。1986年颁布的《建设项目环境保护管理办法》对"三同时"制度做了具体规定，1998年对该办法做了修改并新颁布了《建设项目环境保护管理条例》，对"三同时"制度做了进一步的具体规定。根据2015年1月1日开始施行的《环境保护法》对"三同时"监管办法进行了修订。

（2）"三同时"制度在环境管理中的作用。

"三同时"制度体现了"预防为主"的环境保护战略方针，对环境污染进行控制，对原有老污染源进行治理，同时对新建项目产生的新污染源进行防治，以保证经济效益、社会效益和环境效益相统一。

"三同时"制度与环境影响评价制度结合起来,通过将环境保护纳入基本建设程序,建设项目主体工程与污染防治设施同时设计、同时施工、同时投产,实现了经济与环保的协调发展,它与环境影响评价制度被称为我国环境保护工作的"两大法宝"。

(3)"三同时"制度的适用范围。

"三同时"制度可适用于以下几个方面的开发建设项目。

①新建、扩建、改建项目。新建项目是指原来没有任何基础,而从无到有,开始建设的项目。扩建项目是指为扩大产品生产能力或提高经济效益,在原有建设的基础上又建的项目。改建项目是指在原有设施的基础上,为了改变生产工艺、产品种类或者为了提高产品产量、质量,在不扩大原有设施的基础上而建设的项目。

②技术改造项目。它是指利用更新改造资金进行挖潜、革新、改造的建设项目。

③一切可能对环境造成污染和破坏的工程建设项目。这方面的项目包括的范围特别广,几乎不分建设项目的大小、类别,也不管是新建、扩建或改建,只要可能对环境造成污染和破坏,就要执行"三同时"制度。

④确有经济效益的综合利用项目。1985 年国家经济贸易委员会《关于开展资源综合利用若干问题的暂行规定》中规定:"对于确有经济效益的综合利用项目,应当同治理环境污染一样,与主体工程同时设计、同时施工、同时投产。"这是对原有"三同时"规定的一大发展。

(4)"三同时"制度的实施程序。

建设项目的初步设计,应当按照环境保护设计规范的要求,编制环境保护篇章,并依据经批准的建设项目环境影响报告书或者环境影响报告表,在环境保护篇章中落实防治环境污染和生态破坏的措施以及环境保护设施投资概算。

建设项目的主体工程完工后,需要进行试生产,其配套建设的环境保护设施必须与主体工程同时投入试运行。建设项目试生产期间,建设单位应当对环境保护设施运行情况和建设项目对环境的影响进行监测。

建设项目竣工后,建设单位应当向审批该建设项目环境影响报告书、环境影响报告表或者环境影响登记表的环境保护行政主管部门,申请该建设项目需要配套建设的环境保护设施竣工验收。分期建设、分期投入生产或者使用的建设项目,其相应的环境保护设施应当分期验收。环境保护行政主管部门应当自收到环境保护设施竣工验收申请之日起 30 日内,完成验收。建设项目需要配套建设的环境保护设施经验收合格后,该建设项目方可正式投入生产或者使用。

2. 环境影响评价制度

(1)环境影响评价制度的概念。

《建设项目环境保护管理条例》中定义环境影响评价是指在一定区域内进行开发建设活动,事先对拟建项目可能对周围环境造成影响的人为活动进行调查、环境影响分析、预测和评定,并进行各种替代方案的比较,提出各种减缓措施,最大程度上减少对环境的不利影响,为项目决策提供科学依据。环境影响评价具有预测性、客观性、综合性、法定性等基本特点。

《中华人民共和国环境影响评价法》中定义环境影响评价是指对规划和建设项目实施

后可能造成的环境影响进行分析、预测和评估,提出预防或者减轻不良环境影响的对策和措施、进行跟踪监测的方法与制度。

环境影响评价制度是借鉴国外先进的立法经验,结合中国国情所制定的一项重要法律制度,可以为一个地区的发展方向和规模提供依据。

(2)环境影响评价制度在环境管理中的作用。

环境影响评价制度是环境评价在法律上的表现。中国这方面的法规有:《中华人民共和国环境保护法》《中华人民共和国环境影响评价法》(2016 年修订)《建设项目环境保护管理条例》(2017 年修订)《建设项目环境影响评价证书管理办法》。实行环境影响制度有如下三点重要作用。

①可以把经济建设与环境保护协调起来。传统建设项目的决策,考虑的主要因素是经济效益和经济增长速度,着眼于分析影响上述因素的外部条件,很少考虑对周围环境的影响,结果导致经济发展和环境保护的尖锐对立。

②环境影响评价制度是贯彻"预防为主"原则和合理布局的重要法律制度。其可以真正把各种建设开发活动的经济效益和环境效益统一起来,把经济发展和环境保护协调起来。从实质上来说,环境影响评价过程也是认识生态环境和人类经济活动相互制约、相互影响的过程,从而在符合生态规律的基础上,合理布局工农业生产、城市和人口结构。这样可以把人类经济活动对环境的影响降到最低限度,通过评价还可以预先知道项目的选址是否合适、对环境有无重大不利影响,以避免造成危害事实后而无法补救。

③体现了公众参与原则。通过环境影响评价报告书(表)可以真正确保公众的环境知情权,杜绝那些具有潜在性和积累性的环境污染和破坏项目对公民造成的侵害。为开展区域政策环境影响评价和实施环境与经济、生态发展的综合决策创造条件,同时促进国家科学技术、监测技术和预测技术的发展。

(3)环境影响评价制度的适用范围。

环境影响评价制度的适用范围包括:对环境有影响的工业、交通、水利、农林、商业、卫生、文教、科研、旅游、市政等基本建设项目、技术改造项目、区域开发建设项目以及一切引进项目,包括中外合资、中外合作和外商独资的建设项目。根据建设项目的大小、开发建设的性质、建设地点的环境敏感程度来判断开发建设项目是否会对其环境产生影响。

国务院有关部门,市级以上地方人民政府及其有关部门对其组织编制的土地利用的有关规划;区域、流域、海域的建设、开发利用规划;工业、农业、畜牧业、林业、能源、水利、交通、城市建设、旅游自然资源开发的相关专项规划。

(4)环境影响评价的形式。

根据建设项目所做环境影响评价深度的不同,立法上把环境影响评价分为两种形式:一是环境影响报告书,二是环境影响报告表。

环境影响报告书是由开发建设单位依法向保护行政主管部门提交的关于开发建设项目环境影响预断评价的书面文件。环境影响报告书的适用对象是大中型基本建设项目和限额以上技术改造项目,县级或县级以上环境保护部门认为对环境有较大影响的小型基本建设项目和限额以下技术改造项目。报告书的编制目的是:在项目的可行性研究阶段就对项目可能造成的近期和远期影响、拟采取的防治措施进行评价,论证和选择技术上可行,经济、布局上合理,对环境的有害影响较小的最佳方案,为领导部门的决策提供科学依据。环境影响报告书的内容主要包括总论、建设项目概况、建设项目周围地区的环境状况调查、建设项目对环境可能影响的分析、预测和评价,环保措施及技术经济论证,环境监测制度建议、环境影响经济损益简要分析、结论、存在的问题与建议等方面,其中的结论应当包括建设项目对环境质量的影响,建设规模、性质、选址是否合理,是否符合环境保护要求,所采取的防治措施在技术上是否可行,经济上是否合理,是否需要再做进一步评价等内容。环境影响报告书的编制单位必须是受建设单位委托的持有环境影响评价证书的单位。建设单位只有委托持有评价证书的单位编写环境影响报告书,其环境影响评价才是有效的。

环境影响报告表是由建设单位向环境保护行政主管部门填报的关于建设项目概况及其环境影响的表格。环境影响报告表的适用对象是小型建设项目和限额以下技术改造项目,以及经省环境保护行政主管部门确认为对环境影响较小的大中型基本建设项目和限额以上技术改造项目。填报该表的目的是弄清建设项目的基本情况及其环境影响情况,以便有针对性地采取环境保护措施。报告表的主要内容包括项目名称,建设性质、地点、依据、占地面积、投资规模,主要产品产量,主要原材料用量,有毒原料用量,给排水情况,年能耗情况,生产工艺流程或资源开发、利用方式简要说明;污染源及治理情况分析,包括生产污染的工艺装置或设备名称,产生的污染物名称、总量、出口浓度,治理措施、回收利用方案或其他处置措施和处理效果;建设过程中和项目建成后对环境影响的分析及需要说明的问题。环境影响报告表的填写单位也必须是受建设单位委托的持有环境影响评价证书的单位。

对环境不产生不利影响或影响极小的建设项目不需要开展环境影响评价,只填报环境保护管理登记表。环境影响登记表包括项目概况、项目内容及规模、原辅材料及主要设施规格、数量、水及能源消耗量、废水排放量及排放去向、周围环境简况、生产工艺流程简述、拟采用的防治污染措施等。环境影响登记表由建设单位自行填写。

专项规划和环境影响报告书主要内容包括实施该规划对环境可能造成影响的分析、预测和评估;预防或者减轻不良环境影响的对策和措施;环境影响评价的结论。

规划环境影响的篇章或说明对规划实施后可能造成的环境影响分析、预测和评估,提出预防或者减轻不良环境影响的对策和措施。主要内容包括前言、环境现状描述、环境影响分析和评价、环境影响减缓措施。

(5)环境影响评价和审批的程序。

首先,由建设单位负责或主管部门采取招标的方式签订合同,委托评价单位进行调查和评价工作。其次,评价单位通过调查和评价,编制《环境影响报告书(表)》。评价工作要在项目的可行性研究阶段完成和报批。铁路、交通等建设项目经主管环保部门同意后,可以在初步设计完成前报批。再次,建设项目的主管部门负责对建设项目的环境影响报告书(表)进行预审。最后,报告书经由有审批权的环保部门审查批准后,提交设计和施工。

有下列情形的报国家环保总局审批:跨省、自治区、直辖市界区的项目;特殊性质的建设项目,如核设施、绝密工程;国务院审批的或国务院授权有关部门审批的建设项目。

对环境问题有争议的项目,其报告书(表)提交上一级环保部门审批。

凡是从事对环境有不利影响的开发建设活动的单位,都必须执行环境影响评价制度。违反这一制度的规定,就要承担相应的法律后果。对未经批准的环境影响报告书(表)建设项目,计划部门不办理设计任务书的审批手续,土地管理部门不办理征地手续,银行不预贷款。

未经批准擅自施工的,除责令停止施工、补办审批手续外,对建设单位及其有关单位负责人处以罚款。

特别强调两点。一是建设项目是否对环境有影响,不能凭主观理解或表面现象来确定,工商行政管理部门更不能越权确定。例如,1997～1998年,浙江省台州市在处罚造成环境污染事故的过程中,发现许多企业在报建时未经环境影响评价,未经环保部门审批,直到污染事故发生时,环保部门才知道有这样一个项目,但这些污染企业却已取得了营业执照并且已经生产了很长一段时间。按照《建设项目环境保护管理办法》的规定,对未经批准环境影响报告书或环境影响报告表的建设项目,工商行政管理部门不应办理营业执照。显然,台州市工商行政管理部门越权确定项目环境影响以及在未经环境保护部门审批的情况下为污染企业办理营业执照的做法是违法的。二是环境影响评价工作必须由持有相应等级《评价证书》的评价单位承担。评价证书分为甲级评价证书和乙级评价证书。甲级评价证书由国家环境保护局负责核发,持有甲级评价证书的单位可承接候车范围内各种规模的基本建设项目和技术改造项目以及区域开发建设项目的环境影响评价工作;乙级评价证书由省、自治区、直辖市人民政府环境保护行政主管部门负责核发,持有乙级评价证书的单位可承接所在省、自治区、直辖市各级人民政府环境保护主管部门负责审批的基本建设项目、技术改造项目和省级人民政府确定的区域开发建设项目环境影响评价工作。对转让"评价证书"者,发证机关有权中止或吊销其"评价证书",对其违法行为,也可依法予以惩治。

3. 排污收费制度

(1)排污收费制度的概念。

排污收费制度,又叫征收排污费制度,是对于向环境排放污染或超过国家排放标准排放污染物的排污者,按照污染物的种类、数量和浓度,根据规定征收一定的费用,以及有关排污费专款专用,主要用于补助重点污染源防治、区域性污染防治等基本原则规定的总称。

这项制度是运用经济手段有效促进污染治理和新技术的发展,使污染者承担一定污染防治费用的法律制度。它既是环境管理中的一种经济手段,又是"污染者负担原则"的具体执行方式之一,也是环境经济学中"外部性成本内在化"的具体应用。传统的价值观认为自然资源或自然要素是无价的,在其所属的经济核算体系内,没有自然要素和自然资源价值的地位,导致了环境成本外部性的产生,这是产生环境问题的经济体制上的原因之一。"外部性成本内在化"就是设法将环境的成本内在化到产品的成本中去,即通过对自然环境和自然资源进行赋值,使环境污染和破坏的成本在一定程度上由经济开发建设行为负担。其目的是促进排污者加强环境管理、节约和综合利用资源、治理污染、改善环境,并为保护环境和补偿污染损害筹集资金。

生态环境部日前正式发布部令第2号《关于废止有关排污收费规章和规范性文件的决定》,对有关排污收费的1件规章和27件规范性文件予以废止。

《中华人民共和国环境保护税法》及《中华人民共和国环境保护税法实施条例》已于2018年1月1日起施行,2003年1月2日国务院公布的《排污费征收使用管理条例》同时废止。

生态环境部决定,对《排污费征收工作稽查办法》(原国家环境保护总局令第42号,2007年10月23日公布)的规章予以废止。同时,对关于统一排污费征收稽查常用法律文书格式的通知(环办〔2008〕19号,2008年2月25日公布)等27件规范性文件予以废止。这就意味着,在我国实施了近40年的排污收费制度退出历史舞台。

1979年9月颁布的《环境保护法(试行)》中,确立了排污收费制度。2003年7月1日起全面实施的《排污费征收使用管理条例》及其配套规章是排污收费制度改革的重大突破。2018年1月1日起,环保税正式开征。为及时废止有关排污收费的规章和规范性文件,4月12日,生态环境部部长李干杰在京主持召开部务会议,审议并原则通过《关于废止有关排污收费规章和规范性文件的决定(草案)》。

排污收费制度是我国环境管理的一项基本制度,是促进污染防治的一项重要经济政策。排污收费制度实施40多年来,对促进企事业单位加强污染治理、节约和综合利用资源,控制环境恶化趋势,提高环境保护监督管理能力发挥了重要的作用。

(2)排污收费制度的作用。

排污收费制度的作用包括:促使排污单位加强经营管理;促进老污染源治理,有力地控制新污染源;为防治污染提供了大量专项资金;推进了综合利用,提高了资源、能源的利用;加强了环境保护部门自身建设。促进环境保护工作。

(3)征收排污费的对象。

征收排污费的对象,即直接向环境排放污染物的单位和个体工商户(以下简称排污者),应当依照本条例的规定缴纳排污费。

排污者向城市污水集中处理设施排放污水、缴纳污水处理费用的,不再缴纳排污费。排污者建成工业固体废物贮存或者处置设施、场所符合环境保护标准,或者其原有工业固体废物贮存或者处置设施、场所经改造符合环境标准的,自建成或者改造完成之日起,不再缴纳排污费。

(4)征收排污费的标准和程序。

排污者应当按照下列规定缴纳排污费。

依照《大气污染防治法》《海洋环境保护法》的规定,向大气、海洋排放污染物的,按照排放污染物的种类、数量缴纳排污费。

依照《水污染防治法》的规定,向水体排放污染物的,按照排放污染物的种类、数量缴纳排污费;向水体排放污染物超过国家或者地方规定的排放标准的,按照排放污染物的种类、数量加倍缴纳排污费。

依照《固体废物污染环境防治法》的规定,没有建设工业固体废物贮存或者处置的设施、场所,或者工业固体废物贮存或者处置的设施、场所不符合环境保护标准的,按照排放污染物的种类、数量缴纳排污费;以填埋方式处置危险废物不符合国家有关规定的,按照排放污染物的种类、数量缴纳危险废物排污费。

依照《环境噪声污染防治法》的规定,产生环境噪声污染超过国家环境噪声标准的,按照排放噪声的超标声级缴纳排污费。

排污者缴纳排污费,不免除其防治污染、赔偿污染损害的责任和法律、行政法规规定的其他责任。

排污费征收程序如下。

负责污染物排放核定工作的环境保护行政主管部门,应当根据排污费征收标准和排污者排放的污染物种类、数量,确定排污者应当缴纳的排污费数额,并予以公告。

排污费数额确定后,由负责污染物排放核定工作的环境保护行政主管部门向排污者送达排污费缴纳通知单。

排污者应当自接到排污费缴纳通知单之日起七日内,到指定的商业银行缴纳排污费,商业银行应当按照规定的比例将收到的排污费分别解缴中央国库和地方国库。具体办法由国务院财政部门会同国务院环境保护行政主管部门制定。

(5)排污费的管理和使用。

排污费必须纳入财政预算,列入环境保护专项资金进行管理,主要用于下列项目的拨款补助或者贷款贴息:重点污染源防治,区域性污染防治,污染防治新技术、新工艺的开发、示范和应用,国务院规定的其他污染防治项目。

具体使用办法由国务院财政部门会同国务院环境保护行政主管部门征求其他有关部门意见后制定。

县级以上人民政府财政部门、环境保护行政主管部门应当加强对环境保护专项资金使用的监督和管理。

使用环境保护专项资金的单位和个人,必须按照批准的用途使用。

县级以上地方人民政府财政部门和环境保护行政主管部门每季度向本级人民政府、上级财政部门和环境保护行政主管部门报告本行政区域内环境保护专项资金的使用和管理情况。

审计机关应当加强对环境保护专项资金使用和管理的审计监督。

4. 老三项制度的局限性

这三项制度的建立为有效地治理一些危害大、扰民严重的污染源,控制新建项目可能带来的环境损害,推动企业开展环境管理和治理工作,形成了一套行政监督管理机制,建立了以污染源为控制对象,以单项治理为主体,以控制污染源排放浓度和防止污染事故为目标的直接行政控制体系。实践证明,这三项制度已发挥巨大作用,被称为"中国环境管理三大法宝"。事物总是在不断发展的。在进一步实践中,这三项制度已经远远不能解决日益发展的环境污染和破坏问题。从健全中国环境管理制度体系来看,老三项制度还存在着如下局限性。

(1)强调了预防新污染源,而强调控制老污染源不够。

(2)强调了浓度标准,而强调控制流失总量不够。

(3)强调了单项、点源、分散控制,而强调综合、区域、集中控制不够。

(4)强调了定性管理,而强调定量管理不够。

(5)强调了全国一个标准,而强调因排污及环境实际情况制宜不够。

(6)强调了环境保护部门的积极性,而强调各个部门的积极性不够,尤其是强调各级政府首长的环境保护职责不够。

9.6.3 "新五项"制度

多年来,中国在环境管理上一直处于点源治理和定性管理的水平上,污染集中控制、城市环境综合整治定量考核和污染限期治理、排污许可证,都是由点源防治向区域的综合整治迈出的重要的一步,都包含了丰富的由定性管理向定量管理转变的内容和具体指标。这种变化是中国环境管理的一大飞跃,标志着中国的环境管理开始步入规范化和优化管理的新阶段。

1. 环境保护目标责任制

(1)环境保护目标责任制的概念。

环境保护目标责任制规定各级政府的行政首长对当地的环境质量负责,企业的领导人对本单位的污染防治负责,规定他们的任务目标,列为政绩进行考核的一项环境管理制度。环境保护目标责任制是目标管理的重要组成部分,是保证以目标为中心开展管理活动的一种制度。环境保护目标责任制就是以中国的基本国情为基础,以现行法律为依据,以责任制为核心,以行政制约为机制,把责任、权利、利益和义务有机结合起来,明确地方行政首长在改善环境质量上的权利、责任和义务。

(2)环境保护目标责任制的特点。

环境保护目标责任制的特点:有明确的时间和空间界限,一般以一届政府的任期为时间界限,以行政单位所辖地域为空间界限;有明确的环境质量目标、定量要求和可分解的质量目标;有明确的年度工作指标;有配套的措施、支持保证系统和考核奖惩办法;有定量化的监测和控制手段。

这些特点归结起来,说明这项制度具有明显的可操作性,便于发挥功能,能够起到改善环境质量的重大作用。

(3)实施目标责任制的作用。

实施环境保护目标责任制加强了各级政府和单位对环境保护的重视和领导,使环境保护真正纳入各级政府的议事日程,把环境保护纳入国民经济和社会发展计划,疏通了环保资金渠道。

有利于协调环保部门和政府各部门共同抓好环保工作;有利于把环保工作从过去的软任务变成硬指标,把过去单项分散治理变成区域综合防治。

明确了保护环境的主要责任者、责任目标和责任范围,解决了"谁对环境质量负责"这一首要问题。

责任制的容量很大,各地可以根据本地区的实际情况,确定责任制的指标体系和考核办法,既可以有质量指标,也可以有为达到质量所要完成的工作指标;既可以将老三项制度的执行纳入责任制,也可以将其他四项新制度的实施包容进来。

(4)环境保护目标责任制的主要类型。

目标责任书的责任者是行政首长或企业法人代表,主要目标是确定地方行政首长和企业法人对本地区、本企业环境质量应负的责任,本着积极稳妥的原则,确定具体的责任目标。这个目标既要有一定的难度,又要科学合理、实事求是,要根据国家要求和本地区、本行业的实际情况,抓住重点,兼顾一般。责任书的指标体系一般分为两部分:一是本届政府的环境目标;二是分年度的工作目标。

(5)实施环境保护目标责任制的工作程序。

实施环境保护目标责任制是一项复杂的系统工程,涉及面广,政策性和技术性强,任务十分繁重。其工作程序大致要经过四个阶段,即责任书的制定、责任书的下达、责任书的实施和责任书的考核。

2. 城市环境综合整治定量考核制度

(1)城市环境综合整治定量考核制度的概念。

城市环境综合整治,就是在市政府的统一领导下,以城市生态理论为指导,以发挥城市综合功能和整体最佳效益为前提,采用系统和分析方法,从总体上找出制约和影响城市生态系统发展的综合因素,理顺经济建设、城市建设和环境建设的相互依存又相互制约的辩证关系,用综合的对策整治、调控、保护和塑造城市环境,为城市人民群众创建一个适宜的生态环境,使城市生态系统良性发展。城市环境综合整治的目的在于解决城市环境污染和提高城市环境质量。为此,综合整治规划的制定、对策的选择、任务的落实,乃至综合整治效果的评价,都必须以改善和提高环境质量为依据。

(2)城市环境综合整治定量考核制度的作用。

国务院环境保护委员会《关于城市环境综合整治定量考核的决定》指出:"环境综合整治是城市政府的一项重要职责。市长对城市的环境质量负责,把这项工作列入市长的任期目标,并作为考核政绩的重要内容。"定量考核是实行城市环境目标管理的重要手段,也是推动城市环境综合整治的有效措施。它以规划为依据,以改善和提高环境质量为目的,通过科学的定量考核的指标体系,把城市的各行各业、方方面面组织调动起来,推动城市环境综合整治深入开展,完成环境保护任务。城市环境综合整治定量考核的结果作为各城市政府进行城市发展决策、制定环境保护规划的重要依据,对不断改善城市的投资环境,促进城市的可持续发展,具有重要意义。

使城市环境保护工作逐步由定性管理转向定量管理,有利于污染物排放总量控制制度和排污许可证制度的实施。

该制度明确了城市政府在城市环境综合整治中的职责,使城市环境保护工作目标明晰化,对各级领导既是动力也是压力。通过考核评比,能大致衡量城市环境综合整治的状况和水平,找出差距和问题,促进这项工作的深入开展。

可以增加透明度,接受社会和群众的监督,发动广大群众共同关心和参与环境保护工作。

(3)考核的对象和范围。

根据市长应对城市的环境质量负责这一原则,城市环境综合整治定量考核的主要对象是城市政府。因此,考核的范围和内容都是把城市作为一个总体来考虑的。

考核分为两级:国家级考核和省(自治区、直辖市)级考核。

国家级考核是国家直接对部分城市政府在开展城市环境综合整治方面的工作情况进行的考核。

省(自治区、直辖市)级考核由各省、自治区、直辖市人民政府自行确定。

（4）考核的内容和指标体系。

城市环境综合整治定量考核制度，具体分为城市环境质量、污染控制、环境建设和环境管理四方面，共计 16 项具体指标，对城市环境进行综合考核，分值的多少，不仅代表城市考核成绩，而且标志着城市环境保护的综合实力。

定量考核的内容包括城市环境质量（44 分）、污染控制（30 分）、环境建设（20 分）、环境管理（6 分）四个方面，共 16 项指标，总计 100 分。

其中，考核城市环境质量的指标有五项，包括：API 指数≤100 的天数占全年天数比例、集中式饮用水源地水质达标率、城市水环境功能区水质达标率、区域环境噪声平均值和交通干线噪声平均值。

考核城市污染控制能力的指标有六项，包括：清洁能源使用率、机动车环保定期检测率、危险废物处置利用率、工业固体废物处置利用率、重点工业企业排放稳定达标率和万元工业增加值主要污染物排放强度。

考核城市环境建设的指标有三项，包括：城市污水集中处理率、生活垃圾无害化处理率、建成区绿化覆盖率。

考核城市环境管理的指标有两项，包括：环境保护机构建设和公众对城市环境保护的满意率。

3. 排污申报登记与排污许可证制度

（1）排污申报登记与排污许可证制度的概念。

排污许可证制度以改善环境质量为目标，以污染物总量控制为基础，规定排污单位许可排放什么污染物，许可污染物排放量，许可污染物排放趋向等，是一项具有法律含义的行政管理制度。

污染申报登记制度是指排放污染物的单位，须按规定向环境保护行政主管部门申请登记所拥有的污染物排放措施，污染物处理设施和正常作业条件下排放污染物的种类、数量和浓度。

排污申报登记制度是实行排污许可证制度的基础，排污许可证制度是对排污者排污的定量化。排污申报登记制度具有普遍性，要求每个排污单位均应申报登记。排污许可证不同，只对重点区域、重点污染源单位的重要污染物的排放实行定量化管理。

（2）排污许可证制度的基本特点。

①申请的普遍性与强制性。传统的许可证通常是愿者申请，并有强烈的职业行业限制，而排污许可证则不分行业与职业，均需强制某些甚至是全部排污单位对排污行为程度进行申请，并规定时限。有些排污单位必须同时对排污行为进行申请。否则污染物排放总量控制政策将无法贯彻执行。

②排污许可证制度的可操作性。实施排污许可证制度最基础也是最重要的工作就是制定合理的、可行的污染源排污限值。在制定过程中要充分考虑多方面的因素，如技术上的可行性、经济上的合理性、方法上的科学性、政策上的配套性、监督管理上的可操作性和环境质量要求的强制性等。

③行为程度许可的阶段性。许可证通常是对行为权利的阶段性许可或长期许可，相对人只要在履行义务中没有过错，并没有放弃权利的表示，则其权利享受就不会中断。排污许

可证注重于排污行为程度的许可。随着环境保护工作的深入和环境质量目标要求的提高，对排污行为程度的限制也越来越严重。

④"排污许可证"限制对污染物排放行为程度。由于单位的排污活动至少是目前企业经济生产活动中不可缺少的一种行为活动，否认是否"许可"均会有污染物排放，并不因为没有许可证而不排污。因此排污许可证并不注重排污行为的许可，而是注重于对排污行为程度的许可，这是它与其他许可证制度的根本区别。

⑤许可证制度具有经济属性。由于排污许可证规定了排污者在一定时间内和允许的范围内的最大允许排污量，代表了对资源使用的合理分配，因而使它具有了经济价值，可以在一定条件下进入市场进行交易，也就是像其他商品一样进行买卖。

⑥排污许可证制度以污染物排放总量限制为前提。排污许可证制度中的一系列行为过程都是围绕总量控制进行的，它的行为规范是以限制排放总量为前提，它的任务是为实现总量控制目标服务。

⑦排污许可证管理以行为程度为核心。排污单位申请排污许可证不仅是对排污权利的申请，更关键的是对排污行为程度即污染物排放量的申请，这与其他许可证制度有区别。因此，排污许可证的管理主要是对行为程度的承认、限制或予以制裁。

⑧容量总量控制和目标总量控制并举。中国排污许可证制度是以总量控制为基础的，而总量控制则是以实现水环境质量标准的区域智力投资最小为决策目标。它有两类约束条件，即以水质目标为约束条件和以排污总量为约束条件。

⑨突出重点区域、重点污染源和重点污染物。中国排污许可证制度不是一项普遍实行的制度，而是有选择地在重点区域对重点污染源的重点污染物实施的特殊管理制度。这也是有别于其他许可证制度的特点之一。

⑩环境目标和污染源削减的统一。中国排污许可证制度的最重要的特点之一就是通过排污许可证制度的实施，将环境目标(或水质目标)和污染源的削减联系起来了。

(3)排污许可证制度推行的作用。

推行排污许可证制度的作用在于：促进了"三同时"制度；增强总量控制观念；深化环境管理工作；促进环境保护部门自身管理素质的全面提高；促使老污染源的改造，实现污染负荷的削减。

总之，排污许可证制度已经渗透到环境管理的各个方面，使环境管理从定性管理走上定量管理的轨道。只要结合实际，积极探索实践，加强组织领导，采取相应配套管理措施坚持下去，不断总结完善，一定能取得更大的成效，促使环境管理工作走上新台阶。

(4)排污许可证制度对管理的要求。

总量控制和许可证制度是较高层次的环境管理方法和制度，要实施这一制度，必然要求较高的环境管理措施和技术。首先要认识许可证制度是一项管理制度，在管理的具体工作中要直接应用有关的技术，使技术直接为管理服务。因此，许可证制度不是专门的科研工作，管理向科学靠近，科研、技术向管理靠近，这两方面的结合是环境保护管理工作发展的趋势。

排污许可证制度对管理的要求：实施总量控制和许可证制度要以科研为基础；管理人员要求做到技术业务素质和行政管理素质方面双提高；制定相应的配套政策；建立相应的管理

机构;具有地方的管理规定;具有先进的技术措施;需要更完善的监测力量。

4.污染集中控制制度

(1)污染集中控制制度的概念。

污染集中控制是创造一定的条件,形成一定的规模,实行集中生产或处理,以使分散污染源得到集中控制的一项环境管理制度。

治理污染的根本目的不是追求单个污染源的处理率和达标率,而应当是谋求整个环境质量的改善,同时讲求经济效益,以尽可能小的投入获取尽可能大的效益。

集中处理要以分散治理为基础。各单位分散防治若达不到要求,集中处理便难以正常运行,只有集中与分散相结合,合理分担,使各单位的分散防治经济合理,才能把环境效益和经济效益统一起来。

污染集中处理的资金,仍然按照"谁污染,谁治理"的原则,主要由排污单位和受益单位以及城市建设费用解决。对一些危害严重、不易集中治理的污染源,以及一些大型企业或远离城镇的企业,仍应进行分散的点源治理。

(2)废水污染的集中控制。

对废水污染的集中控制,目前有四种主要形式:以大企业为骨干,实行企业联合集中处理;同等类型工厂互相联合对废水进行集中控制;对特殊污染物污染的废水实行集中控制;工厂对废水进行预处理以后送到城市综合污水处理场进行进一步处理。

(3)污染集中控制制度的作用。

污染集中控制在环境管理上具有方向性的战略意义,特别是为污染防治战略和投资战略带来重大转变,有助于调动社会各方面治理污染的积极性。污染集中控制在各地实行的时间并不长,但它已经显示出强大的生命力,其作用如下。

①有利于集中人力、物力、财力解决重点污染问题。集中治理污染是实施集中控制的重要内容。根据规划对已经确定的重点控制对象进行集中治理,就有利于调动各方面的积极性,把分散的人力、物力、财力集中起来,重点解决最敏感或者高难度的污染问题。

②有利于采用新技术,提高污染治理效果。实行污染集中控制,使污染治理由分散的点源治理转向社会化综合治理,有利于采用新技术、新工艺、新设备,提高污染控制水平。

③有利于提高资源利用率,加速有害废物资源化。实行污染集中控制,可以节约资源和能源,提高废物综合利用率。

④有利于改善和提高环境质量。集中控制污染是以流域、区域环境质量的改善和提高为直接目的的,其实行结果必然有助于环境质量状况在相对短的时间内得到较大的改善。

5.污染限期治理制度

(1)限期治理制度的概念。

限期治理制度是对现已存在危害环境的污染源,由法定机关做出决定,强令其在规定的期限内完成治理任务并达到规定要求的制度。

限期治理制度是中国环境管理中的一项行之有效的措施,它带有一定的直接强制性,它要求排污单位在特定的"期限"对污染物进行治理,并且达到规定的指标,否则排污单位就要承担更严重的责任。它是减轻或消除现有污染源的污染,改善环境质量状况的一项环境法律制度,也是中国环境管理中所普遍采用的一项管理制度。

限期治理包括污染严重的排放源(设施、单位)的限期治理、行业性污染严重的某一区域的限期治理等,具有法律强制性、明确的时间要求和具体的治理任务,可以推动污染单位积极治理污染以及有关行业、地域的污染状况的迅速改善,有利于集中有限的资金解决突出的环境污染问题以及历史上的环境疑难问题。目前中国调整环境限期治理制度的法律主要有《中华人民共和国环境保护法》第十八条、第二十九条、第三十九条及其他单行污染防治法律,已初步形成了比较完善的环境限期治理法律体系。

(2)限期治理的对象。

目前法律规定的限期治理对象主要有两类。

一是排放污染物造成环境严重污染的企业、事业单位。对这一类污染源的限期治理,并不是超标排污就限期治理,而是造成了严重污染才限期治理。究竟何为"严重污染",目前法律法规中并无具体、明确的规定。实践中通常是根据污染物的排放是否对人体健康产生严重影响和危害、是否严重扰民、经济效益是否远小于环境危害所造成的损失、是否属于有条件治理而不治理等情况,来考虑是否属于严重污染。

二是位于特别区域内的超标排污的污染源。在国务院、国务院有关主管部门和省、自治区、直辖市人民政府划定的风景名胜区、自然保护区和其他需要特别保护的区域内,按规定不得建设污染环境的工业生产设施;建设其他设施,其污染物排放不得超过规定的排放标准;已经建成的设施,其污染物排放超过规定的排放标准的,要限期治理。例如,按照《淮河流域水污染防治暂行条例》的规定,向淮河流域水体排污的单位超过排污总量控制指标排污的,由县级以上人民政府责令限期治理。这种限期治理类似于特别保护区域内污染源的治理,只要超标排污(包括总量超标和浓度超标),就可限期治理。

(3)限期治理的决定权。

限期治理的决定权不在环境保护行政主管部门,而在有关的人民政府。按照法律规定,市、县或者市、县以下人民政府管辖的企业事业单位的限期治理,由市、县人民政府决定;中央或者省、自治区、直辖市人民政府直接管辖的企业事业单位的限期治理,由中央、省、自治区、直辖市人民政府决定。《环境噪声污染防治法》对于限期治理的决定权做出了变通规定,即小型企业、事业单位的限期治理,可以由县级以上人民政府在国务院规定的权限内授权其环境保护行政主管部门决定。

(4)限期治理的范围。

区域性治理是指对污染严重的某一区域、某个水域的限期治理。如国家重点治理的三河(淮河、海河、辽河)、三湖(太湖、巢湖、滇池)、两区(酸雨、二氧化硫控制区)、一市(北京市)、一海(渤海)是限期治理的重点区域。

行业性限期治理,是针对某个行业、某项污染物的行业性限期治理。

企业限期治理,对某个企业的排污超标情况进行限期治理。

(5)限期治理的目标和期限。

限期治理的目标,就是限期治理要达到的结果。一般情况下是浓度目标,即通过限期治理使污染源排放的污染物达到排放标准。但是,对于实行总量控制的地区,除浓度目标外,还有总量目标,也就是要求污染源排放的污染物总量不超过其总量指标。

限期治理的期限由决定限期治理的机关根据污染源的具体情况、治理难度、治理能力等因素来合理确定。其最长期限不得超过三年。

6. "新五项"制度的作用

新五项制度是社会实践的产物,它适应了中国的国情,是强化环境管理的客观要求,是中国环保部门自身建设的重大改革,推行五项制度为开拓和建立有中国特色的环境管理模式和道路,提供了新的框架和基础,标志着中国的环境管理已跨入实行定量和优化管理的新阶段。

(1)制度为各级政府如何管理环境找到了系统的工作方式,确立了各级政府主要领导人和各个部门、企事业单位负责人和环境保护目标责任制,这就从总体上解决了环保工作无人负责、无法负责、无权负责的体制上的弊端。

(2)制度的推行,一是找到了多方进行污染治理的社会动力;二是找到了实现经济效益、社会效益和环境效益三统一的具体措施。

(3)污染治理的导向分析,五项制度有了明显的转机,要推进集中控制。多年的实践表明,检验环境污染治理的成效,主要看区域环境质量的改善。集中控制不仅可节约投资,而且能为改善环境质量提供直接的、可行的保证。

(4)制度为动员社会力量参与环保工作提供了可行的途径。

(5)制度的推行为实现政府的环保目标提供了保证,因为五项制度的一些具体指标就是根据政府的环保目标分解出来的。

9.6.4　其他环境管理制度

随着环境保护形式的变化和实践的推进,国家又先后提出、制定和推行了一些新的要求,使环境管理制度得到进一步完善和发展。这些新的制度有污染物排放总量控制制度、污染事故报告制度、环境保护现场检查制度等。

(1)染物排放总量控制(简称总量控制)是将某一控制区域(例如行政区、流域、环境功能区等)作为一个完整的系统,采取措施将排入这一区域的污染物总量控制在一定数量之内,以满足该区域的环境质量要求。总量控制包括三个方面的内容:污染物的排放总量,排放污染物的地域和排放污染物的时间。

(2)污染事故报告制度是指在因发生事故或者其他突然性事件,环境受到或可能受到严重污染,威胁居民生命财产安全时,依照法律法规的规定通报和报告有关情况并及时采取措施的制度。实行污染事故报告制度可以使人民政府和有关部门及时采取有效措施,控制污染,防止事故扩大;使受到污染威胁的单位和居民提前采取防范措施,避免或减少对人体健康和生命安全的危害;避免或减轻国家、集体或个人的财产遭受损失;同时为查清事故原因、危害、影响以及为顺利处理污染事故创造条件。

(3)境保护现场检查制度是关于环境保护部门和有关的监督管理部门对管辖范围内的排污单位进行现场检查的一整套措施、方法和程序的规定。它是环境管理的重要法律制度,也是环境执法的重要手段之一。它能够促使排污单位依法加强环境管理,积极采取污染防治措施,减少污染物的排放和消除污染事故隐患,并可以使环境管理机关及时发现和处理环境违法行为。

第 10 章　全球环境问题与管理

10.1　全球环境问题

10.1.1　全球环境问题的提出

所谓全球环境问题,是指超越一个以上主权国家的国界和管辖范围的环境污染和生态破坏问题。全球环境问题包括气候变化、臭氧层破坏、生物多样性减少、大气及酸雨污染、土地荒漠化、国际水域与海洋污染、有毒化学品污染和有害废物越境转移等问题。这些问题在性质上具有普遍性和共同性,因此有些环境问题普遍存在于地球上,其引起的全球环境变化威胁着人类的生存。探索全球环境变化的机制,提出解决全球环境问题的科技手段,以更好地管理"地球生命支撑系统",实现经济社会的可持续发展,已经成为国内外科技界共同承担的重要历史使命。

经过 30 多年的实践和探索,国际社会普遍认识到,除自然因素外,环境问题实质上是由于发展不足、发展不当以及对环境伦理观念理解的差异造成的。全球环境问题的产生是工业化的结果,亦是全球化的结果。随着人类活动范围的扩大,全球范围内的经贸合作越来越密切,导致了与贸易相关的新型全球环境问题的产生。工业化、全球化所产生的环境外在问题并没有被各自的国家内部化,反而影响到了国际社会。

国际环境问题间越来越相互关联,公约间也面临着加强合作和相互协作的挑战,因此,国际环境问题越来越多地跟政府、经济、贸易和社会密切相连。任何国家的环境问题,在全球化时代,都有可能演变成全球的政治、经济和外交问题。"环境无国界"是国际上出现的一个重要的政治理念。它认为,一国内部的环境问题可能对其他地区乃至世界安全构成威胁,倡议建立对主权国家内部环境问题的国际干预机制。

10.1.2　全球环境问题的分类及主要产生原因

全球环境问题可以分为环境污染和生态破坏两大类。环境污染主要是人类的各种活动向环境中排放各种污染物而造成的,如水系和海洋污染、大气污染及气候变暖、臭氧层破坏、酸雨等。生态破坏则是由于人类对自然资源的不合理开发利用造成的,如物种灭绝、森林锐减、草原退化、水土流失、资源耗竭等。这些环境问题都是人为作用的结果,虽然每一具体的环境问题都有其各自的人为原因,但从整体来看,人类不当的生产模式、消费方式、贫穷、人口增长速度过快及不合理的国际经济秩序都是全球环境问题产生的主要原因。

1. 环境污染

（1）大气污染加剧导致全球气候变暖。

太阳是地球最重要的热源之一。太阳辐射以短波形式直接加热地球表面的同时,再经过地面反射转变成长波后,也被大气中的水汽、CO_2 等气体吸收,从而将更多的热量留在地球,起到了类似"温室"的效应,具有温室效应的气体也被称作温室气体。由于大气中温室气体的存在,使地球具备了温度调节的能力,不至于昼夜温差过大,基本保持在平均 15℃ 左右。

全球气候变暖是一个十分复杂的问题,科学家们经过大量观测后,认为温室效应增强是影响气候变化的一个重要原因。大气中温室气体类型主要包括水汽(H_2O)、二氧化碳(CO_2)、甲烷(CH_4)、氧化亚氮(N_2O)、臭氧(O_3)、氟利昂或氯氟烃类化合物(CFCs)、氢代氯氟烃类化合物(HCFCs)、氢氟碳化物(HFCs)、全氟碳化物(PFCs)、六氟化硫(SF_6)等。不同温室气体的浓度变化不同、温升潜力不同,因此贡献也不同。CO_2 是最重要的温室气体,对全球变暖的贡献大约占 70%,其次是 CH_4。

温室气体浓度的变化会影响温室效应的强度,进而使地表温度发生变化。自工业化革命以来,由于人类活动的增强(如化石燃料的大量使用、土地利用与土地覆盖的改变、水泥生产等),全球温室气体浓度大幅升高。以 CO_2 为例,工业化革命前大气中的 CO_2 浓度为 280×10^{-6} mol/m^2,2016 年,其浓度已经达到 381.2×10^{-6} mol/m^2。2015 年 7 月公布的世界实时统计数据,全球 CO_2 年排放量为 126.95 亿 t。

温室气体浓度的升高带来全球地表温度的明显上升。根据仪器记录,过去 100 年中的地表温度平均升高了约 0.7℃~1℃,地表温度的升高,使冰川融化,海平面上升。2016 年研究人员估计,从 2016 年开始以后的 10 年间,南极西部冰盖消失的冰块将增加到 60%,北极温度的日益增长可导致消融的永冻土和海洋沉积释放大量甲烷,冰雪覆盖减少、灌木与乔木生长范围的不断推进使次区域范围的反射率进一步降低,这样就导致永冻土进一步升温融化并释放更多甲烷。次区域过程的结果就是造成更多的甲烷释放出来,随之使全球变暖的趋势进一步加剧。海平面在 18 世纪上升了 2.0 cm,19 世纪上升了 6.0 cm,20 世纪则上升了 19.0 cm。根据最初几年的速率推算,IPCC 在 2017 年预测,在未来的 1 个世纪中,由于暖洋流的热膨胀和高山冰川消融,全球海平面可能上升 18~59 cm。如果要把大气中的温室气体浓度稳定在目前水平,就必须立即大幅度减少二氧化碳的排放量。

世界各国对温室气体的增加都负有责任。而全世界 30 个工业化国家排放的温室气体占总排放量的 55%。位于前 50 名的国家,其温室气体排放量占全球排放总量的 92%,这 50 个国家分布在世界各个地区,既有发达国家也发展中国家。显然,气候变化已成为全球性问题,只有全球共同努力才有希望稳定或减少温室气体的排放量。

另外,温室气体排放造成大气污染,大气污染的主要因子为悬浮颗粒物、一氧化碳、臭氧、二氧化碳、氮氧化物、铅等。大气污染导致每年有 30 万~70 万人因烟尘污染提前死亡,2 500 万的儿童患慢性喉炎,400 万~700 万的农村妇女儿童受害。

(2)臭氧层的耗损与破坏。

在离地球表面 10~50 km 的大气平流层中集中了地球上 90% 的臭氧气体,在离地面 25 km 处臭氧浓度最大,形成了厚度约为 3 mm 的臭氧集中层,称为臭氧层。臭氧层能吸收太阳的紫外线,而紫外线对人体是十分有害的,能引起皮肤癌并损伤眼睛及人体免疫系统。臭氧层能保护地球上的生命免遭过量紫外线的伤害,并将能量贮存在上层大气,起到调节气候的作用。但臭氧层是一个很脆弱的大气层,如果进入一些破坏臭氧的气体,它们就会和臭氧发生化学作用,臭氧层就会遭到破坏。臭氧层被破坏,将使地面受到紫外线辐射的强度增加,给地球上的生命带来很大的危害。

科学家认为,氯氟烃是破坏臭氧层的主要元凶。氯氟烃广泛用于电冰箱、空调器、泡沫塑料和喷雾剂等。

(3)危险性废物越境转移。

危险性废物是指除放射性废物以外,具有化学活性或毒性、爆炸性、腐蚀性和其他对人类生存环境存在有害特性的废物。美国在资源保护与回收法中规定,所谓危险废物是指一种固体废物和几种固体的混合物,因其数量和浓度较高,可能造成或导致人类死亡,或引起严重的难以治愈的疾病或致残的废物。

危险性废物越境转移是目前广泛受到关注的环境问题之一。危险性废物从发达国家转移到缺乏监控和处置手段的发展中国家,有可能导致污染的扩散并造成更大的污染危害。转移的主要原因是随着废物产生量剧增和发达国家控制废物污染的法规越来越严厉,废物处置费用大幅度上升,于是一些国家开始寻求境外处置废物的途径,于是出现了有毒、有害废物越境转移问题。

研究结果表明,在发达国家,危险性废物处理的费用逐年提高,而发展中国家采用填埋法处理危险性废物的费用只有发达国家的几十分之一,甚至几百分之一。这使危险性废物的输出十分有利可图,即使加上长途运输费,其每吨废物处置费用也可节省200～2 500美元之多。

(4)海洋污染。

生命的起源来自海洋,海洋为人类生产、生活提供了丰富的资源,为人类社会的发展和繁荣做出了巨大贡献。然而,自20世纪50年代以来,随着人类开发利用海洋活动的日益加强,海洋污染问题日益严重。造成海洋污染主要的原因如下。

①船舶造成的污染。

船舶造成的污染是指因船舶操纵、海上事故及经由船舶进行海上倾倒致使各类有害物质进入海洋,海洋生态系统平衡遭到破坏。其主要包括:船舶操作污染源,这种污染主要是船舶工作人员的故意或过失造成的;海上事故污染源,船舶由于发生海上事故,如船舶碰撞、搁浅、触礁等使各种污染物质,主要是燃油外溢或油轮由于事故破裂造成渗漏对海洋造成的污染;经由船舶故意将陆地工厂生产所产生的生产废料、生活垃圾、清理被污染的航道河道所产生的带有污染物质的污泥污水,倾倒入海洋。

②海洋石油开发对海洋造成的污染。

随着海洋石油勘探开发的飞速发展,有的钻井船和采油平台,人为地将大量的生活废弃物和含油污水不断地排入海洋;由于意外漏油、溢油、井喷等事故的发生造成大量石油流入大海。因此,海洋石油开发也是目前造成海洋污染的重要原因之一。石油进入海水中,对海洋生物的危害是非常大的,石油进入海水后,海水中大量的溶解氧被石油吸收,油膜覆盖于水面,使海水与大气隔离,造成海水缺氧,导致海洋生物死亡。对幼鱼和鱼卵的危害也很大,油膜和油块能粘住大量的鱼卵和幼鱼使其死亡。油污使经济鱼类、贝类等海产品产生油臭味,成年鱼类、贝类长期生活在被污染的海水中,其体内蓄积了某些有害物质,当进入市场被人食用后危害人类健康。

③工业和生活排污对海洋造成的污染。

沿海城市的经济高速发展,大量的生活和工业污水及有毒有害物质倾泻于近海,超过了近海自身的净化能力,使海洋环境及海洋资源受到严重污染。人类活动使近海区的氮和磷增加 50% ~200%;过量营养物导致沿海藻类大量生长;波罗的海、北海、黑海、东中国海(东海)等出现赤潮。海洋污染导致赤潮频繁发生,使近海鱼虾锐减,渔业损失惨重。

随着沿海各国的经济发展,海水养殖业得到迅猛发展。这些养殖业的发展,带动了水产市场的繁荣,提高了人们的饮食水平,增加了海水养殖户的经济收入,给一部分人创造了就业机会。但同时也对近海区域造成了相当程度的污染。

④水污染。

因某些物质的介入而导致水的化学、物理或其他方面特征的改变,破坏水环境,造成水质恶化,从而影响水的有效利用,危害人体健康的现象称为水污染。水是我们日常最需要,也是接触最多的物质之一,然而如今水也成了危险品。水污染主要由人类活动产生的污染物造成的,它包括工业污染源、农业污染源和生活污染源三大部分。

工业生产过程中排放的各种污染物为水域的重要污染源,具有量大、面广、成分复杂、毒性大、不易净化、难处理等特点。

农业污染源包括牲畜粪便、农药、化肥等。农药污水中,一是有机质、植物营养物及病原微生物含量高,二是农药、化肥含量高。在一些水土流失严重的国家,大量农药、化肥随表土流入江、河、湖、库,随之流失的营养元素,使湖泊受到不同程度的污染,造成藻类以及其他生物异常繁殖,引起水体和溶解氧的变化,从而致使水质恶化。

生活污染源主要是城市生活中产生的各种污水、垃圾、粪便等,多为无毒种类,生活污水中含氮、磷、硫等致病细菌多。据有关资料显示,城市生活垃圾和工业垃圾在堆放和填埋后对地下水造成了严重的污染,并正由浅层向深层发展,我们能够饮用和使用的水正在不知不觉地减少。

2. 生态环境的破坏

(1)生物多样性减少。

近百年来,由于人口的急剧增加和人类对资源的不合理开发,加之环境污染等原因,地球上的各种生物及生态系统受到了极大的冲击,生物多样性也受到了极大的损害。世界上每年至少有 5 万种生物物种灭绝(2015 年公布的世界实时统计数据,本年全球灭绝的物种数为 78 898 种),平均每天灭绝的物种达 140 个,至今,估计全世界野生生物的损失可达其总数的 15% ~30%。在中国,大约 200 个物种已经灭绝;估计约有 5 000 种植物在近年内已处于濒危状态,这些约占中国高等植物总数的 20%;大约还有 398 种脊椎动物也正处在濒危状态,约占中国脊椎动物总数的 7.7% 左右。因此,保护和拯救生物多样性以及这些生物赖以生存的生活环境,同样是摆在我们面前的重要任务。

生物多样性减少有两个主要原因:一是自然淘汰,一些物种在其长期进化和对环境适应的过程中,生活力差,竞争不过其他种类或者不能适应环境的变化,从而被自然淘汰;二是人类活动加剧引起的。

（2）生物栖息地减少。

①森林生态系统遭到破坏。大面积原始森林被砍伐，特别是热带雨林被过度砍伐，生活在此的生物物种面临灭绝；烧山垦荒使原来森林中的各种物种的种源几乎全部被毁；大面积人工林种植缺少物种的多样性，森林病虫害加剧，对人工林周边的天然林造成严重危害。

②过度放牧引起草场退化。在干旱草原和荒漠地区，由于人们过度追求经济利益，牧业的发展大大超过草原的承载力，同时又对草原进行不合理的农业开垦，使大量的原生植被遭到破坏，导致沙漠化和盐碱化面积不断扩展和许多野生物种的灭绝。

③湿地生态系统不断遭到破坏。湿地孕育着丰富的生物资源，同时，湿地又是地球的肺和肾，对地球的气候起着重要的调节作用。农业围垦和城市开发是湿地遭到破坏的主要原因，湿地不断被破坏，面积减少，大量的物种濒临灭亡。

④现代化城市和交通建设对物种的破坏也是毁灭性的。随着城市化进程的不断加快，大量的天然植被被破坏；高速公路和铁路的建设使生物的栖息地人为地被分割，对生物的迁徙造成障碍。

⑤生物资源的过分利用。随着人们生活质量的提高，对动物的毛皮需求量越来越大，这就促使人们过度地捕猎动物，特别是一些珍稀动物，其高额的经济价值，诱使人们对其进行灭绝性捕杀。

⑥外来物种大量的引进或侵入。外来入侵物种是指从自然分布区通过有意或无意的人类活动而被引入，在当地的自然或半自然生态系统中形成了自我再生能力，给当地的生态系统或景观造成明显的损害或影响的物种。所有濒危、渐危和稀有脊椎动物的 19% 都受到外来物种大量引进或侵入的威胁，植物和无脊椎动物的生存也受到影响。外来物种引进后，因没有天然的天敌，繁殖速度非常快，通过捕食或竞争直接威胁当地的动植物系统。

（3）酸雨蔓延。

酸雨是指大气降水中酸碱度（pH 值）低于 5.6 的雨、雪或其他形式的降水。这是大气污染的一种表现。它主要是大量燃烧含硫高的煤和各种机动车排放的尾气造成的。酸雨对人类环境的影响是多方面的。酸雨降落到地面并汇入河流、湖泊中，溶解在土壤和水体底泥中的重金属进入水中，妨碍水中鱼、虾的成长，以致鱼虾减少或绝迹。酸雨还导致土壤酸化，抑制土壤中有机物的分解和氮的固定，淋洗与土壤离子结合的钙、镁、钾等营养元素，破坏土壤的营养，使土壤贫瘠化，危害植物的生长，造成农作物减产，危害森林的生长，造成大片森林死亡。此外，酸雨还腐蚀建筑材料，有关资料说明，近十几年来，酸雨地区的一些古迹特别是石刻、石雕或铜塑像的损坏超过以往百年以上，甚至千年以上。世界目前已有三大酸雨区。我国华南酸雨区是唯一尚未得到很好治理的酸雨区。

（4）森林锐减。

在地球上，我们的绿色屏障——森林正以极快的速度消失。联合国发布的《2000 年全球生态环境展望》指出，由于人类对木材和耕地等的需求，全球森林减少了一半，9% 的树种面临灭绝，30% 的森林变成农业用地，热带森林每年消失 13 万 km^2；地球表面覆盖的原始森林 80% 遭到破坏，剩下的原始森林不是支离破碎，就是残次退化，而且分布极为不均，难以支撑人类文明的大厦。大量森林被毁，已经使人类生存的地球出现了比任何问题都要难以应对的严重生态危机，生态危机已经成为人类面临的最大威胁。

森林中遭到破坏最惨重的要数热带雨林。拉丁美洲 2/3 的原始森林遭到毁灭性破坏，非洲一半的森林已无影无踪，亚洲的森林面积也在急剧减少。

森林锐减的原因很多，其最主要的原因就是人口的压力。占世界人口约 75% 以上的发展中国家的居民当前的主要问题仍然是粮食和能源。为了有吃、有穿、有住、有柴烧，他们就向森林索取，毁林开荒，伐木为薪，大片的森林以惊人的速度从人类手中消失。

森林被用作烧荒垦田，世界上大约有 3 亿以上的人以此为生。毁林耕种开始的一两年还可以收获粮食，到了三年以后，土地的养分耗尽，无法再继续耕种，于是又去烧垦别的林区。人口稀少时，烧荒地尚有得以自然恢复的余地。但是随着人口的增加，土地休耕期大大缩短，结果使得贫瘠的土地更加贫瘠。烧垦型农业是破坏热带雨林的元凶，例如，在亚马孙地区，遭到破坏的热带雨林的 2/3 是由于烧荒垦田所致。

滥伐树木是森林锐减的第二大原因。每年全世界被砍伐的森林面积约为 11.3 万 ~ 20 万 km^2。人类开始大规模地利用热带木材是进入 21 世纪的事。发达国家的热带木材进口量近 20 年来增加了 16 倍。发达国家为了保护自己国内的木材资源，欧洲国家向非洲，美国向中南美洲，日本向东南亚伸出了索取木材的资源之手。占世界人口 3/4 的发展中国家，虽然拥有木材资源的 50% 以上，但木制品的消费量却只占 14%。日本每人每年仅纸张一项所消耗的木材量，就相当于发展中国家每户居民作为燃料的消费量。

毁林烧柴是森林锐减的第三大原因。发展中国家的居民为了取暖、做饭，每年要砍伐烧毁的林区约 220 km^2。大多数木柴均被制成木炭来使用或直接烧掉。

森林锐减的第四大原因是频繁的火灾和病虫危害。火灾是森林的大敌。仅 1987 年的中国东北大兴安岭森林火灾，过火面积达 1.33 万 km^2，过火受害林木总蓄积量 3 960 万 m^3。中国每年都发生大面积森林虫害，如松毛虫每年危害森林面积 2 万 km^2，约损失木材 550 万 m^3。近几年，森林火灾的发生率居高不下，过火面积不断加大，森林受损严重。

森林锐减直接导致了全球六大生态危机，即绿洲沦为荒漠、水土大量流失、干旱缺水严重、洪涝灾害频发、物种纷纷灭绝、温室效应加剧。要拯救地球上的生态环境，首先要拯救地球上的森林。

(5) 土地荒漠化。

全球陆地面积占 60%，其中沙漠和沙漠化面积占 29%。每年有超过 6 万 km^2（2016 年公布的世界实时统计数据，本年全球荒漠化面积为 8 427 744 km^2）的土地变成沙漠，经济损失约每年 423 亿美元。全球共有干旱、半干旱土地 5 000 万 km^2，其中 3 300 万 km^2 遭到荒漠化威胁，致使每年有 6 亿 km^2 的农田、9 亿 km^2 的牧区失去生产力。人类文明的摇篮底格里斯河、幼发拉底河流域，已由沃土变成荒漠。中国的黄河流域，水土流失亦十分严重。人类只拥有一个地球，并且主要依赖地球的陆地居栖和进行生产活动，然而人类不合理的开发利用耕地、过度放牧和砍伐森林是造成沙漠化的主要原因。其结果是土壤退化、水土流失越来越严重、沙漠化扩大。

(6) 矿产资源消耗殆尽。

矿产资源是地壳形成后，经过几千万年、几亿年甚至几十亿年的地质作用而生成的，具有有限性和不可再生性。随着经济的不断发展，矿产资源的消耗量和消耗速度不断增加。很多国家，尤其是一些发展中国家，许多矿物资源的储量正在锐减，有的甚至趋于枯竭。人类开始面临严重的资源危机。石油是目前世界上用量极大的矿物燃料,1980 年已探明的世界石油储量相当于 1 280 亿 t 标准煤,按目前的产量增长率消耗下去,全世界的石油储量大约在 2015 ~ 2035 年将消耗掉 80%。全世界天然气的总储量,据 1980 年资料显示为 3 580亿 t 标准煤,如按目前的消耗速度,全世界的天然气仅可维持 40 ~ 80 年。在人口增长和经济增长的压力下,全世界对矿产资源的开采加工已达到非常庞大的规模,许多重要矿产储量随着时间的推移,日益贫乏和枯竭。

总之,贫乏、过度消费和不平等的国际经济秩序,导致人类无节制地开发和破坏自然资源,这是造成环境恶化的罪魁祸首。

10.1.3 全球环境问题的特点

全球环境问题虽然是各国各地环境问题的延续和发展,但它不是各国家或地区环境问题的总和,因而在整体上表现出其独特的特点。

1. 全球化

过去的环境问题虽然发生在世界各地,但其影响的范围、危害的对象或产生的后果主要集中于污染源附近或特定的生态环境中,其影响空间有限。而全球性环境问题,其影响范围扩大到全球,其原因如下。

(1)一些环境污染具有跨国、跨地区的流动性。如一些国际河流,上游国家造成的污染可能危及下游国家;一些国家大气污染造成的酸雨可能会降到别国等。

(2)当代出现的一些环境问题,如气候变暖、臭氧层空洞等,其影响的全球范围,它们产生的后果也是全球性的。

(3)当代许多环境问题涉及高空、海洋甚至外层空间,其影响的空间尺度已远非农业社会和工业化初期出现的一般环境问题可比,具有大尺度、全球性的特点。

2. 综合化

过去,人们主要关心的环境问题是环境污染对人类健康的影响问题。而全球环境问题已远远超出这一范畴而涉及人类生存环境和空间的各个方面,如森林锐减、草场退化、沙漠扩大、沙尘暴频繁发生、大气污染、物种减少、水资源危机、城市化问题等,已深入人类生产、生活的各个方面。因此,解决当代全球环境问题不能只简单地考虑本身的问题,而是要将一个区域、流域、国家乃至全球作为一个整体,综合考虑自然发展规律、贫困问题的解决与经济的可持续发展、资源的合理开发与循环利用、人类人文和生活条件的改善与社会和谐等问题,这是一个复杂的系统工程,要解决好,需要考虑各方面的因素。

3. 社会化

过去,关心环境问题的人主要是科技界的学者、环境问题发生地受害者以及相关的环境保护机构和组织,如绿色和平组织等。而当代环境问题已影响到社会的各个方面,影响到每个人的生存与发展。因此,当代环境问题已经不是限于少数人、少数部门关心的问题,而成为全社会共同关心的问题。

4. 高科技化

随着当代科学技术的迅猛发展,由高新技术引发的环境问题越来越多。如核事故引发的环境问题、电磁波引发的环境问题、噪声引发的环境问题、超音速飞机引发的臭氧层破坏、航天飞行引发的太空污染等。这些环境问题技术含量高、影响范围广、控制难、后果严重,已引起世界各国的普遍关注。

5. 累积化

虽然人类已进入现代文明时期,进入后工业化、信息化时代,但历史上不同阶段产生的环境问题,在当今地球上依然存在并影响久远。同时,现代社会又产生了一系列新的环境问题。因很多环境问题的影响周期比较长,就形成了各种环境问题在地球上的日积月累、组合变化、集中暴发的复杂局面。

6. 政治化

随着环境问题的日益严重和全社会对环境保护认识的提高,各个国家也越来越重视环境保护。因此,当代的环境问题已不再是单纯的技术问题,而成为国际政治、各国国内政治的重要问题,其主要表现如下。

(1)环境问题已成为国际合作和国际交流的重要内容。

(2)环境问题已成为国际政治斗争的导火索之一,如各国在环境责任和义务的承担、污染转嫁等问题上经常产生矛盾并引起激烈的政治斗争。

(3)世界上已出现了一些以环境保护为宗旨的组织,如绿色和平组织等,这些组织在国际政治舞台上已占有一席之地,成为一股新的政治势力。

总之,环境问题成了需要国家通过其根本大法、国家计划和综合决策进行处理的国家大事;成为评价政治人物、政党政绩的重要内容;也已成为社会环境是否安定、政治是否开明的重要标志之一。

10.1.4　全球环境问题的发展趋势

根据联合国环境署(UNEP)的分类,全球环境问题可分为 5 大类:①大气系统,如气候变暖、臭氧层耗损、酸雨、大气棕色云等问题;②土地系统,如荒漠化、土地与森林退化等;③海洋和淡水系统,如海洋污染、水资源匮乏等;④化学品与废物,如持久性有机物污染、危险废物越境转移等;⑤生物多样性破坏,如物种灭绝的加剧、遗传多样性的减少等。联合国环境署(UNEP)发布的《全球环境展望4》,展望了 2050 年全球环境的可能状况以及政策取向。这是国际社会对全球范围内环境总体状况最权威的以及最新的研究成果与判断。根据评估报告,全球环境问题发展有以下几个趋势和特征:①全球层次上环境总体状况恶化,环境问题地区及社会分布失衡加剧;②少数全球或区域性环境问题取得积极进步,多数进展缓慢或改善乏力;③各种全球环境问题相互交织渗透,关联性不断增强,与非环境领域的联系日益紧密;④从现在到 21 世纪中叶是全球环境变化走向的关键时期,机遇与挑战并存。

在全球化背景下,全球环境变迁,如空气、水、土地、生物多样性等都将面临更大的压力。从现在到 21 世纪中叶是全球环境变化走向的一个关键时期,存在挑战,也有机遇,全球环境问题能否得到改善取决于利益攸关者和决策者等的抉择与行动。

10.2　全球环境问题的管理

10.2.1　全球环境问题管理的概念

全球环境问题包括气候变化、臭氧层破坏、生物多样性减少、大气及酸雨污染、土地荒漠化、国际水域与海洋污染、有毒化学品污染和有害废物越境转移等问题。这些问题及其引起的全球环境变化,威胁着人类的生存。因而,全球环境问题的管理已成为人类改善全球环境的重要途径。

所谓全球环境问题,是指当代全球社会普遍存在和共同面临的、由于人类自身活动作用于自然生态环境而引起的自然生态环境危及人类自身生存与发展的现象。

全球环境问题管理是一个庞大、复杂的体系,与可持续管理、政府决策等联系甚广,是一种多元化、多层面、多视角的理念。全球环境管理旨在研究探索全球环境问题形成、变化和影响的机理;提出解决全球环境问题的科学方法和技术手段;制定公平合理且行之有效的法律法规和标准,并协调和监督各执行机构切实履行。其目的是使人类更好地管理"地球生命支撑系统",实现经济社会的可持续发展。

10.2.2　全球环境问题管理的内容

全球环境问题管理的内容主要有两个:一是可持续发展管理;二是污染预防与控制管理。其中可持续发展管理指在保护自然资源和环境的前提下,通过改变经济模式获得经济繁荣,即管理地球资源,使它们能有长期的质量和数量以满足未来子孙后代的需求。它包括森林植被管理、自然资源养护、野生动植物与土地资源保护及合理利用等方面的内容,倡导工业生产过程要符合工业生态学模式,这是促进可持续发展的一种途径。所谓工业生态学可以被认为是研究工业过程和环境之间物质、能量流的多学科系统方法。它倡导将生态系统和工业系统进行融合。它的主要目标是促进废物的再循环使用,促进一个生产过程的废物成为另一个生产过程的原料。

污染预防与控制是减少或消除废物,而不是在产品周期末端处理废物。污染预防与控制可以避免不必要的、高昂的污染控制成本,包括有害废弃物控制管理、海洋环境污染控制管理、大气污染控制管理等几方面。

10.2.3　全球环境问题管理的基本原则

全球环境问题管理需要遵循以下基本原则。

1. 可持续发展的原则

可持续发展的原则是全球环境问题管理中最关键的原则,所有全球环境问题管理中制定的政策法规,都是要有度地利用自然资源,最大限度地发挥它们的效益并不破坏它们的再生能力,使我们的地球进入可持续发展的循环之中。

可持续发展的宗旨是,既满足当代人的需要,又不对后代人构成危害满足其需要的能力的发展。

2. 人类共同利益原则

人类共同利益原则是指国际社会的所有成员都负有为人类的共同利益而保护和改善环境的责任和义务。在进行任何可能影响环境的活动中,都应该采取适当的措施,防止对环境造成损害,以保障人类在生存环境方面的共同利益。

由于各个国家或地区的环境条件不同,发展不平衡造成的贫富差距加大。各个国家所面临的最紧迫的环境问题以及全球环境问题给其造成的影响也不相同。因此,各国对人类共同利益的认识是有差别的,随着人类社会的不断发展和进步,各国在国家利益服从人类共同利益的发展理念上取得了共识。

3. 共同但有区别的责任原则

共同但有区别的责任原则是指由于地球生态环境的整体性,各国对保护和改善全球环境都负有责任,但责任的大小必须是有差别的,它包含两个互相关联的内容,即共同的责任和有区别的责任。

共同的责任是指由于地球生态环境的整体性,各国对保护全球环境都负有共同的责任。这就意味着各国无论其大小、贫富,都对保护全球环境负有一份责任,都应该参与全球环境保护事业。

有区别的责任是指各国虽然都负有保护全球环境的共同责任,但发达国家和发展中国家对全球环境问题应负有的责任是有区别的。从历史的角度来看,发达国家在很长的发展过程中,只顾发展,不顾环境问题,大量开发利用环境资源,对环境造成了极大的危害;从现实情况来看,发达国家在生产和消费中使用的环境资源和排放的废物依然占大部分。因此,全球环境问题主要是发达国家造成的,它们应该承担更多的责任。

从全球和区域的环境问题上看,主要责任直接或间接来自工业发达国家,这是历史事实。即使是发展中国家面临的一些环境问题,也与发达国家的长期掠夺或廉价收购资源有关,对此,发达国家已承认了这一事实。

既然发达国家要对所造成的环境问题负责,那么,它就有义务承担环境的治理费用。这一点非常重要。因为发展中国家面临摆脱贫穷和发展经济的双重压力,没有能力担负转嫁到他们头上的环境治理任务。环境与发展大会通过的《气候变化框架公约》和《21 世纪议程》中都明确规定了筹集环境基金的渠道和数额,由工业发达国家每年拿出占国民生产总值 0.7% 的基金帮助发展中国家治理环境。发达国家原则上接受了这一规定。

明确了发达国家的责任,发展中国家也不能推卸其责任,发展中国家的许多环境问题是因其对发展与环境关系处理不当或管理不善造成的,而且还在不断恶化。因此,发展中国家也应认真对待环境与发展问题,努力注意保护本国资源和环境,积极参与全球环境合作,承担改善全球环境所能承担的责任和义务。

4. 国家环境主权和不损害国外环境的原则

国家环境主权是国际法主权原则在国际环境管理中的延伸,即各国拥有按照其本国的环境与发展政策开发本国自然资源的主权权利。国家环境主权原则是当代全球环境管理的基本原则,是核心,是国家主权原则在全球环境管理中的应用。不损害国外环境原则要求每个国家在与他国的相互关系中必须彼此尊重对方的主权,不得从事任何侵害别国环境主权的活动。

《联合国人类环境宣言》原则 21 宣布:"依照联合国宪章和国际法原则,各国具有按照其环境政策开发其资源的主权权利,同时亦负有责任,确保在它管辖或控制下的活动,不致对其他国家的环境或属于国家管辖范围以外地区的环境引起损害。"在《里约环境与发展宣言》中的原则 2 再次重申这一原则:"各国拥有按照其本国的环境与发展政策开发本国自然资源的主权权利,并负有确保在其管辖范围内或在其控制下的活动不致损害其他国家或在各国管辖范围以外地区的环境责任。"

5. 风险预防原则

由于环境问题有空间的跨越性、时间的滞后性、问题的复杂性、影响的累计性以及不可逆转性的特点,不能完全确定某一环境变化是什么时间、什么地点,由什么原因引起的。这种不确定性的存在,使得哪个国家都不会主动承担责任和义务。风险预防原则针对的是科学上尚未得到最终明确的证实,但如果等到科学证实时才采取防范措施就为时已晚的环境损害之威胁或风险。

解决不确定性的最好方法是采取风险预防原则。《里约环境与发展宣言》原则 15 就明确指出:"为了保护环境,各国应按照本国的能力,广泛采用预防措施,遇有严重或不可逆转损害的威胁时,不得以缺乏科学充分确实证据为理由,延迟采取符合成本效益的措施防止环境恶化。"

6. 国际环境合作原则

国际环境合作原则是指在解决全球环境问题上,国际社会的所有成员应该采取合作而非对抗的方式来行动。根据全球环境问题的无国界性,它的解决有赖于国际社会所有成员的广泛参与。国际环境合作原则的主要内容包括:通过科学技术、教育等方面的交流与协作,增强各国保护和改善环境的能力;通过建立公共信息平台,加强环境发生不利变化时的预先通报、协商机制建设;通过建立相应的国际机构和组织,制定相关的国际法律法规和标准来保护全球环境;通过建立基金,援助发展中国家解决环境问题等。

全球环境问题多是跨越国界的。对于全球环境问题,任何一个国家,无论其经济实力和科技实力多么雄厚,都不能依靠自己单独的力量来切实地解决环境问题,持久地取得环境保护的成效,更无法阻止全球性环境恶化。因此,必须谋求国际环境合作。《联合国人类环境宣言》指出:"种类越来越多的环境问题,因为它们在范围上是地区性或全球性的,或者因为它们影响着共同的国际领域,将要求国与国之间广泛合作和国际组织采取行动以谋求共同的利益。"《里约环境与发展宣言》也强调,世界各国应在环境与发展领域内加强国际合作,为建立一种新的、公平的全球伙伴关系而共同努力。

全球环境问题管理必须贯穿环境问题的全过程,所制定的管理原则也必须符合绝大多数参与国的利益,能得到国际社会的公认。因此,所制定的原则也是各国必须遵循和遵守的基本原则。这些全球环境问题的管理原则由国际或区域性组织和机构来制定。具体的原则文件表现为各种国际环境会议形成的宣言、协议以及制定的全球性公约和区域性公约。

10.2.4　全球环境问题管理的机构

全球环境问题引发的环境不断恶化,直接影响到社会经济发展,引起许多全球性或区域性国际组织的密切关注。在这些国际组织中,有些是专门为解决环境问题而设立的,有些则是基于其他国际合作协调目的而设立的。全球性国际组织主要是联合国下属的各组织和专门委员会。其中,联合国环境规划署是专门的环境组织,与环境关系密切的还有可持续发展委员会、自然资源委员会等,其他组织和委员会也越来越关心环境问题,如联合国粮农组织、世界贸易组织、世界卫生组织、世界气象组织、联合国开发计划署、人类住区委员会等。这些组织对全球环境问题越来越重视,在全球环境保护行动中发挥着重要的作用。另外,一些区域性国际组织,如欧洲共同体、经济合作与发展组织、经济互助委员会等,还有一些非政府组织,如世界自然基金会、国际绿色和平组织等,在全球环境保护中也做出了巨大贡献。下面简单介绍这些组织中的一些重要成员。

1. 联合国环境规划署

联合国环境规划署(UNEP),成立于 1973 年 1 月,是领导世界环境保护运动的专门机构,负责处理联合国在环境方面的日常事务工作。联合国环境规划署包括环境规划理事会、环境秘书处和环境基金,负责协调各国在环境领域的活动。自成立以来,UNEP 领导了一系列卓有成效的环境保护运动。每年颁发"全球 500 佳"以表彰环境先进组织和个人,并在每年"地球日"和"世界环境日"开展一系列活动,多次成功举办环境与发展大会,发表了一系列著名的宣言和报告,促使国际社会签订了多项保护环境的协议和公约。

环境规划理事会的工作是促进环境领域的国际合作,并向联合国大会提出为此目的而实行的政策的建议。作为 UNEP 的最高机关,环境规划理事会在方向上对整个联合国系统的环境规划加以总的指导,并进行协调。其主要任务是经常评估世界上的环境状况,以便各国政府和各国际组织恰当地审视环境领域所出现的问题。同时,理事会每年要对环境基金利用资金的情况进行评述,并批准其计划。

UNEP 的秘书处是一个常设的国际机关,它负责协调全球自然保护工作、执行联合国大会关于评价环境状况和保护环境措施方面的决议,以及调整国际组织在环境方面的活动。秘书处的主要作用是保证联合国范围内环境保护领域的国际活动具有高效率。管理基金是秘书处执行任务、履行职责的一个重要手段。

根据联合国 2997 号(第二十七届)决议,从 1973 年 1 月 1 日起,建立自愿基金。该基金在管理理事会第一次会议上被命名为联合国环境基金。建立基金的目的是为了给 UNEP 补充经费。基金是在各个国家自愿缴纳和捐献的基础上筹集的。一些支持环境保护事业并希望为之做贡献的组织(联合国系统外的组织)也自愿捐献基金。此外,基金还有非政府来源,包括捐助、遗产及其他等。

根据联合国 2997 号决议的规定,基金应全部或部分用于联合国系统环境领域的一些活动,其中包括下列规划项目:在全世界范围建立生态控制和评估制度;改善环境质量监测措施;交换和传播信息;教育居民及培训人员;为国家、地区及世界环境组织提供援助;加强科学调查研究等。

环境署长期以来通过它的规范性工作或通过协助政府间平台拟订应对全球环境挑战的多边环境协定、原则及准则,谋求发展和实施国际环境法。

会员国在 2009 年通过第四份环境法发展和定期审查蒙得维的亚方案,该方案已成为国际法律界和环境署到 2020 年之前的十年在环境法领域制定各项活动所依据的一项笼统战略。环境署在 2012 年召开的第一届环境可持续性正义、治理与法律世界大会闭幕后,会员国吁请环境署在发展和落实环境法治方面引领联合国系统并支持各国政府。

在其环境法律和公约司的引领下,环境署参与了旨在发展和推进环境法治的事件和活动,包括逐步发展环境法、保护人权和环境、应对环境犯罪、促进在环境事务中获得司法救助的机会以及惠及相关利益攸关方的一般能力建设。

2. 经济合作与发展组织（OECD）的环境委员会

经济合作与发展组织(简称经合组织),前身是欧洲经济合作组织,是 1960 年成立的。在 1969 年底的理事会上,经合组织提出了把环境问题作为工作焦点的报告。在 1970 年 7 月召开的理事会上,决定把有关环境的工作全部交给新设立的环境委员会。环境委员会特别重视环境政策和社会、经济政策的结合,它对成员政府所认为的对保护环境有重要意义的政策和制度加以研究,然后交经合组织最高决策层审议,作为经合组织的决议(对成员具有约束力)或劝告(成员承担道义上的义务)通过,由各国政府付诸实施。

经合组织环境委员会的主要工作是:召开环境部长会议,协调成员国的环境政策,讨论和拟议未来的环境政策;倡导和提出国际法中的一些原则,如 1972 年该组织批准了"污染者负担原则"作为成员的指导原则;讨论国际文件。环境委员会自 1970 年成立以来做出了多项劝告和决定,如要求成员政府采取减少或停止排放多氯联苯和水银毒害环境的措施的《关于多氯联苯规定的决定》和《关于水银规定的劝告》等。

经合组织环境委员会在保护环境方面开展了相当广泛的工作,包括分析各国环境保护政策及其与国际经济的关系;研究国际污染问题并提出解决办法,特别是空气污染、水污染、噪声污染及废物处理的问题;研究化学物质对人类健康与环境的危害,能源开发、生产和使用对环境造成的影响等,并提出改善环境的建议。它在世界范围内首先提出的"污染者负担原则"已被各国国内环境法和国际环境法普遍接受和应用。

经济合作与发展组织(OECD)发布的《经合组织 2050 年环境展望》利用经合组织和荷兰环境评估局联合建立的模型预测未来 40 年的环境发展趋势,仍然应用交通指示灯体系来表述环境压力和环境状况,针对这些压力出现的社会和政治反应的主要趋势进行了预测,指出如果没有新政策,在减少环境压力上的步伐仍将无法赶上庞大的增长规模,并再次肯定了《经合组织 2050 年环境展望》报告中提出了为解决 OECD 国家所面临的最严重的环境问题在环境机构框架的改革建议。其中有关环境机构的主要分析结论和建议如下。

①将来的环境问题将会变得更加复杂,比过去的更加难于解决。它们将涉及确定分散的污染源、改善全球范围内的资源和水体。环境目标的完成有时将涉及与其他政策目标(如经济、社会)的权衡;在另一些情况下,一套政策目标将有利于另一套政策目标的完成。这种情况就是我们通常所指的"双赢"。

②环境决策越来越倾向于在统一的环境原则或方法的指导下制订,如污染者付费原则(PPP)和使用者付费原则(UPP)、预防策略、全成本原则和环境外部性的完全内在化原则。

③在处理新的环境问题中,新的政策手段常常用来补充现有的法规和经济手段。这些新的政策手段包括越来越多的信息手段(如生态标签、社会协商和环境教育)以及需求方管理政策的使用,以影响商业和工业领域的消费模式以及合作和自发行为。

④政府越来越多地作为环境政策制订的推动者和催化剂,而不仅仅作为环境保护的提

供者。其他相关方面在政策制订和实施过程中则越来越多地仅仅以合作者的角色出现。

⑤国际水平上,更好地综合现有多边环境协议(MEAs)以及增进现有国际环境组织和协定之间的合作的需求会逐步增强。重点为现有协定的批准和执行以及建立一个合理的监督执行体系。多边经济贸易机构越来越多地参与对它们所管理的行为的环境影响的评价和解决。

⑥OECD 国家需要加强它们与发展中国家和处于经济转型时期的国家的对话,尤其在涉及多方关注的环境问题领域。

3. 世界自然基金会

世界自然基金会(WWF)是在全球享有盛誉的、最大的独立性非政府环境保护组织之一,世界自然基金会因其黑白两色的大熊猫标识而广为人知。自 1961 年成立以来,WWF 一直致力于保护世界生物多样性、确保可再生自然资源的可持续利用和推动降低污染、减少浪费性消费的行动。在全世界拥有将近 520 万支持者和一个在 100 多个国家活跃着的网络。它的组织机构包括国际会议、理事会和秘书处。其宗旨是为自然保护提供财政资助。其工作主要包括:建立和管理自然保护区,保护野生生物的栖息地;促进物种及其生存环境的研究;自然保护教育计划;发展自然保护组织和机构;进行自然保护培训。WWF 在淡水保护、森林保护、气候变化、野生动植物贸易等方面已经具有相应的领导力和影响力。近年来,WWF 也开始拓展其传统的业务领域,其中一个发展方向就是与上述保护项目密切相关的跨项目的政策领域工作。

WWF 在中国的工作始于 1980 年的大熊猫及其栖息地的保护,是第一个受中国政府邀请来华开展保护工作的国际非政府组织。1980 年 3 月,我国环境科学学会加入该组织,并于 6 月与该组织签订了《关于建立保护大熊猫研究中心的议定书》。1996 年,WWF 正式成立北京办事处,此后陆续在全国八个城市建立了办公室。发展至今,WWF 的项目领域也由大熊猫保护扩大到物种保护、淡水和海洋生态系统保护与可持续利用、森林保护与可持续经营、可持续发展教育、气候变化与能源、野生物贸易、科学发展与国际政策等领域。

2018 年 6 月 7 日,世界自然基金会发表《挣脱塑料微粒陷阱:拯救地中海免受塑料污染》(*Out of the Plastic Trap*: *Saving the Mediterranean from Plastic Pollution*)的报告,称地中海的塑料微粒含量已创下纪录,恐将成为“塑料之海”。世界自然基金会呼吁订立国际协议,拯救这片海洋。

4. 国际绿色和平组织

国际绿色和平组织是一个国际环保组织,旨在寻求方法,阻止污染,保护自然生物多样性及大气层,以及追求一个无核的世界。国际绿色和平组织起源于 1971 年。当时一群加拿大及美国人组成一支抗议队伍,乘一艘渔船,试图亲身阻止美国在阿拉斯加进行的核试。他们希望亲自见证这些被破坏的环境,并告之于世人。自此之后,亲身到达破坏环境的现场,成为表达国际绿色和平组织及其支持者抗议破坏环境行为的重要方式。国际绿色和平组织由世界各地的分会组成,总部设在荷兰的阿姆斯特丹,目前有超过 1 330 的工作人员,分布在 30 个国家的 43 个分会,主要的工作人员来自各个领域。

国际绿色和平组织在世界环境保护方面已经贡献颇多,在其中一些环节更是扮演关键角色:禁止输出有毒物质到发展中国家;阻止商业性捕鲸;制定一项联合国公约,为世界渔业发展提供更好的环境;在南太平洋建立一个禁止捕鲸区;50年内禁止在南极洲开采矿物;禁止向海洋倾倒放射性物质、工业废物和废弃的采油设备;停止使用大型拖网捕鱼和全面禁止核子武器试验。

10.2.5　全球环境问题管理依据的重要公约

随着人类对环境无意识、无节制的开发利用,环境对人类也实施了一系列的报复。诸如上述提到的各类环境问题的出现,致使人类也逐渐认识到保护环境和维持可持续性发展的重要性。因此,1948年世界环境组织成立,1971年世界《湿地合约》签订,相继签署了多项世界不同范围的不同生物资源领域的各类合约。下面对其中重要的公约介绍如下。

1.《保护臭氧层维也纳公约》

针对臭氧层已面临耗竭这一现象,UNEP在1981年召开的高级政府官员环境法专家特别会议上明确提出将臭氧层保护列为首要立法项目。1985年3月22日,22个国家和欧洲经济委员会在维也纳签署了《保护臭氧层维也纳公约》。该公约是UNEP首次制定的具有约束力的全球性国际环境法文件,也是第一项全球性的大气保护公约。

该公约在前言中指出臭氧层破坏给人类带来的潜在影响,并根据《联合国人类环境宣言》中的原则,呼吁各国采取预防措施,使本国内开展的活动不要对全球环境造成破坏。同时呼吁各国加强该领域的研究。该公约在前言中指出在保护臭氧层中应考虑发展中国家的特殊情况和要求,这实际上暗示了发达国家和发展中国家在处理全球环境问题上的合作原则。该公约的通过和签署的重要意义就在于国际社会在处理大的全球环境问题上的合作迈出了重要一步,为后来处理国际环境问题的一系列立法打下了基础。1989年7月27日,中国批准了《保护臭氧层维也纳公约》。

2.《关于消耗臭氧层物质的蒙特利尔议定书》

《蒙特利尔议定书》又称作《蒙特利尔公约》,全名为《蒙特利尔破坏臭氧层物质管制议定书》,是联合国为了避免工业产品中的氟氯碳化物对地球臭氧层继续造成恶化及损害,承续1985年《保护臭氧层维也纳公约》的大原则,于1987年9月14日至16日在加拿大蒙特利尔举行的国际会议上,来自43个国家的环境部长和代表共同签署的环境保护公约。该公约自1989年1月1日起生效。我国已于1991年6月19日宣布加入经过修正的《蒙特利尔议定书》。

3.《联合国气候变化框架公约》

《联合国气候变化框架公约》(UNFCCC)是1992年5月22日联合国政府间谈判委员会就气候变化问题达成的公约,于1992年6月4日在巴西里约热内卢举行的联合国环境发展大会(地球首脑会议)上通过。《联合国气候变化框架公约》是世界上第一个为全面控制二氧化碳等温室气体排放,以应对全球气候变暖给人类经济和社会带来不利影响的国际公约,也是国际社会在应对全球气候变化问题上进行国际合作的一个基本框架。

《京都议定书》(又译《京都协议书》《京都条约》;全称《联合国气候变化框架公约的京都议定书》)是《联合国气候变化框架公约》(UNFCCC)的补充条款,于1997年12月在日本京都由联合国气候变化框架公约参加国三次会议制定。其目标是"将大气中的温室气体含量稳定在一个适当的水平,进而防止剧烈的气候改变对人类造成伤害"。

哥本哈根世界气候大会是《联合国气候变化框架公约》第十五次缔约方会议暨《京都议定书》第五次缔约方会议,这一会议也被称为哥本哈根联合国气候变化大会,于 2009 年 12 月 7 日至 18 日在丹麦首都哥本哈根召开。12 月 7 日起,192 个国家的环境部长和其他官员在哥本哈根召开联合国气候会议,商讨《京都议定书》一期承诺到期后的后续方案,就未来应对气候变化的全球行动签署新的协议。这是继《京都议定书》后又一具有划时代意义的全球气候协议书,毫无疑问,这对地球今后的气候变化走向产生决定性的影响。这是一次被喻为"拯救人类的最后一次机会"的会议。

坎昆世界气候大会是《联合国气候变化框架公约》第十六次缔约方会议暨《京都议定书》第六次缔约方会议,于 2010 年 11 月 29 日至 12 月 10 日在墨西哥坎昆召开。大会通过了《联合国气候变化框架公约》长期合作行动特设工作组决议和《京都议定书》附件——缔约方进一步承诺特设工作组决议,取得了积极成果。值得一提的是,在出席大会的 194 个缔约方中,只有玻利维亚反对这两项决议,但是坎昆大会主席——墨西哥外长埃斯皮诺萨指出,必须尊重其他 193 个缔约方的意见,两项决议获得通过。其中,"减少发展中国家毁林、森林退化排放和森林保护、可持续经营、提高森林碳储量的激励机制和政策措施"以及"土地利用、土地利用变化和林业"议题获得通过,凝聚了发达国家和发展中国家在充分发挥林业在减缓全球气候变暖中独特作用上的共识,标志着林业议题谈判取得了突破性进展。本次会议的成果体现:一是坚持了《联合国气候变化框架公约》《京都议定书》和"巴厘路线图",坚持了"共同但有区别的责任"原则,确保了 2011 年的谈判继续按照"巴厘路线图"确定的双轨方式进行;二是就适应、技术转让、资金和能力建设等发展中国家关心问题的谈判取得了不同程度的进展,谈判进程继续向前,向国际社会发出了比较积极的信号。但坎昆会议未能完成"巴厘路线图"的谈判。中国代表团表示,这意味着 2011 年的谈判任务将十分艰巨,中方期待各方拿出高度的政治意愿,在 2011 年南非德班会议上完成《京都议定书》第二承诺期的谈判,建立有效支持发展中国家应对气候变化的资金、技术转让、适应等机制安排,圆满完成"巴厘路线图"授权的谈判任务。

4.《生物多样性公约》

《生物多样性公约》是一项保护地球生物资源的国际性公约,于 1992 年 6 月 1 日由联合国环境规划署发起的政府间谈判委员会第七次会议在内罗毕通过。1992 年 6 月 5 日,由签约国在巴西里约热内卢举行的联合国环境与发展大会上签署。该公约于 1993 年 12 月 29 日正式生效。常设秘书处设在加拿大的蒙特利尔。联合国《生物多样性公约》缔约国大会是全球履行该公约的最高决策机构,一切有关履行《生物多样性公约》的重大决定都要经过缔约国大会的通过。

5.《卡塔赫纳生物安全议定书》

2000 年 1 月 29 日,在《生物多样性公约》缔约国大会上,经过艰苦努力,各方终于达成协议,结束了五年的谈判,通过了《卡塔赫纳生物安全议定书》(以下简称《议定书》)。

本议定书的目标是遵循《关于环境与发展的里约宣言》原则 15 所确立的预先防范原

则,努力确保在凭借现代生物技术获得的、可能对生物多样性的保护和可持续使用产生不利影响的生物体的安全转移、处理和使用,尤其是越境转移方面应采取充分的保护措施,并考虑到对人类健康所构成的威胁。中国 2005 年在加拿大蒙特利尔正式加入。

6.《濒危野生动植物种国际贸易公约》

因为该公约于 1973 年 6 月 21 日在美国首府华盛顿签署,所以俗称《华盛顿公约》,1975 年 7 月 1 日正式生效。《华盛顿公约》(CITES)的精神在于管制而非完全禁止野生物的国际贸易,利用物种分级与许可证的方式,以达成野生物市场的永续利用性。该公约管制国际贸易的物种,可归类成三项附录:附录一的物种为若再进行国际贸易会导致灭绝的动植物,明确规定禁止其国际性的交易;附录二的物种则为目前无灭绝危机,管制其国际贸易的物种,若仍面临贸易压力,族群量继续降低,则将其升级入附录一;附录三是各国视其国内需要,区域性管制国际贸易的物种。

7.《联合国防治荒漠化公约》

《联合国防治荒漠化公约》公约的全称为《联合国关于在发生严重干旱和/或沙漠化的国家特别是在非洲防治沙漠化的公约》,1994 年 6 月 7 日在巴黎通过,并于 1996 年 12 月正式生效,目前公约共有 191 个缔约方。公约的核心目标是由各国政府共同制定国家级、次区域级和区域级行动方案,并与捐助方、地方社区和非政府组织合作,以应对荒漠化的挑战。《联合国防治荒漠化公约》是联合国环境与发展大会框架下的三大环境公约之一。履约资金匮乏、资金运作机制不畅,一直是困扰该公约发展的难题。

8.《联合国海洋法公约》

《联合国海洋法公约》是指联合国曾召开的三次海洋法会议,以及 1982 年 12 月 10 日在牙买加的蒙特哥湾召开的第三次会议所决议的《海洋法公约》(LOS),1994 年 11 月 16 日生效。此公约对内水、领海、临接海域、大陆架、专属经济区(亦称"排他性经济海域",简称 EEZ)、公海等重要概念做了界定。对当前全球各处的领海主权争端、海上天然资源管理、污染处理等具有重要的指导和裁决作用。

9.《湿地公约》

《湿地公约》是 1971 年 2 月 2 日在伊朗拉姆萨尔签订的一项国际公约,其宗旨是承认人类同其环境的相互依存关系,应通过协调一致的国际行动,确保全球的湿地及其生物多样性得到良好保护和合理利用。

10.《控制危险废料越境转移及其处置巴塞尔公约》

该公约简称《巴塞尔公约》,于 1989 年 3 月 22 日由联合国环境规划署在瑞士巴塞尔召开的世界环境保护会议上通过,1992 年 5 月正式生效。1995 年 9 月 22 日,在日内瓦通过了《巴塞尔公约》的修正案。已有 100 多个国家签署了这项公约,中国于 1990 年 3 月 22 日在该公约上签字。

该公约主要内容包括:各缔约国有权禁止有害废物的过境和进口;建立预先通知制度,即在进行有害废物越境转移前,必须将有关危险废物的详细资料通过出口国主管部门预先通知进口国和过境国的主管部门,以便有关部门对转移的风险进行评价;只有在得到进口国和过境国主管部门书面答复同意后，才能允许进行危险废物的越境转移；如果进出口国没有能力对有害废物进行环境安全处置，出口国主管当局有责任禁止有害废物的出口；对于已合法进口的有害废物，则有责任将其运回或以安全的方式妥善处理；有害废物的非法越境转移视为犯罪行为。

有害化学物质越境转移的另一种方式，是化学品的国际贸易和有毒化学品的易地生产。针对化学品在国际贸易中的环境问题，UNEP 于 1989 年通过了关于化学品国际贸易中信息交换的伦敦准则及其修正案。伦敦准则确立了预先通知和同意制度，以帮助进口化学品的国家了解出口国对有关化学品采取的禁止或限制使用的规定，从而决定是否允许这些化学品的进口和使用，对此做出相应的评价。

11.《鹿特丹公约》

该公约是联合国环境规划署和联合国粮食及农业组织在 1998 年 9 月 10 日在鹿特丹制定的，于 2004 年 2 月 24 日生效。该公约是根据联合国《经修正的关于化学品国际贸易资料交流的伦敦准则》和《农药的销售与使用国际行为守则》以及《国际化学品贸易道德守则》中规定的原则制定的，其宗旨是保护包括消费者和工人健康在内的人类健康和环境免受国际贸易中某些危险化学品和农药的潜在有害影响。《鹿特丹公约》由 30 条正文和五个附件组成。其核心是要求各缔约方对某些极危险的化学品和农药的进出口实行一套决策程序，即事先知情同意程序。公约对"化学品""禁用化学品""严格限用的化学品""极为危险的农药制剂"等术语做了明确的定义。公约适用范围为禁用或严格限用的化学品、极为危险的农药制剂。公约以附件三的形式公布了第一批极危险的化学品和农药清单。其目标是便于对国际贸易中的某些危险化学品的特性进行资料交流，为此类化学品的进出口规定一套国家决策程序并将这些决定通知缔约方，以促进缔约方在此类化学品的国际贸易中分担责任和开展合作，保护人类健康和环境免受此类化学品可能造成的危害，并推动以无害环境的方式加以使用。

12.《斯德哥尔摩公约》

该公约于 2001 年 5 月 22 日在斯德哥尔摩通过，2004 年 5 月 17 日生效。本公约的目标是铭记《关于环境与发展的里约宣言》中原则 15 确立的预防原则，保护人类健康和环境免受持久性有机污染物的危害。

除了一些具有法律约束力的公约外，国际社会还发布了一些不具法律约束力的非法律文件。最具代表性的是：1972 年的《人类环境宣言》、1992 年的《里约宣言》《21 世纪议程》《关于森林问题的原则声明》等。这些文件虽然不具备法律约束力，只是为各国在环境与发展领域采取行动和开展国际合作提供指导性原则并规定相应义务，但是由于其国际影响力巨大，得到国际社会的普遍认可和接受，其很多原则和条款被写入后来制定的有关公约。

13.《世界环境公约》

《世界环境公约》是由法国顶尖法律智库"法学家俱乐部"（The Club des Juristes）发起，由其环境委员会（Environmental Commission）及委员会主席 Yann Aguila 具体负责。项目缘起于 2015 年气候变化巴黎大会之后，法国法律界人士希望在全球有效实施《巴黎协定》和联合国可持续发展目标。该公约草案文本共包含 26 项条款，重申了"谁污染谁付费"原则、公民享受健康生态环境的权利等,并强调了非国家行为主体的重要角色。最大的意义是环境权的提出。2018 年 5 月 11 日当地时间,联合国大会投票通过一项决议,为制定《世界环境公约》建立框架。

由于相邻国家常常有共同的环境问题,因此通过签订双边条约来加强双方在环境领域的合作,解决共同的环境问题也是一条有效的途径。但双边环境保护条约并不限于邻国之间,不相邻的国家之间也常常存在共同的环境问题,为了加强合作也签订了大量的环保协定。中国、美国、加拿大、澳大利亚、法国、英国、德国等许多国家都互相签订有双边环境保护条约。

对于在一定区域内存在的共同环境问题,需要该地区的国家共同合作来解决,因此,需要签署相应的区域性环境保护条约,它是区域性环境保护国际合作的主要形式。保护条约涉及的内容包括:综合性的自然保护条约,保护野生动植物条约,保护海洋环境及其资源条约,保护水域或环境条约,保护南极环境资源条约,防治植物病虫害条约,保护风景名胜和历史文化遗产条约,防治空气污染条约等。

10.2.6　全球环境管理行为效果的检查与监督

全球环境保护既涉及各国管辖之内的环境因素的评价,又涉及国际共有环境和资源的保护,因而对全球环境管理行为效果的检查和监督非常困难。为此,国际社会已设立多种监督机构和监督途径,以确保所制定的全球环境保护措施得以贯彻和实施。这方面的内容较多,在此,仅就有关各国在全球环境保护中的责任和义务的履行情况进行监督的方法做一概述。

1. 对特定环境状况的检查

对某一公约或条约所适应的区域内环境变化情况进行检查,是最重要、最基本的监督形式。针对相应公约或条约建立的组织机构、委员会或组织机构下属的分委员会及秘书处的重要职责之一就是监督、检查缔约国对公约或条约的执行情况。如 1974 年《防治陆源物质污染海洋公约》建立的委员会的责任之一就是全面检查公约所适用的区域内的情况。这一规定十分重要,不少条约都包含了类似的规定。

2. 审查缔约国的报告和材料

缔约国履行公约或条约的重要职责之一就是向缔约国大会或相应组织机构报告履行职责的方法和手段。缔约国大会或相应组织机构对缔约国提交的报告材料进行研究和分析,确定其方法和手段是否可行,是否能完全履行其责任和义务,如认为有必要,则可要求缔约国进一步提供可靠的情况,以保证公约的顺利执行。这是对缔约国接受国际义务进行监督的主要方法之一。

3. 国家的直接监督

为了使公约或条约得到切实的实施,在国际上经常采用一种方法,即在没有相应国际机构,在相应国家依靠国际法行使特定职能的情况下,让相应国家机构代替国际机构,并以国际性组织的资格行使监督和检查职能。由于受到缔约国的法律和国家政策的影响,有时在国家管辖范围内对公约或条约实施过程进行国际监督会受到很大限制。为此,可由国内机构行使国际环境保护公约或条约规范所授予的权力。

10.3　中国关于解决全球环境问题的立场与态度

10.3.1　中国对国际环境活动的积极参与

全球环境问题引发的环境不断恶化,是整个人类面临的共同挑战。中国作为国际社会中的一员,拥有 13 亿人口的大国,充分认识到自己在保护全球环境中负有的责任和可以发挥的重要作用。因此,中国以积极、认真、负责的态度参与保护地球生态环境的国际活动。中国实行的方针是:积极认真、坚持原则、科学态度、实事求是。

中国参与国际环境事务包括两个方面:一方面是努力做好本国的环境保护工作。中国人民有着一个共同认识:做好我国环境保护工作,就是对全球环境保护最好的支持和最实际的贡献。另一方面,从 1972 年开始,中国以积极、务实的态度参与环境领域的国际活动。

中国十分重视和积极参与联合国主持的有关环境与发展问题的讨论并签署了多项国际公约和协议。到目前为止,中国已经缔约或签署的国际环境公约包含:危险废物控制、危险化学品国际贸易的事先知情同意程序、臭氧层保护、气候变化、生物多样性保护及生物安全、湿地保护和荒漠化防治、濒危物种国际贸易、海洋环境保护、海洋渔业资源保护、核污染防治、南极保护、自然和文化遗产保护等。中国政府不仅签署和批准了多项公约,而且积极履行公约规定的义务,积极同联合国环境规划署、开发计划署、世界银行等国际机构及许多国家在环境领域中进行了卓有成效的合作。

10.3.2　中国对于解决全球环境问题的原则立场

中国正处在经济高速发展、人们的物质需求不断增长的发展阶段,解决环境问题应立足于国情,从维护国家权益、维护第三世界利益和合理要求以及维护人类长远和共同利益出发。

1. 正确处理环境保护与经济发展的关系

保护环境和发展经济是同一重大问题的两个方面,是一个不可分割的整体。环境问题与人类经济发展、社会活动密切联系。人类的生产、消费和发展,不考虑资源的可持续利用和保护,我们赖以生存的生态环境就难以持续。同样,只考虑保护环境而不发展经济,环境保护就没有了物质基础,难以维系。中国是一个发展中国家,对许多发展中国家来说,发展经济、消除贫穷是当前的首要任务。在解决全球环境问题时,应充分考虑发展中国家的发展需要,不能因为经济发展带来了某些环境问题而消极地因保护环境而放弃经济发展。因此,必须兼顾目前利益和长远利益、局部利益和整体利益,结合各自具体的国情来寻求环境与经济的同步、持续、协调发展。

2. 在保护环境的国际合作中,必须充分考虑到发展中国家的特殊情况和需要,确保发展中国家的广泛、有效参与

首先,发展中国家目前仍处于经济发展的初级阶段,面临的主要社会问题是如何满足人民基本生活需要和解决温饱问题,保护环境是次要问题。对许多发展中国家来讲,贫困和不

发达是环境不断恶化的重要原因,他们长期处于贫困、人口过度增长、环境持续恶化的恶性循环之中。打破这一恶性循环的根本出路在于发达国家要积极帮助发展中国家发展经济、保持适度经济增长、消除贫困,使其逐步具有保护环境的能力。这样,发展中国家才能有能力参与国际环境保护并从中得到切实利益,从而建立保护环境的信心,更积极地参与国际环境保护。

其次,发达国家与发展中国家对于环境问题的关注面有所不同。于发展中国家更关注与民生密切相关的环境问题,如沙漠化、水旱灾害、水资源匮乏等。但是,地球环境是一个不可分割的整体,如果这些困扰发展中国家的具有明显区域性特征的环境问题得不到解决,最终将对全球环境产生不利影响。国际社会必须认真考虑发展中国家所面临的实际问题,切实帮助发展中国家解决环境保护遇到的难题,切实尊重发展中国家的利益,提高发展中国家在国际环境保护活动中的话语权。

3. 不能抽象地谈论保护地球生态环境是全人类的共同责任,应明确导致目前地球生态环境退化的主要责任和治理这一问题的主要义务

发达国家在很长的发展过程中,只顾发展,不顾环境问题,大量开发利用环境资源,对环境造成了很大的危害。当前,发达国家在生产和消费中使用的环境资源和排放的废物依然占全世界总量的大部分。全球环境问题主要是发达国家造成的。可以说,广大发展中国家在很大程度上是受害者。因此,国际环境保护合作必须遵循"共同的但有区别的责任"的原则,发达国家有责任和义务为环境保护国际合作做出更多的切实的贡献。主要体现在两方面,一是向发展中国家提供新的"额外"资金,帮助发展中国家更好地参加国际环保合作,或补偿发展中国家因履行在国际法律文书中承担的义务而带来的经济损失;二是免费或以优惠条件向发展中国家转让治理污染所需要的先进技术。

4. 在国际环境保护合作中,应充分尊重各国主权,互不干涉内政

在国际社会中,各国国情不同,经济模式也不同,各国只能根据自己的具体国情,结合其经济、社会发展的实际情况来选择、确定保护自身环境并有效参加国际合作的最佳途径。其他国家或国际组织不能把保护环境方面的考虑作为提供发展援助的附加条件,更不能以保护环境为由干涉他国内政或将某种社会、经济模式或价值观强加于人。这种干涉内政的做法是违背国际法准则的,并将从根本上损害国际社会在环境保护领域的合作。

参考文献

[1] 金涌,阿伦斯.资源·能源·环境·社会——循环经济科学工程原理[M].北京:化学工业出版社,2009.

[2] 查尔斯·H·扎斯特罗,卡伦·K·柯斯特·阿什曼.人类行为与社会环境[M].师海玲,等译.6版.北京:中国人民大学出版社,2006.

[3] 樊胜岳.生态经济学原理与应用[M].北京:中国社会科学出版社,2010.

[4] DALY H E,FARLEY J.生态经济学——原理与应用[M].徐中民,等译.郑州:黄河水利出版社,2007.

[5] 黄德林,包菲.农业环境污染减排及其政策导向[M].北京:中国农业科学技术出版社,2008.

[6] 库尔苏姆·艾哈迈德,埃内斯托·桑切斯·特里亚纳.政策战略环境评价——达至良好管治的工具[M].林建枝,等译.北京:中国环境科学出版社,2009.

[7] 李善同.环境经济与政策(第二辑)[M].北京:科学出版社,2011.

[8] 国家发展和改革委员会资源节约和环境保护司.节能监察手册[M].北京:化学工业出版社,2011.

[9] 吕永龙,贺桂珍.现代环境管理学[M].北京:中国人民大学出版社,2009.

[10] 高廷耀,顾国维,周琪.水污染控制工程:下册[M].3版.北京:高等教育出版社,2007.

[11] 郝吉明,马广大,王书肖.大气污染控制工程[M].3版.北京:高等教育出版社,2010.

[12] 文宗川.生态城市的发展与评价[D].哈尔滨:哈尔滨工程大学,2008.

[13] 奥吉尼斯·布瑞汉特,艾德·弗兰科.城市环境管理与可持续发展[M].张明顺,等译.北京:中国环境科学出版社,2003.

[14] 周年生,李彦东.流域环境管理规划方法与实践[M].北京:水利水电出版社,2000.

[15] 刘天齐,黄小林,宫学栋,等.区域环境规划方法指南[M].北京:化学工业出版社,2001.

[16] 崔兆杰,谢锋.固体废物的循环经济——管理与规划的方法和实践[M].北京:科学出版社,2005.

[17] 徐再荣.全球环境问题与国际回应[M].北京:中国环境科学出版社,2007.

后文记

——外婆的花圃

　　每次遇见花，都会很想念远在东北的外婆，总觉得要是有她在身边一起欣赏，定能增加许多劲头和乐趣。

　　外婆最是喜爱花的。早些年，在红山老房住的时候，前院后园里，她只要得空都会种上一些。东北气候终年寒冷，可花儿喜暖，只有短促的夏日和初秋能见到外婆庭院里朵朵花开。印象最深的是菜园最侧边成排高大的向日葵，围转太阳，迎风摇摆；不高的栅栏上缠绕着的是白色和紫色的牵牛花，我经常趁着外婆不注意便摘下一朵放在嘴边当小喇叭，满院子跑着吹吹闹闹；等到天儿微冷的时候，月季就开了，红的黄的，一大朵一大朵的，看得直教人怜爱；还有粉的牡丹、刺玫，金黄的芙蓉、边竹莲、四季海棠，大红的灯笼花；竹子、芨芨草、含羞草、君子兰、龙爪、芦荟、仙人球……外婆种过的还有许许多多我叫不出名字的花儿草儿。纵使有些花期不长，但绽放那数十日，家人们的心情也都跟着花一同绚丽斑斓。

　　小时候我常常跟着妈妈去外婆的园子里玩耍，尤其喜欢去摘外婆种的黄澄澄的菇娘儿果吃，一口一个，甜美得很。要是遇到青色尚未成熟的小果儿，我就学着姐姐们的样子小心翼翼地把果籽吸出，留出一个完整透明单薄的果皮做口哨。然而对于这等技术工种，我却是一次都没成功过的。

　　春耕秋收，秋日的园子真是一个百宝箱。土豆、萝卜、白菜、生菜、包菜、菠菜、韭菜、南瓜、角瓜、辣椒、玉米、茄子、豆角、番茄、葱、蒜……应有尽有。论起外婆种的这些菜，我和妈妈最喜欢吃黄瓜了，个儿大且清甜。收菜累了的时候，就用清凉的井水把刚刚摘下的黄瓜洗净，一口咬下去，全身都透着新鲜。若是瓜还未熟时，我们娘儿仨就吃冰棍解解渴，外婆叫妈妈去买，妈妈叫我去。从外婆家到小卖铺的路我最熟悉了，四五块钱，一整袋鲜奶小冰棍儿。我们仨，就这样坐在地里，尽情说笑着。脚踏黑土，身环碧绿，微风和缓，岁月静安。

　　当然，提到收菜这等大事，外婆向来不许我插手，倒不是因为舍不得我这个唯一的宝贝外孙下地干活，着实是我笨手笨脚、五谷不分，经常认不清，连着菜秧儿都一同给拔了去。

　　既然插不上手，就干脆蹲在地上寻虫子得了，大多数时候都是挖蚯蚓。我问外婆："书上说蚯蚓是翻土松土的好帮手，那为什么还要把蚯蚓都抓出来呢？"外婆并没有停下手里的活："要是土里的蚯蚓太多了也不好的。"我似懂非懂，但外婆说的话我打小就坚信且遵从。在我心里，外婆就像一部百科全书，什么都懂，而且总是有很多奇妙的方法解决我各种各样的问题与困惑。

　　我其实是最怕虫子的，尤其碰到那种黑壳虫，总觉得它们的样子像妖怪，避恐不及。但是出于好奇，我还是会在土里翻来翻去，把身子滑溜溜的蚯蚓揪出来，用两根树枝夹起放进小盒子里。刚开始我有点战战兢兢的，后来胆子大了起来，干脆直接用手捉。每次都能找到几十条，等到傍晚收工的时候，我就把它们喂给院子里的鸡吃，也算慰劳慰劳这些每天辛苦下蛋的功臣们。

　　有的时候我也在园子里背书，或吟诵一些新学的诗词。外婆的花圃和菜园颇有迅哥百草园的情貌。当年在这片园子里背下的《出师表》《陈涉世家》，我如今都记忆清晰。身处时光中，人不曾识得童年快乐的宝贵。但现在回想起来，外婆的园子承载了我们娘仨儿多少的趣味所在呀。

　　在这片大大的院子中，外婆和孩子们生活了半个世纪之多，我的童年也是伴着这院子丰盈起来的。后来，等舅舅们一一有了工作、成了家，外婆在儿女们的再三劝说和鼓动下，终于不情愿地搬到了区中心街。新买的居民楼位置很好，却离老房很远，途中还要爬一个很长很陡的坡。但即使路程遥长，在搬离红山后的许多年，外婆也依然每天一清早便走回去看老房，直到太阳落山方才离开。哪怕老房早已人去屋空，她也依然固执地静坐在门口的石凳上，独自望着来来往往的行人，望着归来的路，就像家还在，园子还在，人也还在。

　　我对黑色的土地向来是充满情怀的，直到去年的清明开始，便不能自己地时常怀念山东的一抔黄土了。2013 年的时候，外婆这座院子被征收，整条街坊都不复存在。外婆也再没地儿可去了。这回她倒是听了孩子们的话，乖乖地在楼里住下了。拆迁后的第二年，我和二姐陪外婆又一次去寻老房故址。那里早没有了当年的一点样子，已经平地高楼起。可外婆还是一眼就认出了老房的所在地，她自顾自地寻着、手脚比画着，"这儿是小屋，这儿是大屋……那边是后园子……前面是院子，还有仓房……大门是在这儿……"我听外婆说着，看着她的眼睛里透着一种说不出、掩不住的落寞与哀伤。

　　我已经完全寻不到老房和园子的影子了，可外婆依旧记得清晰。那里曾是她的花圃菜园呀，曾有她饲养过的鸡、鸭、鹅、狗、兔、猪，典藏着她大半辈子的心血和记忆。再忆起儿时岁月，我尚且如此怀念，想必大人们更会凝噎罢。

　　外婆爱花，也绣花。她的女红极好，枕被上、衣服上都嵌着她自己绣的各式各样的花。那时外婆还年轻呢，枕头、铺盖、帘子、拖鞋……家里的大小针线都是她操持。她就靠着这一双巧手缝缝补补，采摘拾掇，起早贪黑地干活，拉扯着孩子们念书求学，倔强地把外公去世后那些个最难熬的日子一天一天撑下去。即使现在市场上的布艺再琳琅满目、高档奢华，我也最喜欢外婆亲手缝制的那些，总觉得还是外婆做的穿着最暖、盖着最贴心。

　　外婆住进楼之后，就只能在花盆里养花了。一盆一盆，摆满了窗台。外婆与这些花仙子朝夕相处，渐渐走出了不适应，倒也习惯了楼里的生活。外婆养花的手艺是出了名的，无论是舅舅们回家还是近邻好友来访，只要相中了外婆屋里的哪盆哪枝，她都会大方割爱相赠。我家和舅舅们家都摆着外婆亲手种的花。每每看到这些花，我都会不由得想念起外婆，想念她额上的皱纹，棕色的眼眸，想念她布满岁月创痕的手，忍下苦涩后的笑，还有她那小小瘦瘦的身影。

　　前年暑假，在外婆家窗后，我惊喜地发现了好些株大朵大朵各色各样的花。自从老房拆了，园子没了之后，家乡实难见到一大片花，我连忙绕过楼去瞧。外婆从窗探出头来，笑呵呵地和我讲："这些个花儿还真开了！"

　　"姥姥，这都是你种的吗？"我喜不自胜。

　　"老邻居们给的几种花籽，我就在后院给它埋起来了。种了好些阵子了。前段时间长了叶儿，想不到这两天就出朵儿了。"

　　我兴奋地拿着相机左拍右拍,拍花亦拍人。透过相机的镜头,我看到外婆眼中闪烁着许久未见的光。

　　那段时间,外婆家的后院可热闹了。从清晨到傍晚,陆陆续续,姑娘们、小媳妇们三三两两的,都过来瞧这些娇艳的精灵。外婆也有劲头,每天都会去抚弄它们,修剪浇水。遇上来赏花的,更乐得和大家畅聊。待我离开外婆家的前几日,从屋里望去窗外,已可见一园花圃开得正艳了,就如儿时印象中老房院里的那般。

　　八十岁的外婆依然每周爬山、骑车、种地、养花,坐飞机到上海旅游、赏花、摘果。在我心里,岁月仿佛永远消磨不掉她的精气神儿。我与外婆开玩笑,"您老人家快退休吧,八十了还这样敬业在岗,怪不得我们年轻人找不到工作。"外婆总是咯咯大笑,"我又没七老八十的,退休呀,还早呢。""哈哈哈,八十岁还说自己没老……"

　　"最是人间留不住,朱颜辞镜花辞树。"去年再回的时候,发现花已不在。"被物业给拔了,说影响环境。"外婆说这话的时候,那双透彻的眼眸好像失去了些什么。也不过才两三年的光景罢,现在的外婆却时常感叹起来,"一晃咋就八十多了呢……真是老了,不中用了。"我也感觉得到,外婆身体是大不如前了。

　　家里的盆景越来越少,多数的花盆就空在那里,只剩一两盆虎皮兰摆在桌角。由于风湿的折磨,外婆的手腕一直浮肿,有时痛得甚至端不起碗。但都这样了,每每这些儿孙们打去电话,她总说:"家里都好,我身体也好,你们在外头照顾好自己,不用惦记我。"我知道外婆是怕孩子们担忧,不想给孩子们添麻烦,有病痛有困难她都不说,愣是自个儿扛着。

　　今年年初的时候,老舅奔回家探望外婆。这才发现,一直都说没事的外婆,其实已经在家里的炕上躺了五天了,一个人就那样强忍着病痛。我们这才知道,整个冬天,因天寒路滑,她都没敢出门。这么倔强的性子,外婆,您是想让这些孩子们的心有多疼呀。

　　外婆今年八十三四了,她再不能够像从前那样,侍弄修剪她最爱的花儿们,或拿起她的针线坐在古老的缝纫机前哐当哐当地忙活。旧的被子和衣物都层叠在柜子里。曾经那些个外婆在油灯下一针一线为家里、为儿女、为我缝制的绣着花的物件,现在每一件都成了外婆的绝笔之作。

　　凡是经历过生死的人,再看这世事都很淡。再伟大的人,一生也终逃不过生死之劫。小时候觉得永远不会离开我们的那些人,走着走着也都散了,甚至连招呼都来不及打。

　　绣着一簇簇牡丹的垫被,如今依然铺在我的床下。即使旧了也最是实用,这么多年我从舍不得丢。有外婆的针线与花相伴,就好像外婆时时陪在我身边一样,如同小时候在老房的院子里,依偎在外婆的怀里,数着日升日落,等家人回来。

　　阳光下的被子丝线金闪,窗台上的花又新安。我只求上天能保佑外婆她老人家耄耋之年快乐舒心、达观康健,那么,我们就能有机会继续拥有外婆的爱。

　　一别累月,冬夜渐暖。外婆在盼呢,今年陌上花开的时候,咱早些归吧。

　　内容相近,作为《基础环境管理学》的代后记吧。

杨倩胜辉,于上海虹口
上海外国语大学
2018 年 3 月 15 日